全国电力行业“十四五”规划教材
“十四五”职业教育系列教材

建筑水暖电工程
计量与计价

主　编　袁　勇
副主编　董文涛
参　编　刘　欣　刘　璐　翟纪学
主　审　吴小辉

中国电力出版社
CHINA ELECTRIC POWER PRESS

内 容 提 要

本书为全国电力行业"十四五"规划教材，也是"十四五"职业教育系列教材。全书采用活页式编排，任务导向形式，对标工程造价专业的特点，以期与对应的职业资格标准接轨。

本书内容包括建筑给排水工程、建筑采暖工程和建筑电气照明工程三个项目，每个项目的知识点分解为工程识图、工程施工、定额计价、清单计价等不同的任务单，以任务单为引导，设置了多个任务。每个任务包括引导问题、任务说明、任务要求、知识链接、任务分析、任务实施、任务总结、任务拓展、知识测试与能力训练等几个部分。每个任务单中链接对应的拓展理论知识及数字资源，读者可扫码获取。任务设置环环相扣，层层递进，步步引导，为课前活动和课堂教学有效互动提供了较好的载体。为了将"工学结合"落到实处，书中配有大量施工图案例，使其重心偏于实际应用和可操作性。通过学习本书，读者可熟悉和掌握安装工程造价的内容，达到造价工程师职业资格的基本要求。

本书可作为高职高专院校工程造价、工程管理、给排水科学与工程、建筑电气工程技术、建筑设备工程技术、供热通风与空调工程技术等专业教材，也可作为工程管理从业人员的培训教材，还可作为安装工程管理与技术人员的参考用书。

图书在版编目（CIP）数据

建筑水暖电工程计量与计价 / 袁勇主编. — 北京：中国电力出版社，2024.9

ISBN 978-7-5198-8966-1

Ⅰ. TU723.3

中国国家版本馆 CIP 数据核字第 202457W5K7 号

出版发行：中国电力出版社
地　　址：北京市东城区北京站西街 19 号（邮政编码 100005）
网　　址：http://www.cepp.sgcc.com.cn
责任编辑：孙　静（010-63412542）
责任校对：黄　蓓　朱丽芳
装帧设计：郝晓燕
责任印制：吴　迪

印　　刷：北京九天鸿程印刷有限责任公司
版　　次：2024 年 9 月第一版
印　　次：2024 年 9 月北京第一次印刷
开　　本：787 毫米×1092 毫米　16 开本
印　　张：14
字　　数：344 千字
定　　价：49.80 元

前　言

党的二十大报告指出，全面建成社会主义现代化强国，总的战略安排分两步走：从二〇二〇年到二〇三五年基本实现社会主义现代化；从二〇三五年到本世纪中叶把我国建成富强、民主、文明、和谐、美丽的社会主义现代化强国。高质量发展是全面建设社会主义现代化国家的首要任务。“以城市群、都市圈为依托构建大中小城市协调发展格局，推进以县城为重要载体的城镇化建设。坚持人民城市人民建、人民城市为人民，提高城市规划、建设、治理水平，加快转变超大特大城市发展方式，实施城市更新行动，加强城市基础设施建设，打造宜居、韧性、智慧城市”。室内水暖电的安装作为城镇化建设、城市基础设施建设的配套组成部分，需要专业的造价人员对其进行造价管控。

本教材的编写基于党的二十大的指导思想，并根据人力资源和社会保障部《职业教育专业目录（2021 年）》《高等学校课程思政建设指导纲要》（教高〔2020〕3 号）、住房和城乡建设部、交通运输部、水利部、人力资源和社会保障部联合印发的《造价工程师职业资格制度规定》和《造价工程师职业资格考试实施办法》（建人〔2018〕67 号）的文件精神，结合教学内容采用活页式编排，以期与对应的职业资格标准接轨。

活页式教材源于职业典型工作任务，可以实现校企双元合作、工学结合一体的人才培养模式，服务于企业用人需求，可满足学习者职业发展需求。在内容选择方面，本教材按照工作过程的顺序和学生自主学习的要求进行教学设计并安排教学活动，实现理论与实践教学融通合一、能力培养与工作岗位对接合一、实习实训与定岗工作学做合一。活页式教材是帮助学生实现有效学习的重要工具，其核心任务是帮助学生学会如何工作。

本教材采用任务导向形式，对标工程造价专业的职业特点。按不同的安装方向，将内容设置为建筑给排水工程、建筑采暖工程和建筑电气照明工程三个项目；再将项目的知识点分解为工程识图、工程施工、定额计价、清单计价等不同的任务单；以任务单为引导，设置了多个任务，每个任务包括引导问题、任务说明、任务要求、知识链接、任务分析、任务实施、任务总结、任务拓展、知识测试与能力训练等几个部分。在每个任务单中均插入二维码，链接对应的拓展理论知识及数字资源。任务设置环环相扣，层层递进，步步引导，为课前活动和课堂教学有效互动提供了较好的载体。

本教材由山东城市建设职业学院袁勇主编，董文涛副主编。山东城市建设职业学院刘欣、刘璐，山东建大和盛建设项目管理有限公司翟纪学参编。山东省天大建设工程有限责任公司吴小辉主审。本教材的编写参考了许多其他相关教材和文献资料，在书后参考文献中已一一列出，在此对相关作者表示感谢！教材编写有不当之处，恳请读者批评指正。

编　者

2024 年 7 月

目　　录

课 程 导 入

工程建设项目以招投标的方式选定施工单位。在招投标及施工过程中，为了对工程投资进行有效控制，都需要对工程造价进行计算及管理。从事工程建设工作的造价人员、施工人员、项目管理人员等，都会在工程实施中参与工程招标、投标、签证、工程中间付款、工程结算中的一项或几项工作，完成这些工作都需要具备工程计量计价及管理的基础知识和技能。另外，我国对建筑行业实行执业资格制度，从事建筑行业的管理工作，必须具有相关的执业资格证书，比如造价工程师、监理工程师、建造师等，工程计量计价与管理的知识也是上述执业资格考试的重要内容。

《建筑水暖电工程计量与计价》是工程造价专业安装方向的核心课程教材。采用新型活页式教材编写方式编制。

《全国二级造价工程师职业资格考试大纲》中，将二级造价工程师职业资格考试分为两个科目："建设工程造价管理基础知识"和"建设工程计量与计价实务"。

2019年版二级造价师考试大纲

"建设工程造价管理基础知识"，主要是检验应考人员对工程造价管理相关法律法规与制度、工程项目管理、工程造价构成、工程计价方法及依据的掌握情况，在工程决策和设计、施工招投标、施工和竣工阶段进行造价管理的能力。

"建设工程计量与计价实务"，主要是检验应试人员对建设工程专业基础知识的掌握状况，以及应用专业技术知识对建设工程进行计量和工程量清单编制的能力，利用计价依据和价格信息对建设工程进行计价的能力，综合运用建设工程造价知识，分析和解决建设工程造价实际问题的职业能力。

安装工程的内容

"建设工程计量与计价实务"按专业分为土木建筑工程、交通运输工程、水利工程和安装工程 4 个专业类别。

在工程建设领域，安装工程涉及的知识面广、行业种类多。安装工程属于一个单位工程，可分为工业安装和民用安装：工业安装以机械设备安装为主；民用安装主要是电气、给排水、采暖、消防、通风空调等设备的安装。

根据住房和城乡建设部等多部门颁布的《通用安装工程工程量计算规范》（GB 50856—2013）（以下简称《计价规范》）、《通用安装工程工程量计算规范》（GB 50856—2013）（以下简称《计量规范》）、山东省住房和城乡建设厅颁布的《山东省安装工程消耗量定额》（SD 02-31—2016）（以下简称《安装定额》）以及与其配套的《山东省安装工程价目表》（以下简称《价目表》）等的要求，安装工程的内容按专业、设备特征或工程类别包括机械设备安装、热力设备安装、电气设备安装、工业管道工程、给排水、采暖、燃气工程等 12 大类。

建设工程的项目划分

建筑水、暖、电工程属于安装工程的一部分。一般是指工业与民用建筑的室内生活用给排水、采暖中的管道、附件、器具、附属设备以及电气照明中的管线、用电器具等的安装工程。本教材是以综合职业能力培养为目标，以典型工作任务为载体，以学生为中心，以职业能力清单为基础，根据典型工作任务和工作过程设计的一系列模块化的学习任务的综合体。

工程计量与计价是工程造价专业的核心技能。工程造价专业是一个比较综合的行业，需要把各方面的知识积累起来，并运用到工作当中，是在学习许多基础性知识后才可能掌握的一门课程。

工程造价专业旨在培养具有良好的职业道德，有一定理论水平和较高的实践能力，掌握专业知识及专业操作技能的高素质技能型专门人才。“工匠精神”则是工程造价人员永远的追求。

一、工程造价专业人员必须具备的素质

（一）专业素质

专业的造价人员执业范围广，主要包括：建设项目投资估算的编制、审核及项目经济评价，工程概、预、结（决）算，标底价、投标报价的编审，工程变更及合同价款的调整和索赔费用的计算，建设项目各阶段工程造价控制，工程经济纠纷的鉴定，工程造价计价依据的编审，与工程造价业务有关的其他事项。因此要成为一名合格的造价专业人员，就应该具备一定的专业素质。

（1）基础知识。造价专业人员必须做到熟练应用各类工程造价软件，如工程预（决）算软件、定额管理软件、工程量计算软件等。网络时代的到来，能使造价管理者更便捷、灵活、及时地获取价格信息，进行造价信息及工程资料的交流。造价专业人员大量的工作将依赖计算机及其信息系统来完成，而网络信息与共享技术将成为支持造价人员专业服务的核心。计算机及相关软件的应用大大减少了造价人员计算的劳动强度，并提高了工作效率和准确率。

（2）专业知识。包括工程的计量和估价知识、工程设计与施工的技术知识、工程管理知识、现代经济学知识、有关法律知识等。工程造价专业涉及的知识面较广，综合性很强，要求造价人员既要懂工程技术、又要懂工程经济和管理，是技术与经济的结合。因此，造价人员不应该满足于完成识图、计算工程量、套定额、取费、算总价等工作，还应该能够准确地进行各种造价分析，能够采取一些切实可行的办法，有效地控制工程造价。

（二）道德素质

当今社会，道德已成为评价人的首要因素，专业的造价人员的职业特点更要求其具有职业道德。主要体现在以下几个方面：

（1）要正直、诚实、自尊自爱；

（2）要公平、公正、诚实、守信地为公众服务；

（3）努力提高职业能力，维护职业信誉；

（4）为创造公平竞争的职业环境而努力；

（5）应该有强烈的事业心和责任感。

（三）综合能力素质

（1）一名合格专业的造价人员，应该深入现场，根据施工图纸和有关依据性的文件，独立编制文件，采用全面审核的方法，消除高估冒算带来的损失。

（2）要学会利用信息平台。在信息时代，企业之间的优势很大一部分取决于信息优势。具备信息优势，才能掌握主动权。

二、建筑水、暖、电工程计量计价概述

（一）工程造价的含义

建筑水暖电工程计量计价就是工程造价文件的编制。工程造价的直意就是工程的建造价格。工程造价有如下两种含义。

第一种含义：工程造价是指建设一项工程预期开支或实际开支的全部固定资产投资费用。显然，这一含义是从投资者（业主）的角度来定义的。投资者选定一个投资项目，为了获得预期的效益，就要通过项目评估进行决策，然后进行设计招标、工程招标，直至竣工验收等一系列投资管理活动。在投资活动中所支付的全部费用形成了固定资产和无形资产。所有这些开支就构成了工程造价。从这个意义上说，工程造价就是工程投资费用，建设项目工程造价就是建设项目固定资产投资，如表 0-1 所示。

表 0-1　　工程造价的构成

序号	费用项目	费用内容
（一）	建筑安装工程费用	分部分项工程费、措施费、管理费、利润、规费、税金
（二）	设备及工器具购置费用	设备购置费（包括备品备件）、工器具及生产家具购置费
（三）	工程建设其他费用	土地使用费、建设单位管理费、研究试验费、勘察设计费、引进技术和进口设备项目的其他费用、供电贴费、施工机构迁移费、临时设施费、工程监理费、工程保险费、工程承包费、生产准备费、办公和生活家具购置费、联合试运转费
（四）	预备费	基本预备费、价差预备费
（五）	建设期利息	

第二种含义：工程造价是指工程价格,即为建成一项工程，预计或实际在土地市场、设备市场、技术劳务市场，以及承包市场等交易活动中所形成的建筑安装工程的价格和建设工程总价格。显然，工程造价的第二种含义是以商品经济和市场经济为前提的。它以工程这种特定的商品形式作为交易对象，通过招投标或其他交易方式，在进行多次预估的基础上，最终由市场形成价格。在这里，工程的范围和内涵既可以是涵盖范围很大的一个建设项目，也可以是一个单项工程，甚至可以是整个建设工程中的某个阶段，如土地开发工程、建筑安装工程、装饰工程，或者其中的某个组成部分。

附录1《山东省建设工程项目组成及计算规则》2022节选

通常，人们将工程造价的第二种含义认定为工程承发包价格。承发包价格是工程造价中一种重要的，也是最典型的价格形式。它是在建筑市场通过招投标，由需求主体（投资者）和供给主体（承包商）共同认可的价格。鉴于建筑安装工程价格在项目固定资产中占有 50%～60%的份额，又是工程建设中最活跃的部分；而建筑企业是建设工程的实施者和重要的市场主体地位，所以工程承发包价格被界定为工程造价的第二种含义。

附录10常用工程造价术语

在工程造价构成中，建筑安装工程费用具有相对独立性，它作为建筑安装工程价值的货币表现，也被称为建筑安装工程造价。《山东省建设工程费用项目组成及计算规则（2022）》（以下简称“费用标准”）（附录 1），明确了建筑安装工程造价的费用组成。

工程造价中需要了解和掌握的相关术语，可参见附录 10。

（二）工程造价的计价方法

1. 定额计价方法（工料单价法）

指项目单价采用分部分项工程的不完全价格（包括人工费、材料费、机械台班使用费）的一种计价方式。计量后直接套用定额单价，“量价结合”，确定工程造价。

2. 工程量清单计价方法（综合单价法）

指招标人以“四统一”（统一项目名称、计量单位、工程量计算规则、项目编码）原则编制工程量清单，再由投标人进行综合报价（包括人工费、材料费、机械台班应使用费、企业管理费、利润、风险费用），以“量价分离”的形式，在市场竞争过程中形成该项目工程造价。

三、本教材各项目的知识架构

针对工程造价人员的各项要求，本教材将有针对性地对相关案例和知识点进行讲解（见图0-1），以期建立起造价人员完整的知识体系。

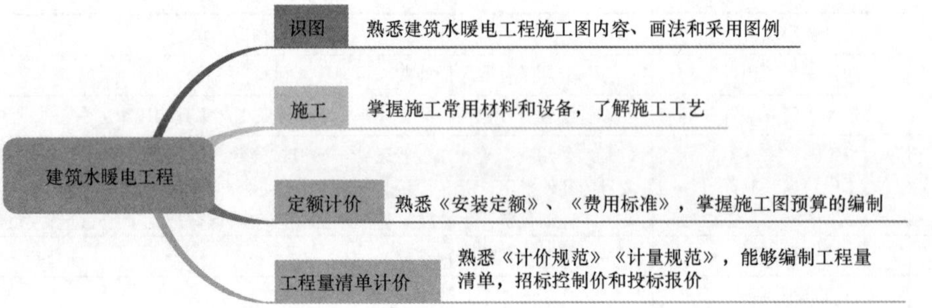

图0-1 知识架构

项目一 建筑给排水工程

一、项目学习目标

（1）通过对建筑给排水工程案例分析，利用对工程识图、施工、计量计价等相关知识的熟悉与了解，全面系统掌握针对具体案例计量计价的编制方法。基本达到造价工程师职业资格要求。

（2）通过建筑给排水工程案例的计算与训练，培养学生遵守行业标准、实事求是、细致耐心的品格。

二、项目知识目标

（1）熟悉建筑给排水工程施工图的主要内容、图例与识图方法。

（2）掌握建筑给排水工程常用材料、设备等的安装方法。

（3）熟悉《计价规范》《计量规范》《安装定额》《费用标准》等的构成内容、使用方法、注意事项等。

（4）掌握工程量清单、招标控制价或投标报价的编制内容和程序。

三、项目能力目标

（1）能够熟练识读给排水工程施工图。

（2）能够根据施工图、定额等资料，编制建筑给排水工程施工图预算。

（3）能够依据相关材料，编制工程量清单。

（4）能够根据工程量清单，编制招标控制价或投标报价。

任务一 建筑给排水工程识图

一、引导问题

（1）管道工程在施工图中如何表达？常用的绘图、标注方式有哪些？

（2）建筑给排水工程常用图例有哪些？

（3）建筑给排水工程施工图包括哪些内容？

（4）建筑给排水工程施工图如何识读？

二、任务说明

根据某办公室室内给排水工程施工图，进行施工图的识读。

识图是计量与计价的基础性工作。通过对建筑给排水工程相关知识，包括施工图的主要内容、常用图例、施工图的识读等的学习，为解决计量与计价实际问题打下坚实基础。

某办公室室内给排水工程施工图，包括施工图设计说明、给排水工程平面图、给水工程系统图、排水工程系统图，如图 1-1-1、图 1-1-2、图 1-1-3 所示。

（一）施工图设计说明

（1）某办公室，层高 3.0m。给水采用小区室外管网直接供水，入户处预留钢套管。室内给水管采用 PP-R 管，承插热熔连接。安装完成后做水压试验和消毒冲洗。

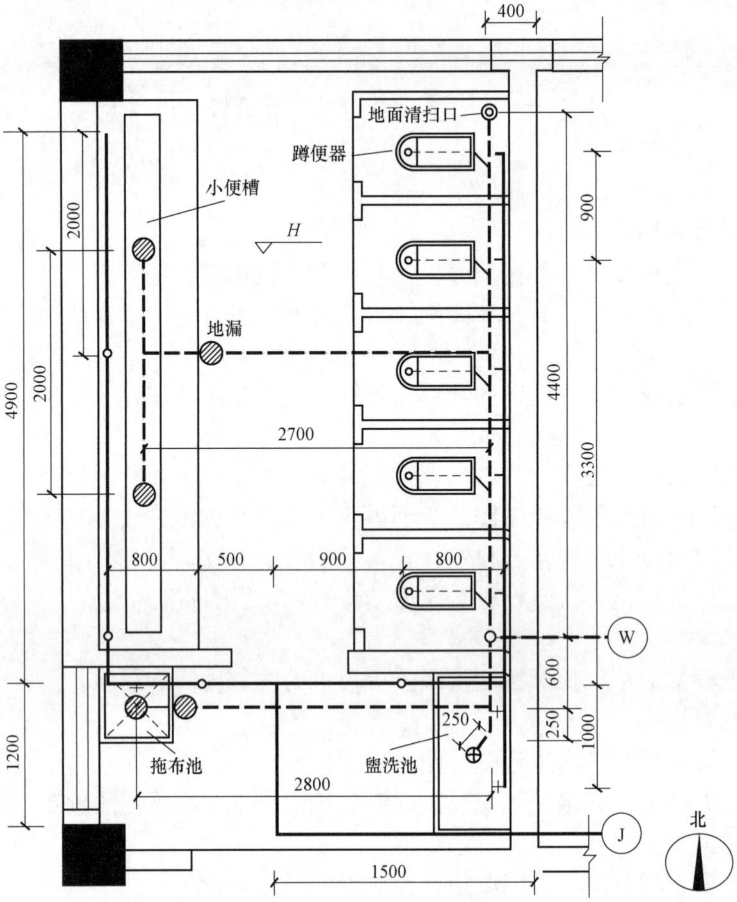

图 1-1-1 办公室室内给排水工程平面图

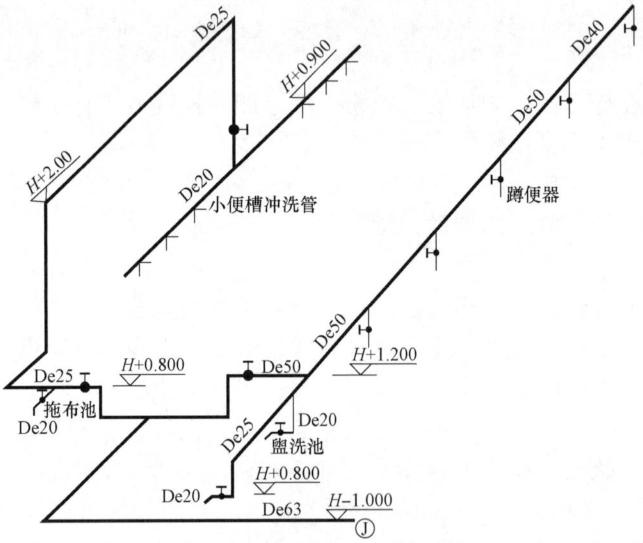

图 1-1-2 办公室室内给水系统图

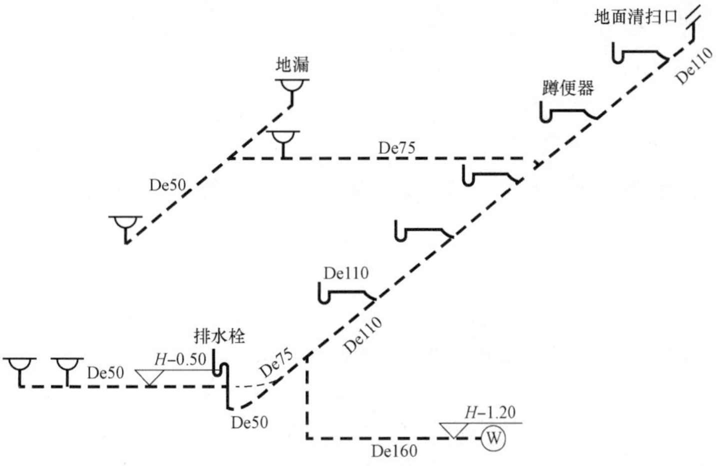

图 1-1-3　办公室室内排水系统图

（2）排水管道排至室外化粪池，出户处预留钢套管。排水系统采用 UPVC 硬聚氯乙烯塑料管，粘接连接。安装完成后做灌水和通球试验。

（3）蹲便器采用手压冲洗阀冲洗蹲式大便器；小便槽冲洗管采用 PP-R 管，热熔连接；阀门采用塑料阀门，承口热熔连接；拖布池及盥洗池为砖砌贴瓷砖，采用 De20 普通塑料水龙头，热熔连接；排水栓为 De50 塑料材质；地漏为 De50 塑料材质；地面扫除口为 De110 塑料材质。上述器具安装均参照国标图集。

（4）图中标高以“m”计，其余以“mm”计。除考虑入户管、出户管套管以外，其他管道穿墙、穿地板需要的套管、预留孔洞、钻孔、堵洞等本例题暂未考虑。

（5）本说明未述及之处，按国家有关施工验收规范执行。

（6）主要材料价格见表 1-1-1。

表 1-1-1　　主要材料（主材）价格

序号	名称	单位	单价	序号	名称	单位	单价
1	PP-R 管 De63	元/m	25.00	17	UPVC 管件 De75	元/个	15.00
2	PP-R 管 De50	元/m	22.00	18	UPVC 管件 De50	元/个	10.00
3	PP-R 管 De40	元/m	20.00	19	手压冲洗阀蹲便器	元/组	500.00
4	PP-R 管 De25	元/m	18.00	20	塑料水龙头 De20	元/个	20.00
5	PP-R 管 De20	元/m	16.00	21	塑料阀门 De50	元/个	80.00
6	UPVC 管 De160	元/m	40.00	22	塑料阀门 De25	元/个	30.00
7	UPVC 管 De110	元/m	30.00	23	塑料地面扫除口 De110	元/个	50.00
8	UPVC 管 De75	元/m	25.00	24	塑料地漏 De50	元/个	15.00
9	UPVC 管 De50	元/m	15.00	25	塑料排水栓带弯 De50	元/个	30.00
10	PP-R 管件 De63	元/个	12.00	26	塑料给水管卡 DN40	元/个	10.00
11	PP-R 管件 De50	元/个	10.00	27	塑料给水管卡 DN32	元/个	8.00
12	PP-R 管件 De40	元/个	8.00	28	塑料给水管卡 DN20	元/个	5.00
13	PP-R 管件 De25	元/个	6.00	29	塑料给水管卡 DN15	元/个	4.00
14	PP-R 管件 De20	元/个	4.00	30	焊接钢管 DN80	元/m	60.00
15	UPVC 管件 De160	元/个	20.00	31	无缝钢管 D219*6	元/m	100.00
16	UPVC 管件 De110	元/个	18.00				

（二）施工图识读的目标

根据施工图，完成以下工作：

（1）识读给排水工程整体施工图，请核查图纸是否齐全。图纸包括设计说明、平面图、系统图等。

（2）查看给排水工程的分类及系统走向，确定室内外管道界限的划分；给排水工程管道材质的种类、连接方式；弄清给水引入管和污水排出管的平面走向、位置；分别查明给水干管、排水干管、立管、横管、支管的平面位置与走向。

（3）确定管道是否需要进行水压试验、消毒冲洗、灌水试验及管道刷油防腐情况。

（4）查找给排水工程中管道是否需要安装套管、支架、管卡，以及它们布置方式及刷油防腐方式。

（5）查明卫生器具、阀门等的类型、数量、安装位置。

三、任务要求

（1）了解管道工程的绘图方式，熟悉管径、标高等标注方法。

（2）熟悉建筑给排水工程常用图例。

（3）熟悉给排水施工图的识读内容。

（4）掌握给排水施工图的识图方法。

四、知识链接

（一）建筑给排水工程的组成和区域划分

给排水工程按照管网所处的区域，划分为市政给排水工程、室外给排水工程和室内给排水工程。本教材所说的建筑给排水工程是指的室内给排水工程。

1. 给水工程的区域划分

给水工程的基本任务是把水从地表水源或地下水源中取出，在自来水厂中将其沉淀、净化、消毒，符合水质标准的要求后，经输配水系统送至不同建（构）筑物的用水设备。

如图 1-1-4 所示，给水室外管道与市政管网工程的界限划分是以与市政管道碰头点为界；室内外给水管道以建筑物外墙皮 1.5m 为界；建筑物入口处设阀门者以阀门为界。

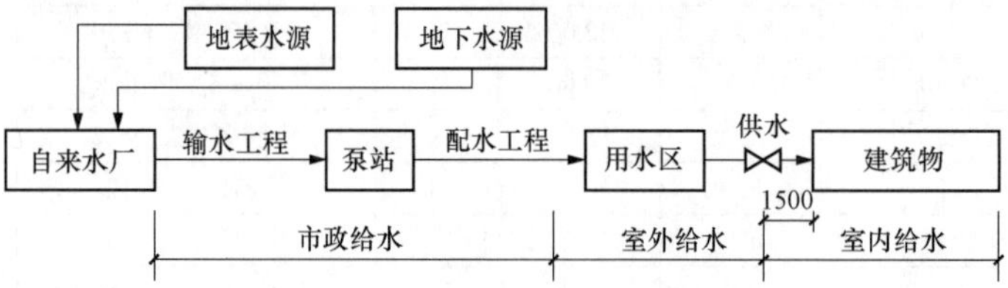

图 1-1-4 给水工程的区域划分

2. 建筑给水工程的组成

室内给水系统由引入管（进户管）、水表节点、管道系统（干管、立管、支管）、给水附件（阀门、水表、配水龙头）等组成。当室外管网水压不足时，还需要设置加压储水设备（水泵、水箱、储水池、气压给水装置等），如图 1-1-5 所示。

3. 排水工程的区域划分

排水工程的基本任务是把用过的生活污水、生产废水，以及大气中降落的雨、雪水通过管道排到建筑物外部，经过处理后再排到水体。

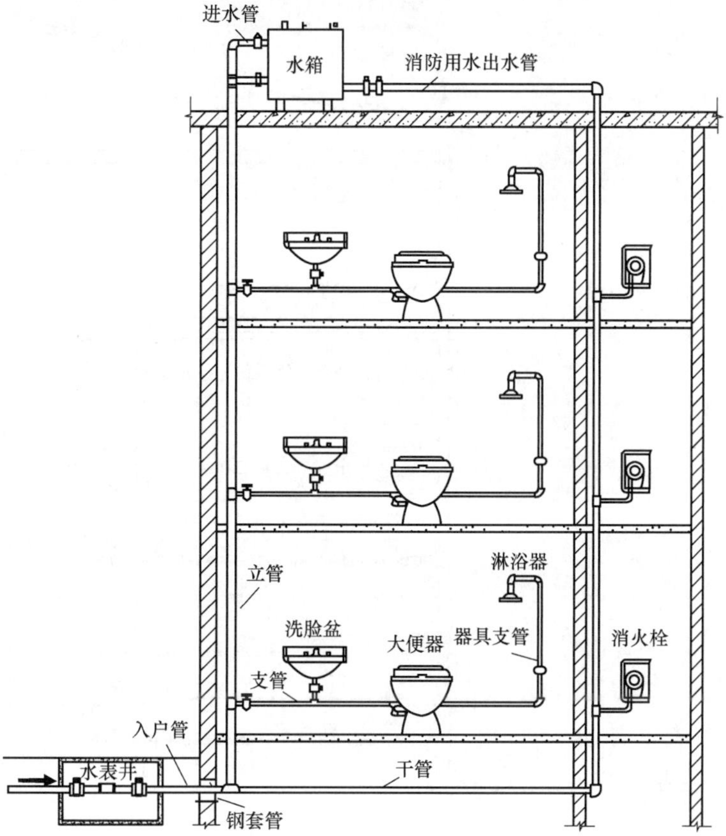

图 1-1-5　室内给水工程的组成

排水工程的区域划分，如图 1-1-6 所示，①室外排水管道以与市政管道碰头井为界。②室内外排水管道以出户第一个排水检查井为界。

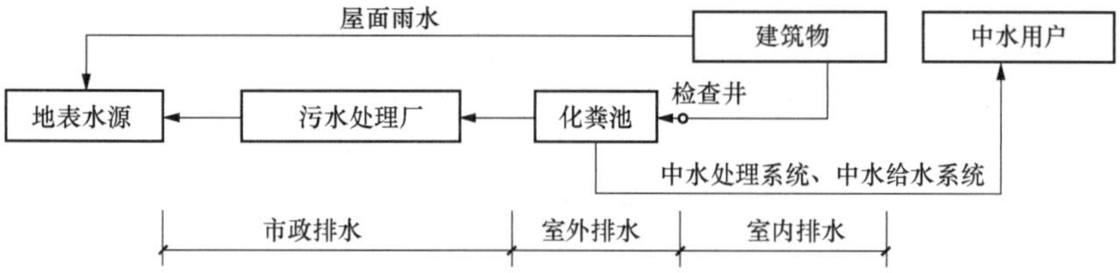

图 1-1-6　排水工程的区域划分

4. 建筑排水工程的组成

建筑排水工程的室内排水系统由卫生器具或生产设备受水器、存水弯、排水管道系统（排出管、立管、横管、支管）、通气管系统、清通设备（包括检查口、清扫口和检查井）等组成，如图 1-1-7 所示。

（二）管道工程的绘图方式

1. 管道及管件

管道是由若干管节连接而成的通道。施工图中，管道的表示方法为单线图或双线图两种形式，如图 1-1-8 所示。常用的线型为单线，如表 1-1-2 所示，线宽 *b* 宜为 0.7mm 或 1.0mm。

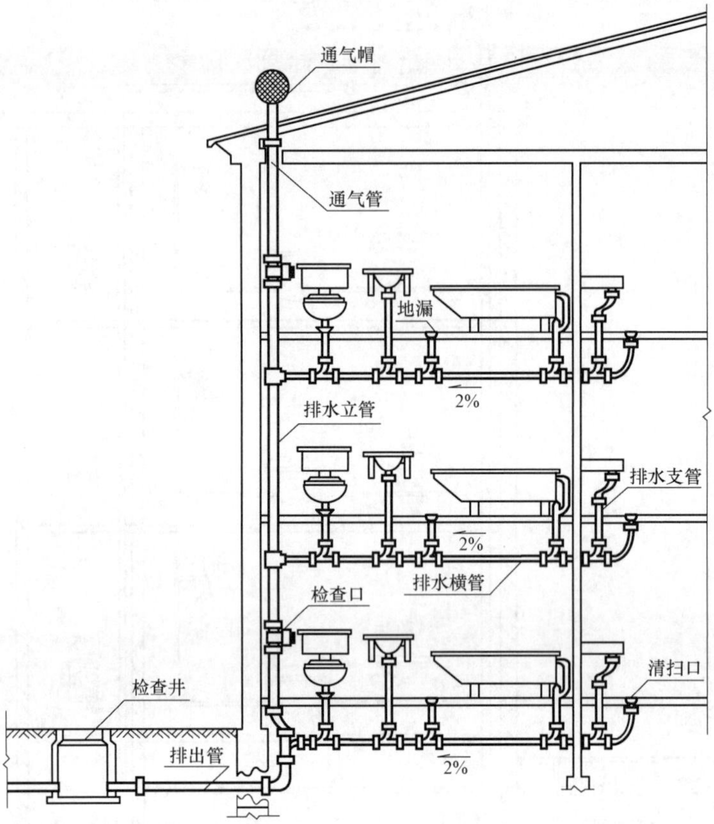

图 1-1-7 室内排水工程的组成

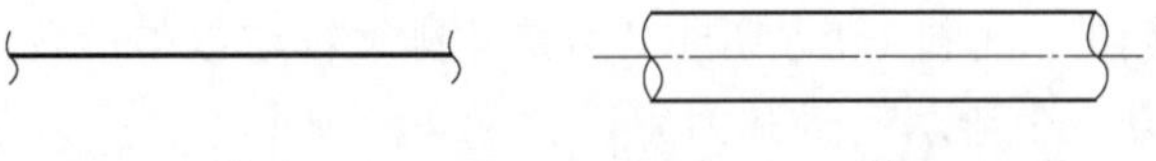

图 1-1-8 管道的表示方法
（a）管道的单线图；（b）管道的双线图

表 1-1-2 管道的图线

名称	线型	线宽	一般用途
粗实线	——————	b	新建各种给水排水管道线
中实线	——————	0.5b	（1）给水排水设备、构件的可见轮廓线。 （2）厂区（小区）给水排水管道图中新建建筑物、构筑物的可见轮廓线、原有给水排水的管道线
细实线	——————	0.35b	（1）平、剖面图中被剖切的建筑构造（包括构配件）的可见轮廓线。 （2）厂区（小区）给水排水管道图中原有建筑物、构筑物的可见轮廓线。 （3）尺寸线、尺寸界限、局部放大部分的范围线、引出线、标高符号线、较小图形的中心线等
粗虚线	—— —— ——	b	新建各种给水排水管道线

续表

名称	线型	线宽	一般用途
中虚线		0.5*b*	（1）给水排水设备、构件的不可见轮廓线。 （2）厂区（小区）给水排水管道图中新建建筑物、构筑物的不可见轮廓线、原有给水排水的管道线
细虚线		0.35*b*	（1）平、剖面图中被剖切的建筑构造的不可见轮廓线。 （2）厂区（小区）给水排水管道图中原有建筑物、构筑物的不可见轮廓线
细点划线		0.35*b*	中心线、定位轴线
折断线	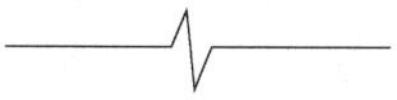	0.35*b*	断开界限
波浪线		0.35*b*	断开界限

管件是将管节连接成管道的零件，一般包括弯头、三通（四通）、异径管（变径）、管箍、管堵等。当管道转向时，用弯头连接管节；当管道向一个方向分流时，用三通连接管节，当管道向两个方向分流时，用四通连接管节；当管道需要变径时，用异径管（大小头）连接管节等，如图 1-1-9～图 1-1-12 所示。

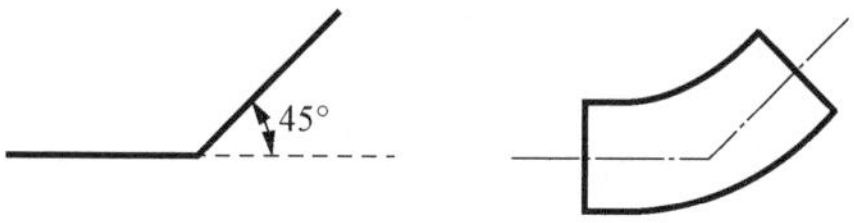

图 1-1-9　45°弯头单线、双线图

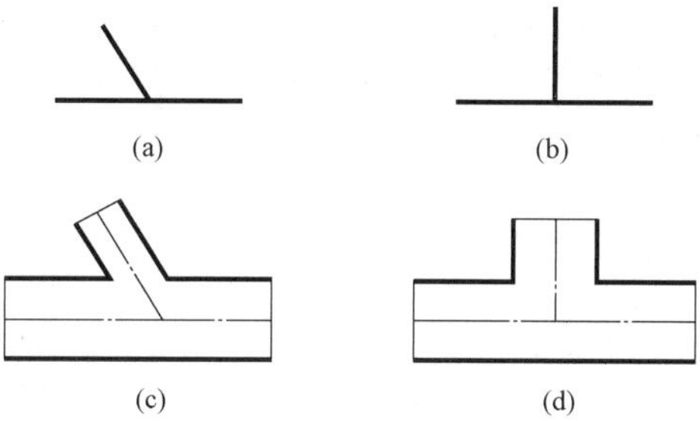

图 1-1-10　异径斜三通和等径正三通的单线和双线图

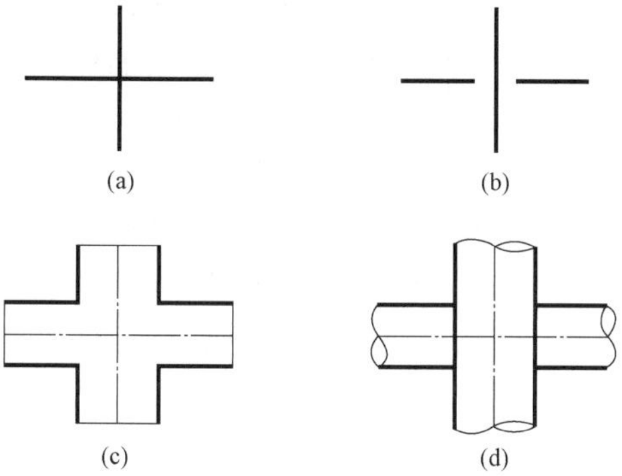

图 1-1-11　四通和管道交叉的单线及双线图区别

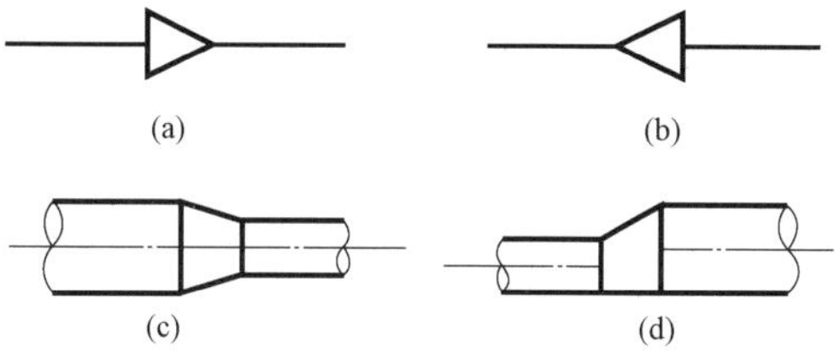

图 1-1-12　异径管的单线和双线图表示方法

异径管单线图中，三角指向孔径小的管道。但无法区别同心变径或偏心变径，可用双线图加以区分。

2. 管道规格及标注

管道规格的表示方法为管径，单位为 mm。常用的表示方法有内径、外径等，如图 1-1-13 所示。

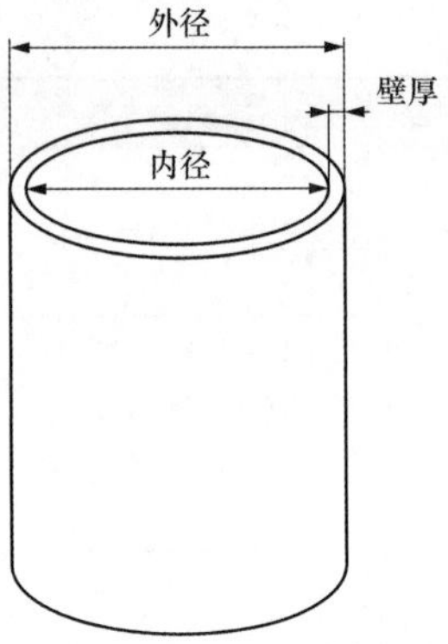

图 1-1-13　管道规格图示

在施工资料和施工图纸中，管径规格的表达方式有 De、DN、*d*、*ϕ*（*D*）等，各自的表示范围有：

1）De——PPR 管、PE 管、PVC 管等塑料类管外径；

2）DN——铸铁管、钢塑复合管、焊接钢管（镀锌或非镀锌）公称直径；

3）*ϕ*（*D*）——外径，无缝钢管或有色金属管道应标注“外径×壁厚”，如：*ϕ*108×4 或 *D*108×4。

4）钢筋混凝土（或混凝土）管、陶土管、耐酸陶瓷管、缸瓦管等管材，管径宜以内径 *d* 表示（如 *d*230、*d*380 等）；常用管径如表 1-1-3 所示。

表 1-1-3　管道常用规格

公称直径	常用规格	备注
De	20、25、32、40、50、63、75、90、110	给水塑料管
DN	15、20、25、32，40、50、65、80、100	给水金属管
De	50、75、110、160	排水塑料管
DN	50、75、100、150	排水金属管

管径的标注方法应符合如图 1-1-14 所示。

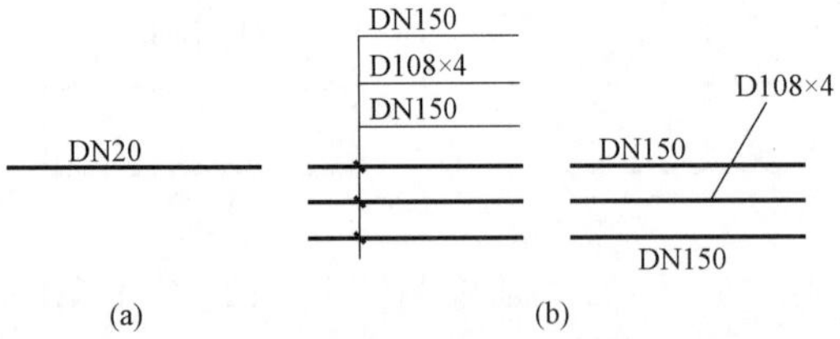

图 1-1-14　管径的标注方法

（a）单管管径表示法；（b）多管管径表示法

3. 管道标高及坡向

（1）管道标高。标高是表示管道或建筑物高度的一种尺寸形式。标高有绝对标高和相对标高两种，绝对标高是以我国青岛附近黄海的平均海平面作为零点的，相对标高一般以建筑物的底层室内主要地平面为该建筑物的相对标高的零点，用 ± 0.000 表示；标高的标注方法如图 1-1-15 所示，标高符号用细实线绘制，三角形的尖端画在标高的引出线上表示标高的位置，尖端的指向可以向上也可以向下；标高值是以 m 为单位的，高于零点的为正（如 5.000，表示高于零点 5m），低于零点的为负（如-5.000 表示低于零点 5m）；一般情况下，压力管道标注管中心的标高，室内重力管道标注管内底标高。

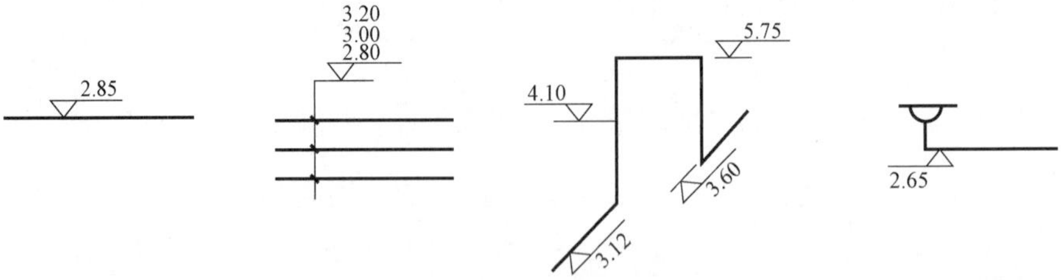

图 1-1-15　标高的标注方法

（2）管道的坡度与坡向。坡向即坡度的朝向。室外工程中，管道坡向按从左到右的顺序计，管道上坡、平坡和下坡分别表示为“/”“—”“\”；室内工程中，坡向用“→”表示，箭头指向下坡处。

如图 1-1-16 所示，坡度的计算公式见式（1-1-1）。

$$i=\tan\alpha=h:D=1:m \tag{1-1-1}$$

式中　i——坡度；

D——管道的水平投影长度，单位为 m；

h——管道起点与终点的高差，单位为 m；

α——管道相对于水平面的倾斜角度；

$1:m$——土方工程中称为放坡系数，也称为坡度。

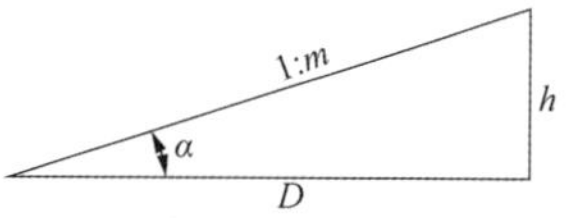

图 1-1-16　坡度示意图

室外工程中，管道上坡、平坡和下坡的坡度表示分别为：$i>0$、$i=0$、$i<0$；室内工程中，管道坡度的表示方法为：在坡向箭头上标注数字，数字表示为小数、分数或百分数，如 $i=0.007$，也可以写为 $i=0.7\%$。

4. 管道编号

（1）当建筑物的给水引入管或排水排出管的数量超过 1 根时，宜进行编号，编号宜按图 1-1-17 所示的方法表示。

（2）建筑物穿越楼层的立管，其数量超过 1 根时宜进行编号，编号宜按图 1-1-18 所示的方法表示。

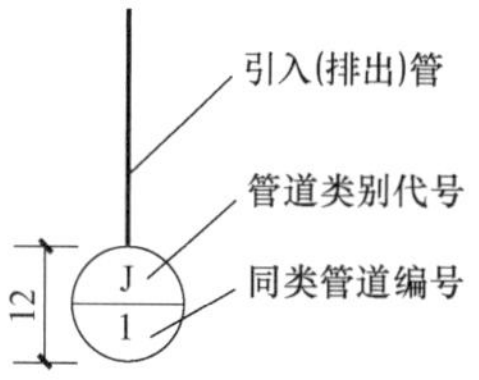

图 1-1-17　给水引入（排水排出）管编号表示方法

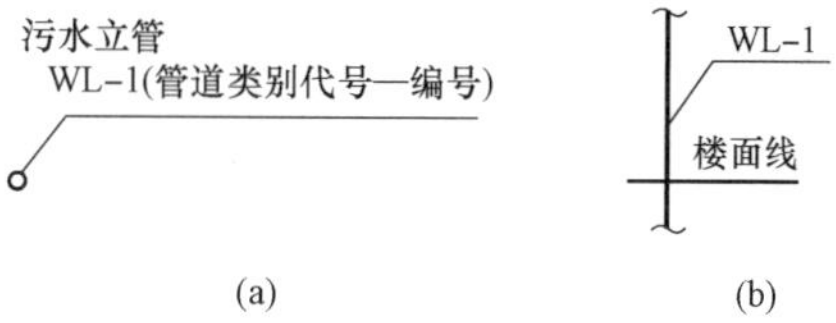

图 1-1-18　立管编号表示方法

（a）平面图；（b）剖面图、系统图

5. 方位标

方位标是用以确定安装方位基准的图标，画在底层平面图上，一般用指北针、风向玫瑰图等表示建筑物或管线的方位，如图 1-1-19 所示。

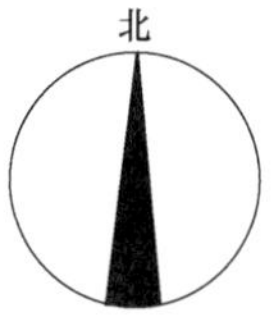

图 1-1-19　指北针

6. 管道轴测图（系统图）

轴测图是管道系统图的表述方法，其绘法取水平、轴测、垂直方向，完全与平面布置图比例相同，是按斜轴测图的方式绘制的。轴测图是用平行投影的方法，将物体连同确定该物体的直角坐标系一起沿坐标轴的方向投射到一个投影面上所得到的图形。如图 1-1-20（a）所示，图中的粗实线表示管道在正方体中的位置，隐藏正方体的线条后，即成为如图 1-1-20（b）所示的轴测图。相邻的横线、竖线和斜线是垂直关系。左右方向用水平线表示，上下方向用竖线表示，前后方向用 45°斜线表示。

管道工程的大量信息来自平面图和系统图，这两张图的信息应吻合。轴测图与平面图中的直线对应关系见表 1-1-4，管线高低关系见表 1-1-5。轴测图应用示例如图 1-1-21 所示。

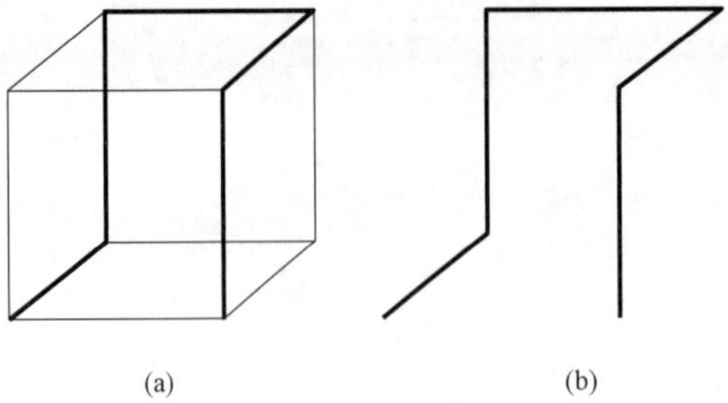

图 1-1-20 管道的轴测图

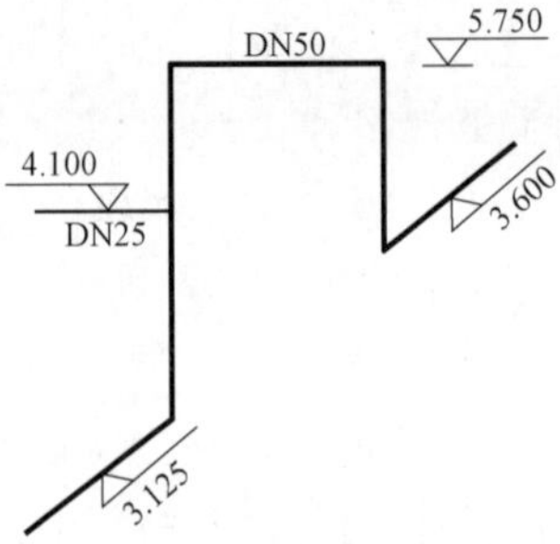

图 1-1-21 轴测图应用示例

表 1-1-4 轴测图与平面图中的直线比较

轴测图中的直线	—	/	|
平面图中的直线	—	|	○

表 1-1-5 管线高低关系

弯折管	高 低 低 高	“线压圈”，线在上，圈在下“圈压线”，圈在上，线在下
管道丁字上接	高 低	
管道丁字下接	高 低	
管道交叉	低 高	在下面和后面的管道应断开

如图 1-1-22 所示，图中（a）、（b）、（c）为管道平面图中图形，（d）、（e）、（f）为管道对应的轴测图图形。

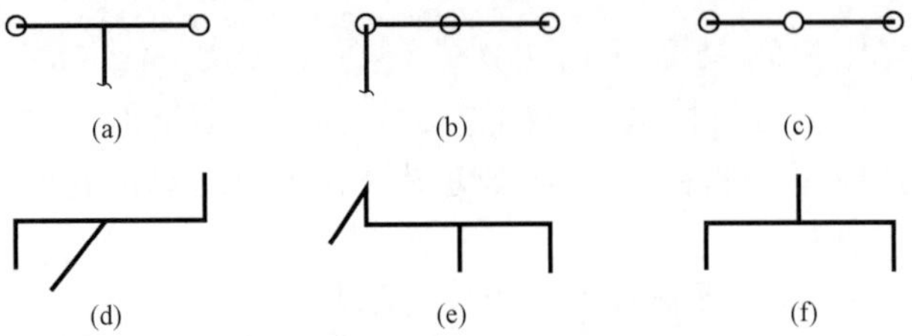

图 1-1-22 管道平面图与对应的轴测图

（三）建筑给排水施工图的主要内容

施工图是工程的语言，是工程计量和进行施工最重要的依据，施工单位应严格按照施工图施工。给排水施工图是由基本图和详图组成的。基本图包括管线平面图、系统图和设计说明等，并有室内和室外之分；详图包括各局部或部分的加工、安装尺寸和要求。施工图有以下几个特点：

（1）各系统一般多采用统一的图例符号表示，而这些图例符号一般并不反映实物的原型。所以在识图前，应首先了解各种符号及其所表示的实物。

（2）系统都是用管道来输送流体（包括气体和液体），而且在管道中都有自己的流向，识图时可按流向去读，这样易于掌握。

（3）各系统管道都是立体交叉安装的，只看管道平面图难于看懂，一般都有系统图（或轴测图）来表达各管道系统和设备的空间关系，两种图互相对照阅读，更有利于识图。

（4）各设备系统的安装与土建施工是配套的，应注意其对土建的要求和各工种间的相互关系，如预埋件及预留洞口等。

建筑给排水施工图一般由图纸目录、主要设备材料表、设计说明、图例、平面图、系统图（轴测图）、施工详图等组成。各部分的主要内容如下。

1. 平面布置图

给水、排水平面图应表达给水、排水管线和设备的平面布置情况。

在设计图纸中，用水设备的种类、数量、位置，均要作出给水和排水平面布置；各种功能管道、管道附件、卫生器具、用水设备等，均应用各种图例表示；各种水平干管、立管、支管的管径、坡度等，均应标出。平面图上管道一般用单线绘出，沿墙敷设时不标注管道距墙面的距离。

一张平面图上可以绘制几种类型的管道，一般来说给水和排水管道可以在一起绘制。若图纸管线复杂，也可以分别绘制，以图纸能清楚地表达设计意图而图纸数量尽量少为原则。

建筑内部给排水，以选用的给水方式来确定平面布置图的张数。底层及地下室必绘；顶层若有高位水箱等设备，也必须单独绘出。建筑中间各层，如卫生设备或用水设备的种类、数量和位置都相同，绘一张标准层平面布置图即可；否则应逐层绘制。在各层平面布置图上，各种管道、立管应编号标明。

2. 系统图（轴测图）

系统图上应标明管道的管径、坡度，标出支管与立管的连接处，以及管道各种附件的安装标高，标高的±0.00应与建筑图一致。系统图上各种立管的编号应与平面布置图相一致。系统图均应按给水、排水等各系统单独绘制，以便于施工安装和工程计量应用。

系统图中对用水设备及卫生器具的种类、数量和位置完全相同的支管、立管，可不重复完全绘出，但应用文字标明。当系统图立管、支管在轴测方向重复交叉影响识图时，可断开移到图面空白处绘制。

3. 施工详图

凡平面布置图、系统图中局部构造因受图面比例限制而表达不完善或无法表达的，为使工程计量及施工不出现失误，必须绘出施工详图。但对于通用的，如卫生器具安装、排水检查井等，均有主管部门编制的施工标准图，施工详图宜首先采用标准图。

绘制施工详图的比例以能清楚绘出构造为根据选用。施工详图应尽量详细注明尺寸，不应以比例代替尺寸。

4. 设计施工说明、主要材料设备表、图例及图纸目录

用工程绘图无法表达清楚的给水、排水系统的管材、防腐、防冻、防露的做法，或难以表达的诸如管道连接、固定、竣工验收要求、施工中特殊情况技术处理措施，或施工方法要求严格必须遵守的技术规程、规定等，可在图纸中用文字写出设计施工说明。工程选用的主要材料及设备表，应列明材料类别、规格、数量，设备品种、规格和主要尺寸。设备、材料表是该项工程所需的各种设备和各类管道、管件、阀门、防腐和保温材料的名称、规格、型号、数量的明细表。

此外，施工图还应绘出工程图所用图例。所有以上图纸及施工说明等应编排有序，写出图纸目录。

建筑给排水工

程常用图例

（四）建筑给排水工程常用图例

建筑给排水工程常用图例见表 1-1-6。更多图例可扫码查阅。

（五）建筑给排水工程施工图的识读

阅读建筑给排水施工图一般应遵循的原则包括以下几点。

1）从整体到局部，从下往上看，从左往右看；

2）由外向里看，由大向小看，由粗向细看；

3）图样说明对照看，建施结施结合看，设备图纸参照看；

4）先看全局性基本图，后看局部性详图。

表 1-1-6 建筑给排水工程常用图例

名称	图例	名称	图例	名称	图例
生活给水管	— J —○ JL-	闸阀		浴盆	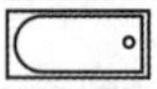
污水管	— W —○ WL-	水表		洗脸盆	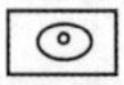
废水管	— F —○ FL-	水龙头	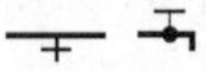	厨房洗涤盆	
给水系统编号	 J	角阀		坐式大便器	
污水系统编号	 W	检查口		蹲式大便器	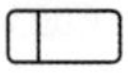
废水系统编号	 F	P 形存水弯		小便器	
通气帽	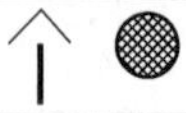	S 形存水弯		地漏	

对于一套图纸，看图的顺序是先看图纸目录，了解建设工程的性质、管道种类、搞清楚这套图纸有多少张，有几类图纸，以及图纸编号；其次是看施工图说明、材料表等一系列文字说明；然后把平面图、系统图、详图等交叉阅读。对于一张图纸而言，首先是看标题栏，了解图纸名称、比例、图号、图别等，最后对照图例和文字说明进行细读。

阅读主要图纸之前，应当先看说明和设备材料表，然后以系统图为线索深入阅读平面图、系统图及详图。

阅读时，应三种图相互对照来看。先看系统图，对各系统做到大致了解；看给水系统图时，可由建筑的给水引入管开始，沿水流方向经干管、立管、支管到用水设备；看排水系统图时，可由排水设备开始，沿排水方向经支管、横管、立管、干管到排出管。

1. 平面图的识读

室内给排水管道平面图是施工图纸中最基本和最重要的图纸，常用的比例是 1∶100 和 1∶50 两种，它主要表明建筑物内给排水管道及卫生器具和用水设备的平面布置。图上的线条都是示意性的，同时管材配件如活接头、补心、管箍等也不画出来，因此在识读图纸时还必须熟悉给排水管道的施工工艺。

在识读管道平面图时，应该掌握的主要内容和注意事项如下：

1）查明卫生器具、用水设备和升压设备的类型、数量、安装位置、定位尺寸；

2）明确给水引入管和污水排出管的平面位置、走向、定位尺寸、与室外给排水管网的连接形式、管径及坡度等；

3）查明给排水干管、立管、支管的平面位置与走向、管径尺寸及立管编号。从平面图上可清楚地查明是明装还是暗装，以确定施工方法；

4）消防给水管道要查明消火栓的布置、口径大小及消防箱的形式与位置；

5）在给水管道上设置水表时，必须查明水表的型号、安装位置以及水表前后阀门的设置情况；

6）对于室内排水管道，还要查明清通设备的布置情况，清扫口和检查口的型号和位置。

2. 系统图的识读

给排水管道系统图主要表明管道系统的立体走向。

在给水系统图上，卫生器具无需画出，只需画出水龙头、淋浴器莲蓬头、冲洗水箱等符号；用水设备如水箱等则画出示意性的立体图，并在旁边注以文字说明。

在排水系统图上也只画出相应的卫生器具的存水弯或器具排水管。

在识读系统图时，应掌握的主要内容和注意事项如下：

1）查明给水管道系统的具体走向，干管的布置方式，管径尺寸及其变化情况，阀门的设置，引入管、干管及各支管的标高。

2）查明排水管道的具体走向，管路分支情况，管径尺寸与横管坡度，管道各部分标高，存水弯的形式，清通设备的设置情况，弯头及三通的选用等。

3）系统图上对各楼层标高都有注明，识读时可据此分清管路是属于哪一层的。

3. 详图的识读

室内给排水工程的详图包括节点图、大样图、标准图，主要是管道节点、水表、消火栓、水加热器、开水炉、卫生器具、套管、排水设备、管道支架等的安装图及卫生间大样图等。

这些图都是根据实物用正投影法画出来的，图上都有详细尺寸，可供安装时直接使用。

五、任务分析

（1）在图纸识读过程中，给排水管道、卫生器具、阀门等的图例是如何表示的？平面图、系统图是如何对应的？

（2）给排水工程是如何分类的？室内外管道界限应如何划分？给水排水管道穿越建筑物是否设置保护套管，何处设置，具体要求是怎样的？给排水专业工程中管道采用什么敷设方式？给排水管道分别采用什么材质、什么连接方式？给排水管道安装高度如何确定？管道采用哪种形式的压力试验及消毒冲洗方式？管道是否需要刷油防腐？

（3）在给排水工程中，管道支架、管卡形式、设置要求是什么？刷油防腐是如何规定的？

（4）给排水工程中卫生器具、阀门等有哪些种类？

六、任务实施

（1）给排水管道、卫生器具、阀门等的图例表示方法参考如表 1-1-6 所示。

（2）在给排水施工图的给水系统中，管道由室外引入，室内外界限以外墙皮 1.5m 为准，引入管采用 De63，PP-R 管，埋设深度 H-1.00m。过外墙预埋钢套管。引入室内后，经埋地敷设的水平干管，分配水流至①拖布池、小便槽方向，管径 De25，标高为 H+0.80m 和②盥洗池、蹲便器方向，管径 De50，标高为 H+1.20m；此方向又在三通处分为盥洗池方向，管径 De25 和蹲便器方向，管径 De50。①拖布池、小便槽方向，管径不变，标高由 H+0.80m 变为

H+2.00m，又变为 H+0.90m。给水管道进行水压试验及消毒冲洗。

排水系统排出管采用 De160 UPVC 硬聚氯乙烯塑料管，过外墙预埋钢套管。埋地敷设深度为 H-1.20m。排水横管标高为 H-0.5m，分为：①盥洗池、拖布池方向，管径 De75、De50 和②蹲便器、小便槽方向，管径 De110、De75、De50。排水管道进行闭水试验及通球试验。

卫生间安装手压冲洗蹲便器、小便槽冲洗管、地漏、地面清扫口、阀门等，拖布池及盥洗池为砖砌贴瓷砖，需要安装水龙头和地漏、排水栓等附件。

给、排水管均为塑料材质，不需要防腐处理。管道直埋不需要安装支架，但明装管道需要安装管卡。

七、任务总结

通过完成上述任务，你学到了哪些知识与技能？在哪些地方还存在疑惑？

（1）给排水平面图的识读应注意掌握以下内容：查明卫生器具及用水设施的类型、数量、安装方式、安装位置及接管方式；弄清给水引入管与排水排出管的平面走向、位置；分别查明给水干管、立管、横管、支管的平面走向、位置；查明水表、阀门等型号、安装方式。

（2）给排水系统图的识读应注意掌握以下内容：查明各部分给水管的空间走向、管径、标高及阀门设置位置；查明各部分排水管的空间走向、管路分支情况、管径尺寸及变化，查明横管坡度、管道各部分标高、存水弯形式、清通设施的设置情况。

（3）给水管道水压试验、消毒冲洗，排水管道的灌水试验等项目；穿楼板及内墙用钢套管设置；管卡及支架等，按设计说明要求或施工规范要求设置。

八、任务拓展

某住宅楼给排水工程图纸识读案例

本工程施工图包括一层给排水平面图、二至四层给排水平面图和给排水工程系统图，如图 1-1-23～图 1-1-25 所示。

（一）设计说明

本工程为四层普通住宅楼，层高为 2.8m，室内一层地面与室外地坪高差为 0.3m，户内有一间厨房、一间卫生间，即一厨一卫。外墙及承重墙均为 240 墙，厨卫间墙为 120 墙。

（1）本设计标高以 m 计，其余以 mm 计。

（2）生活给水管采用热浸锌焊接钢管，螺纹连接；排水、废水管采用机制排水铸铁管，承插连接，水泥接口。

（3）给水管道安装完毕后，按规定压力进行水压试验和消毒冲洗；排水管道安装完毕后，按规定进行灌水、通水、通球试验。

（4）给水管道穿墙体及楼板处，需设钢制套管。排水管出户处设钢套管。给水、排水管道穿楼板需预留孔洞，穿墙采用机械钻孔。排水检查井距建筑物外墙皮 3m。

（5）生活给水管道埋地部分沥青漆 2 遍；排水管道明装部分除轻锈后，刷红丹防锈漆 2 遍、银粉防锈漆 2 遍，埋地部分刷沥青漆 2 遍。

（6）卫生器具安装按国家标准图集施工。卫生间内洗脸盆采用立柱式，坐便器为连体坐便器；洗衣机采用普通钢制冷水嘴；水表为普通水表，螺纹连接；厨房洗涤池为成套不锈钢材质；地漏为 DN50 铸铁材质。上述器具安装均参照国标图集。

（7）本说明未述及之处，按国家有关施工验收规范执行。

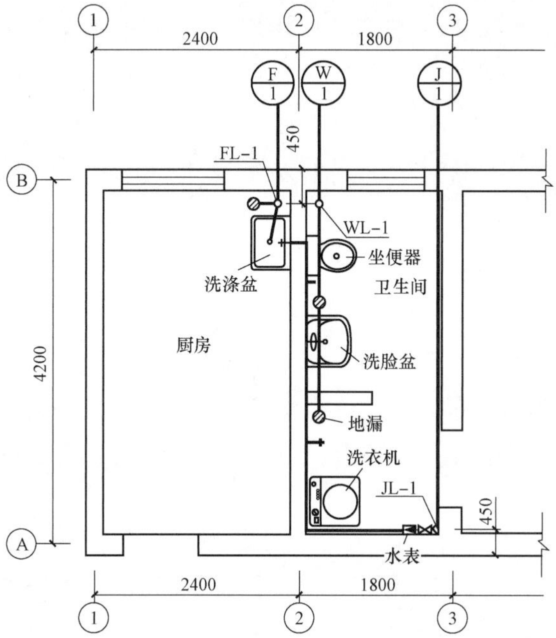

图 1-1-23　一层给排水工程平面图

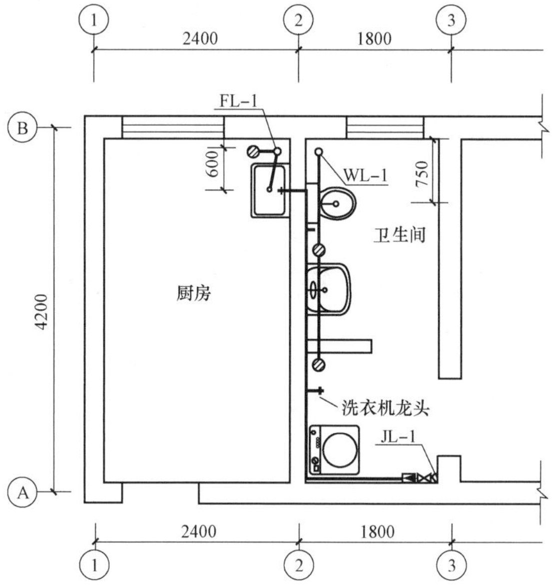

图 1-1-24　二至四层给排水工程平面图

（二）图纸解读

给水采用直接给水方式，户内计量。给水进户管管径 DN32，自室外 1.5m 开始，在–1.0m 标高进入户内，立即返上至–0.3m 处，然后水平干管接至 JL-1。在立管上距每层地坪 1m 处设三通引出分户支管，立管管径由 DN32 变为 DN25 至三层支管，向上管径变为 DN20。每户分户水平支管上设有阀门 1 个、分户水表 1 个，管径为 DN20。

排水采用分体制系统，即生活污水和厨房废水分别用各自的管道排出。厨房内设洗涤盆

1 套，地漏 1 个，废水由 FL-1 单独排出；卫生间内设普通水龙头 1 个（洗衣用）、洗脸盆 1 套、坐式大便器 1 套、地漏 2 个（内外间各 1 个），卫生间污水均由污水管 WL-1 排出。

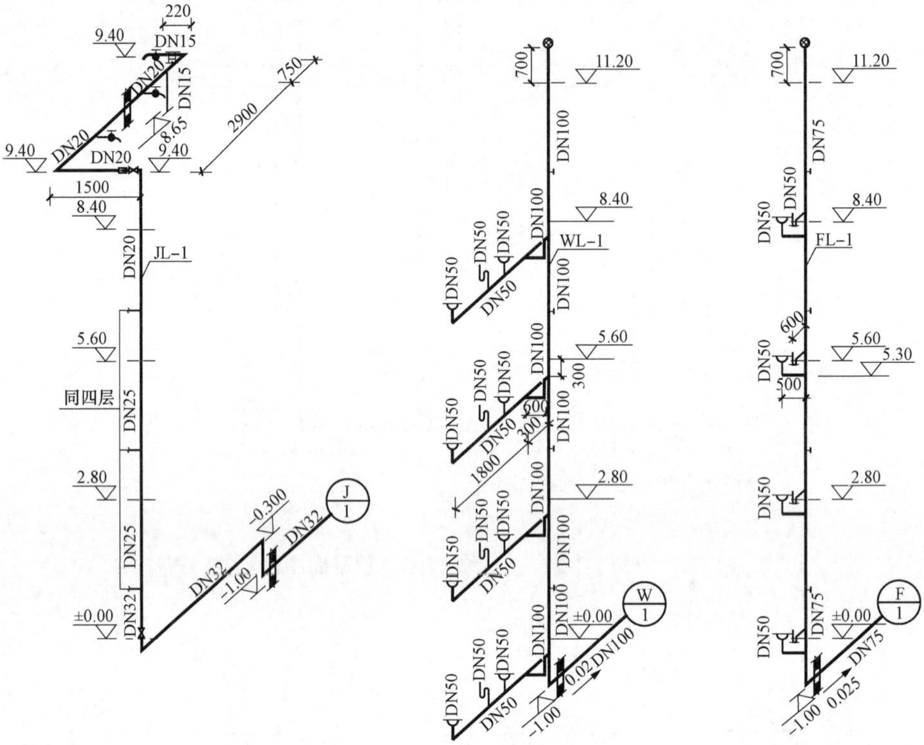

图 1-1-25 给排水工程系统图

污水排水出户管，管径 DN100，在标高–1.0m。出户后进入检查井，检查井距建筑物外墙皮 3m。立管及通气管管径为 DN100。每层排水水平横管，自立管至坐便器支管管径为 DN100，自坐便器支管至横管端部地漏，管径为 DN50。坐便器器具支管管径为 DN100，洗脸盆及地漏器具支管管径为 DN50。

废水排水出户管，管径 DN75，在标高–1.0m。出户后进入检查井，检查井距建筑物外墙皮 3m。立管及通气管管径为 DN75。每层洗涤盆及地漏器具支管管径为 DN50。

九、知识测试与能力训练

（1）根据各管段平面图（如图 1-1-26 所示）描绘管道系统图。

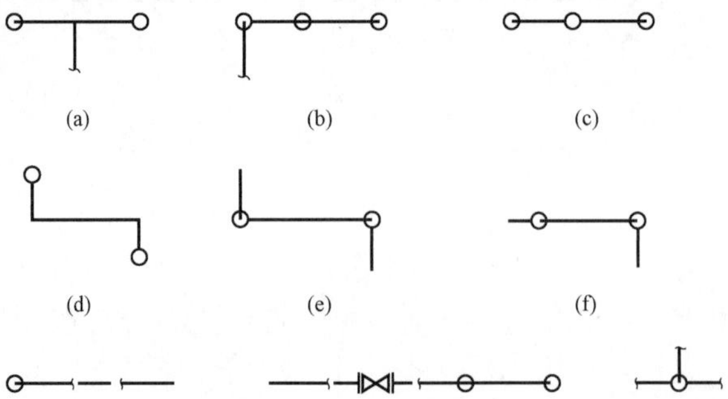

图 1-1-26 各管段平面图

（2）根据管道平面图（如图 1-1-27 所示）描绘管道系统图。

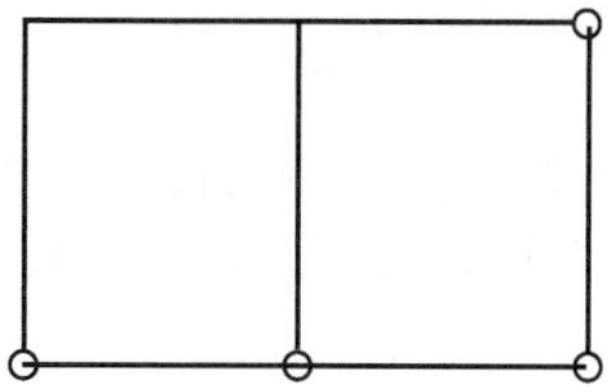

图 1-1-27　管道平面图

管道系统图答案

（3）根据给水工程系统图（如图 1-1-28 所示）描绘平面图。

给水案例平面图答案

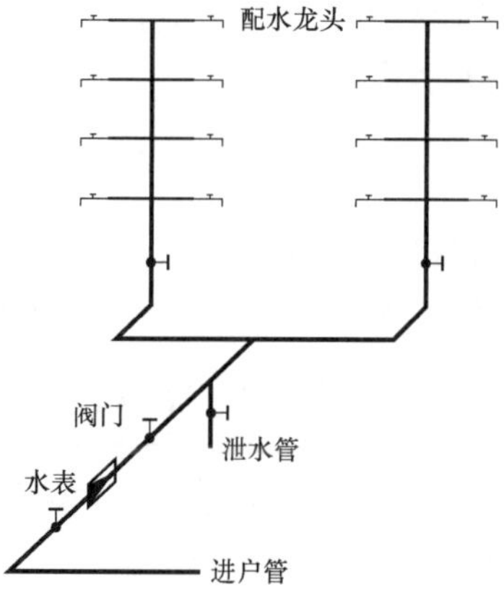

图 1-1-28　给水工程系统图

（4）室内给排水管道工程的施工图由________、________、________、________、________等组成。

（5）通常用________表示钢管的规格，单位为________，符号为________；塑料管道的公称外径表示为________。

（6）室内管道工程中，压力管道标高的标注位置为________。室内重力管道标注管________标高。

（7）请计算如图 1-1-29 所示系统图中：①左侧立管的长度；②右侧立管的长度；③三通距顶部水平管的距离；④三通距最底部水平管的距离。

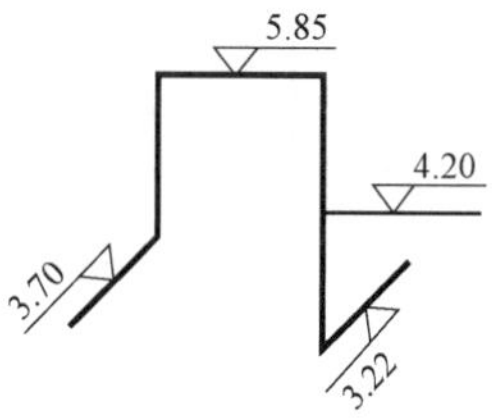

图 1-1-29　管道系统图

任务二　建筑给排水工程施工

一、引导问题

（1）建筑给水工程常用管材有哪些？如何连接？

（2）建筑排水工程常用管材有哪些？如何连接？

（3）建筑给水工程施工图中阀门型号、材质、连接方式等如何表述？

（4）为阻止排水管道内各种有毒有害气体进入室内，需要如何处理？

（5）排水管道堵塞了，可以在哪些部位进行清通？

（6）常用卫生器具与给、排水管道分界点在哪里？

（7）给、排水管道安装程序（流程）是怎样的？

二、任务说明

建筑给排水工程施工的主要内容，包括工程材料、安装工程施工工艺与技术，也是从事计量与计价工作必须掌握的基础知识。通过对建筑给排水工程施工内容的了解，再与计量计价的工作内容相结合，为解决计量与计价实际问题打下坚实基础。

三、任务要求

（1）熟悉建筑给排水工程材料种类、适用范围、连接方式。

（2）了解建筑给排水工程常用附件及设施设备安装。

（3）掌握建筑给水系统施工安装程序。

（4）掌握建筑排水系统施工安装程序。

四、知识链接

（一）建筑给排水工程材料种类、适用范围、连接方式

1. 建筑给排水管道常用管材及连接方式

建筑给排水管道常用管材及连接方式如表 1-2-1 和图 1-2-1 所示。

表 1-2-1 常用管材及接口形式

管材			接口形式	适用的管道类别
金属管材	无缝钢管		焊接、法兰连接	工业管道、燃气
	有缝钢管（焊接钢管）	镀锌钢管（白铁管）	小于 DN100：螺纹连接 大于 DN100：沟槽连接	室内给水消防给水
		非镀锌钢管（黑铁管）	小于 DN32：螺纹连接 大于 DN32：焊接	采暖管道管道套管
	铸铁管	给水铸铁管	承插连接、法兰连接	室外给水
		排水铸铁管	承插连接	室内排水
非金属管材	塑料管	PE 管	热熔连接	室外给水、燃气
		PPR 管	热熔连接	室内给水、室内采暖
		HDPE 管（波纹管）	承插连接	市政排水
		UPVC 管（直管）	利用管件用胶粘接	室内排水
铝塑复合管			螺纹连接、压力连接	室内给水

钢管 铜管 铸铁管 塑料管 复合管

图 1-2-1 建筑给排水管道常用管材

（1）焊接。钢管焊接通常采用熔焊的方法，即将管道的接口两端熔化形成熔池，熔池冷却凝固形成一道连续的焊缝，将两个管节连接成为一个整体，如图 1-2-2 所示。

（2）法兰连接。法兰连接如图 1-2-3 所示。法兰连接就是将管节的一端与法兰固定，两个法兰之间用橡胶垫密封，用螺栓将两个法兰进行紧固，将两个管节连接成为一个整体。法

兰连接分为焊接法兰连接和螺纹法兰连接。通常大口径的钢管采用焊接法兰连接，小口径的钢管采用螺纹法兰连接。法兰连接常用于需要拆卸的设备、阀门等部位。

（3）承插连接。承插连接用于带承、插端的铸铁管管节连接，按照接口的密封材料不同，承插接口分为刚性接口和柔性接口两种。柔性接口的密封材料为橡胶圈。刚性接口的密封材料为水泥、青铅等。管道承插连接，水泥接口，如图 1-2-4 所示。

图 1-2-2　钢管焊接

图 1-2-3　法兰及法兰连接

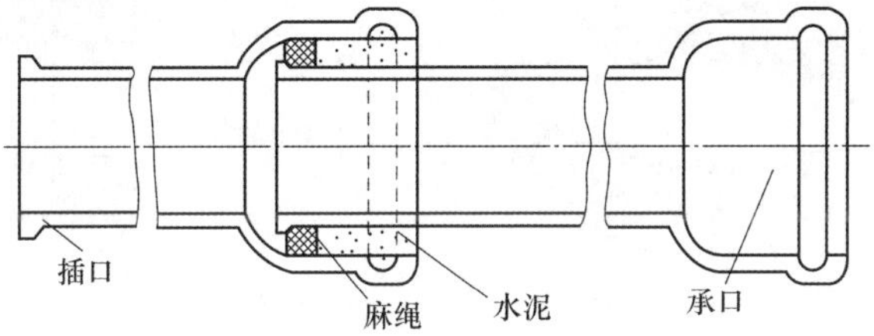

图 1-2-4　承插连接水泥接口

（4）螺纹连接。螺纹连接适用于管径小于 32mm 的钢管连接和镀锌钢管连接。如图 1-2-5 所示，螺纹连接就是在管节端部加工外螺纹，在上面绕油麻或生料带作为止水密封材料，与配套的管件进行连接。

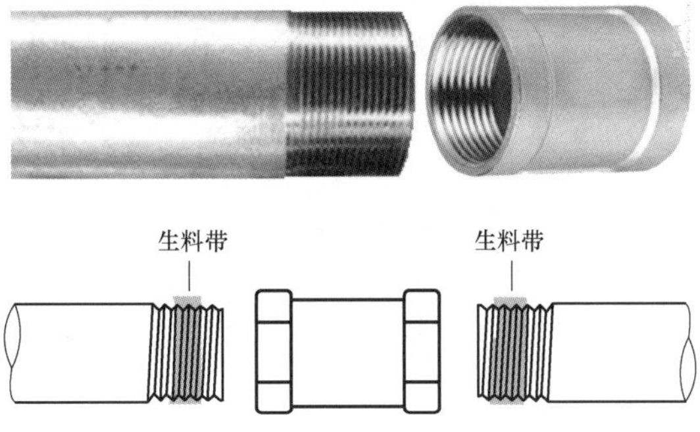

图 1-2-5　钢管螺纹连接

（5）热熔连接。如图 1-2-6 所示，热熔连接就是用热熔机械将塑料管的端部加热至熔化，然后用稳定的压力对接两段管节，将两个管节连接成为一个整体。热熔缝的特点是在接口处有两道凸起的对接缝。

（6）沟槽连接。管道沟槽连接，也称为卡箍连接，是新型的钢管连接方式，逐渐取代了法兰连接和焊接两种传统的管道连接方式。如图 1-2-7 所示，卡箍主要由橡胶密封圈、卡箍和锁紧螺栓等三部分组成。

2. 建筑给排水管道常用配件（管件）

（1）钢制给水管件，见图 1-2-8。

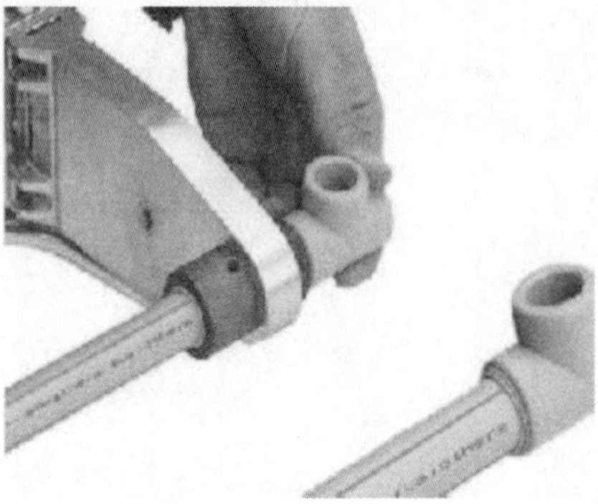

图 1-2-6　塑料管热熔连接

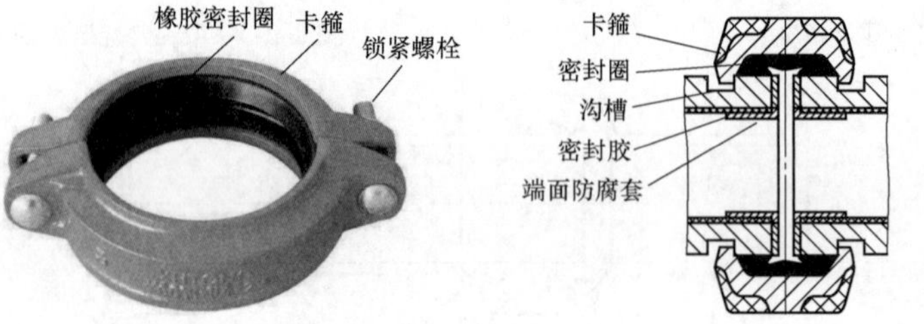

图 1-2-7　管道沟槽连接

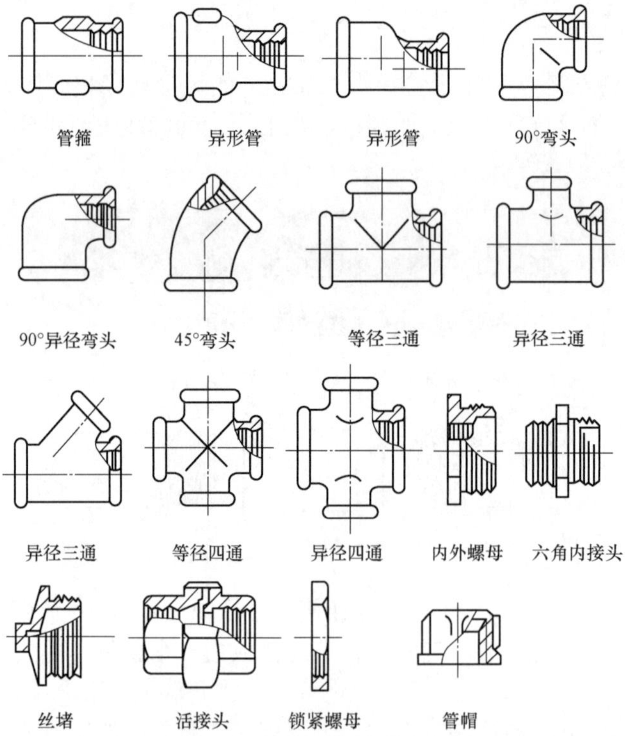

图 1-2-8　钢制给水管件

（2）塑料给水管件，见图 1-2-9。

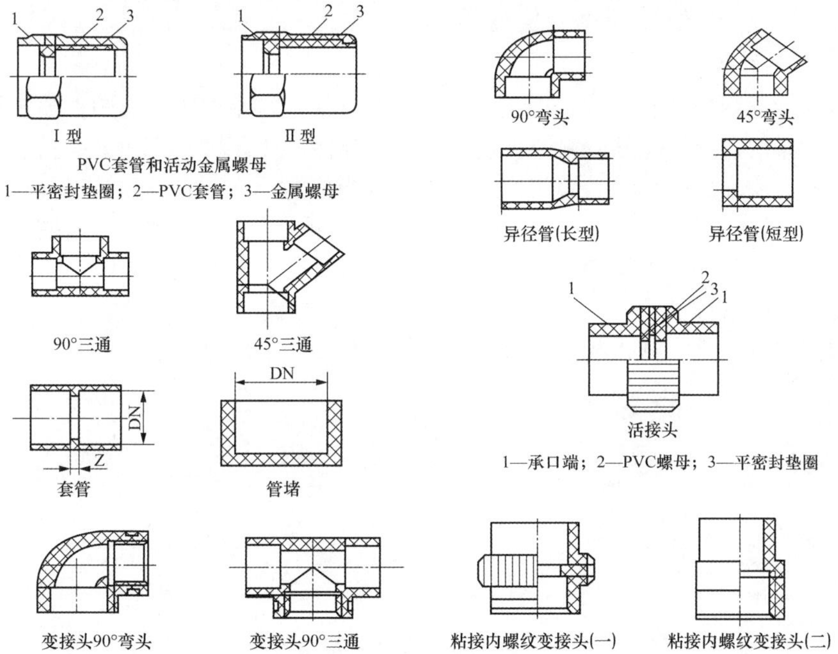

图 1-2-9　塑料给水管件

（3）铸铁排水管件，见图 1-2-10。

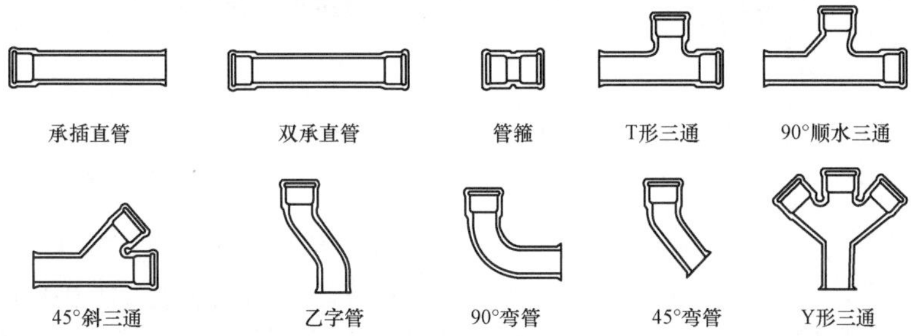

图 1-2-10　铸铁排水管件

（4）塑料排水管件，见图 1-2-11。

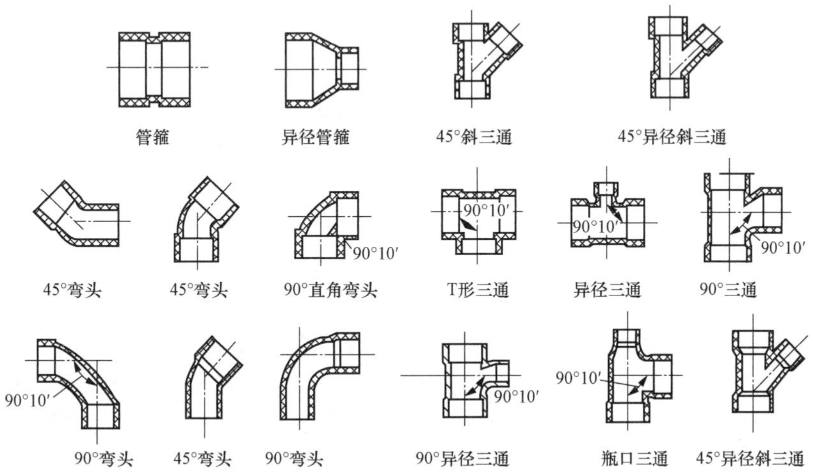

图 1-2-11　塑料排水管件

（二）建筑给排水常用附件及设施设备

1. 建筑给排水常用附件

（1）给水管道附件即管道的附属配件，包括各种阀门、水表等。其中，建筑给水管道常用附件是各种阀门，阀门是流体输送系统中的控制部件，具有截止、调节、导流、防止逆流、稳压、分流或溢流泄压等功能。阀门按工作压力分为低压、中压、高压等三种；按材质分为铸铁、铸钢、铸铜、不锈钢阀门等；按输送的介质分为水、蒸汽、空气、耐酸阀门等；按接口方式分为法兰阀门和螺纹阀门等；按驱动方式分为手动、电动、自控阀门等。阀门安装前，应做强度试验和严密性试验。

常用阀门包括闸阀、截止阀、蝶阀、球阀等，如图 1-2-12 所示。

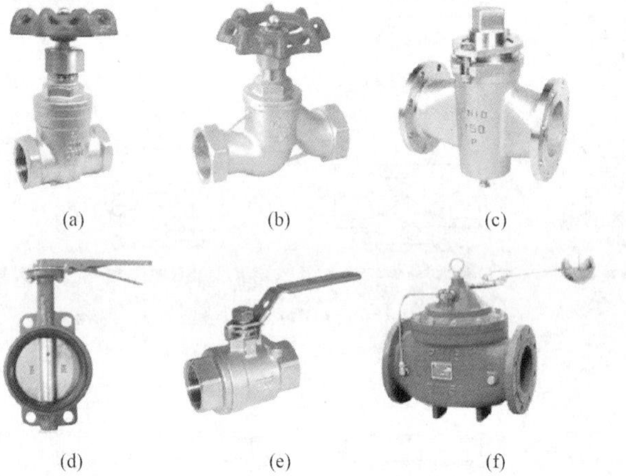

图 1-2-12　常用阀门

（a）闸阀；（b）截止阀；（c）旋塞阀；（d）蝶阀；（e）球阀；（f）浮球阀

施工图中的阀门，型号组成一般由七个单元表示，表示方式如图 1-2-13 所示。

例如标注阀门为“Z944T —1（Z）DN500”，则应解释为：①阀门类型（闸阀）；②传动方式（电动）；③连接方式（法兰连接）；④结构形式（明杆平行式双板）；⑤阀座密封面或衬里材料（铜合金密封衬里）；⑥公称压力 （公称压力 1.0MPa）；⑦阀体材料（灰铸铁），公称直径为 500mm。

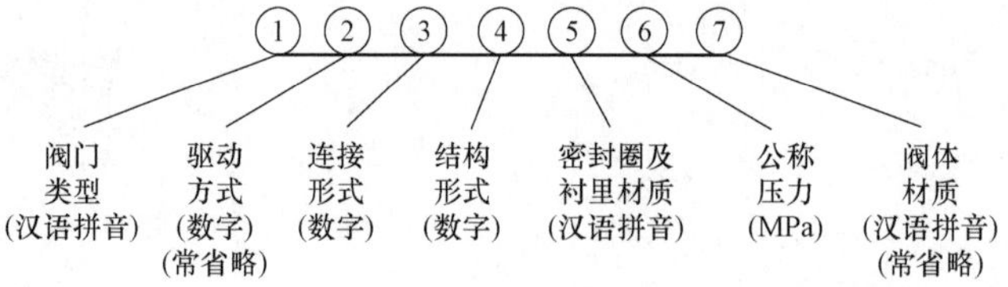

图 1-2-13　阀门型号的表示方法

（2）排水管道附件，包括各种存水弯、伸缩节、臭气帽等。

1）存水弯又称为水封，是室内排水管道的主要附件之一，设置在卫生设备的器具排水管上或者生产污（废）水受水器泄水口的下方。其作用是阻止排水管道内各种有毒有害气体、臭气以及小虫进入室内。常用的存水弯有 S 形和 P 形两种，如图 1-2-14 所示。水封的深度多在 50～80mm 之间。但本身具有水封的卫生器具，不需要设存水弯，例如坐便器、地漏等，如图 1-2-15 所示。

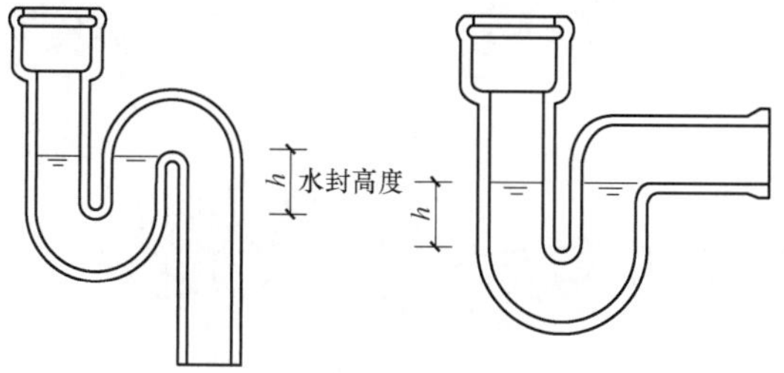

图 1-2-14　存水弯

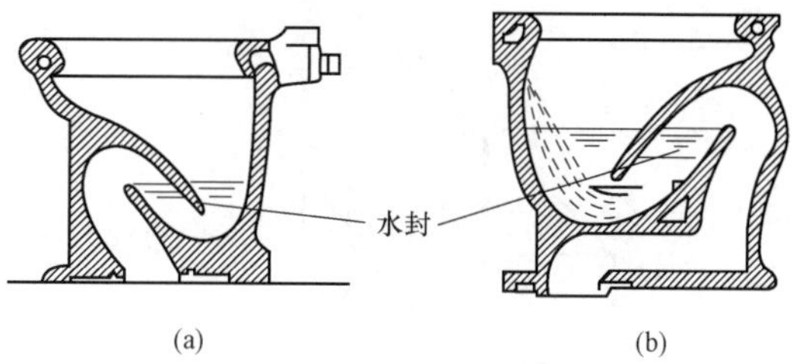

图 1-2-15　坐便器水封

（a）冲洗式；（b）虹吸式

2）伸缩节是为了防止管道在热胀冷缩的时候受损，起调节作用，以免管道被拉断或者胀裂。伸缩节按材料分类有橡胶伸缩节、不锈钢伸缩节、碳钢伸缩节。按连接方式分类有焊接连接伸缩节、法兰连接伸缩节、松套连接伸缩节，如图 1-2-16 所示。

排水管上面的减压伸缩节安装位置一般安在横支管三通下端，连接管端配件间距 10cm，有利于伸缩。无设计要求时，管道超过 2m 时应设置伸缩节，伸缩节间距最大不得超过 4m。

3）臭气帽是排水通气管的顶端附件，为防止雨雪或杂物落入排水立管，如图 1-2-17 所示。

图 1-2-16　塑料排水管伸缩节

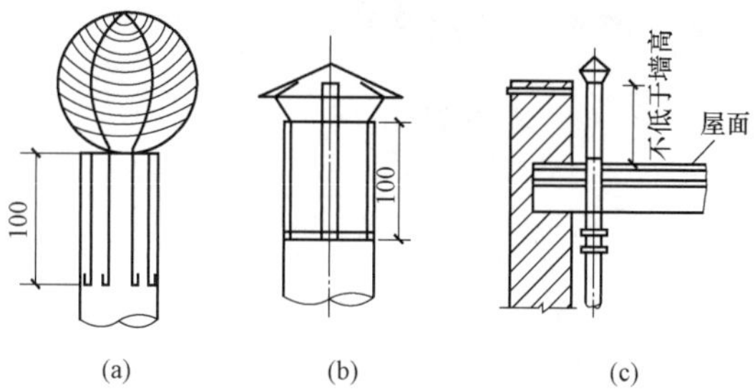

图 1-2-17　臭气帽

（a）甲型通气帽；（b）乙型通气帽；（c）通气帽的固定方式

2. 建筑给水工程常用设备

（1）贮水设备。贮水设备一般是指水箱（水池）。水箱在建筑给水系统的作用是增压、稳压、减压、贮存一定水量。水箱从外形上分有圆形、方形、倒锥形、球形等，由于方形水箱便于制作，并且容易与建筑配合使用，在工程中使用较多。水箱一般用钢板、钢筋混凝土、玻璃钢制作，如图 1-2-18 所示。

（2）升压设备。升压设备一般是指将水输送至用户并将水提升、加压的设备。在建筑内部的给水系统中，升压设备一般采用离心式水泵，如图 1-2-19 所示。它具有结构简单、体积小、效率高且流量和扬程在一定范围内可以调节等优点。

建筑给水系统中水泵进水方式分为直接抽水和水池、水泵抽水两种。以上两种抽水方式，水泵宜采用自动启闭装置，以便于运行管理。当无水箱时，采用直接抽水方式的水泵启闭电压力继电器，根据外网水压的变化来控制；采用水池、水泵抽水方式的水泵启闭由室内管网的压力来控制。当有水箱时，水泵启闭可通过设置在水箱中的浮球阀式或液位式水位继电器来控制。

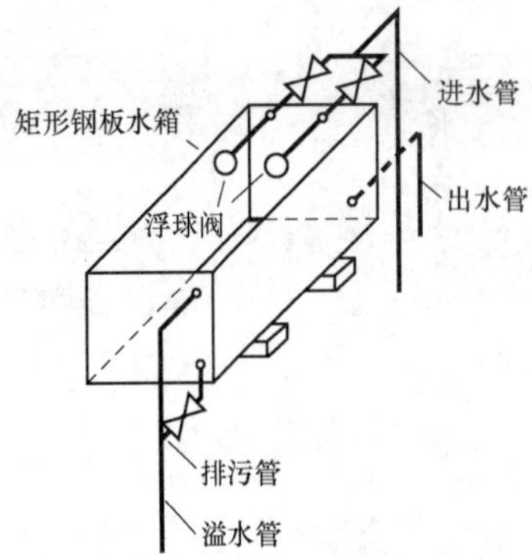

图 1-2-18　水箱安装示意图

图 1-2-19　卧式离心泵

3. 建筑排水清通设备

（1）检查口和清扫口。检查口在立管上，为可双向清通的管道维修口，一般每隔一层设置一个，底层、顶层必须设置，如图 1-2-20 所示；清扫口分为地面清扫口和横管清扫口，仅可单向清通，如图 1-2-21 所示。

图 1-2-20　立管检查口

图 1-2-21　地面清扫口

（2）地漏。地漏用于排泄卫生间、浴室、厨房等室内的地面积水。地漏应设置在易溅水的洗涤盆、洗脸盆、拖布池、小便器（槽）卫生器具附近的地面，形式有钟罩式、筒式、浮球式等。地漏按材质主要分为铸铁、PVC、不锈钢等，如图 1-2-22 所示。

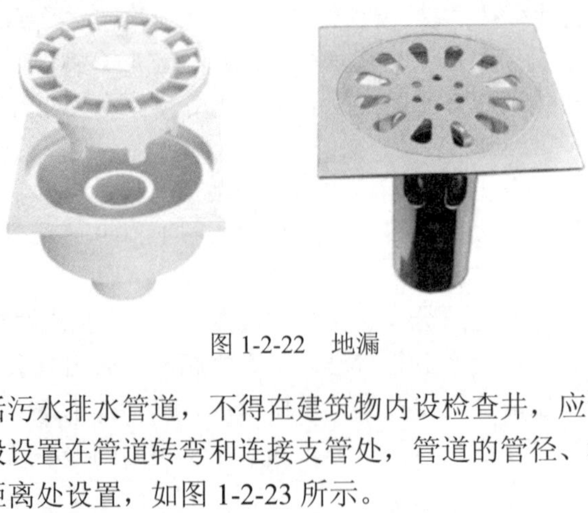

图 1-2-22　地漏

（3）检查井。生活污水排水管道，不得在建筑物内设检查井，应设置在室外，一般为砖砌带井盖。检查井一般设置在管道转弯和连接支管处，管道的管径、坡度改变处，也可以在直线管段上隔一定的距离处设置，如图 1-2-23 所示。

4. 建筑排水工程常用卫生器具

卫生器具是用于便溺、盥洗和洗涤的器具，又是室内排水系统的污水收集设备。在工程计量及施工中，采用砖砌、混凝土材质的卫生器具，如盥洗池、拖布池等属于土建施工范围，安装专业只是配套安装给水和排水管道和附件。陶瓷材料的成套卫生器具属于安装专业施工范围。

另外，必须要区分卫生器具与给排水管道的界限，了解哪些部分属于卫生器具，哪些部分属于管道。室内给排水管道与卫生器具连接的分界线规定为：

（1）给水管道工程量计算至卫生器具（含附件）前与管道系统连接的第一个连接件（角阀、三通、弯头、管箍等）止。

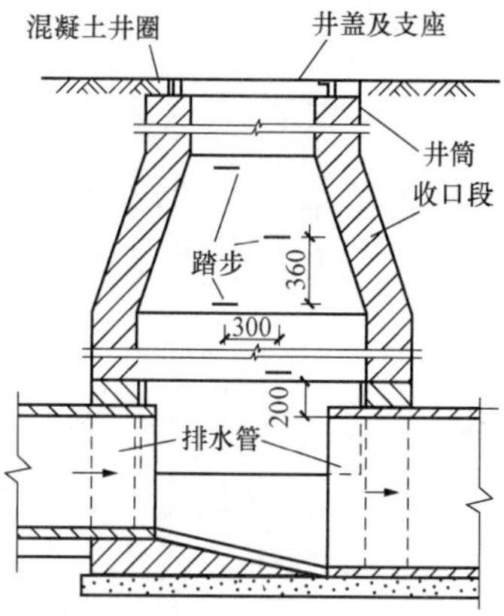

图 1-2-23　检查井大样图

（2）排水管道工程量自卫生器具出口处的地面或墙面的设计尺寸算起；与地漏连接的排水管道自地面设计尺寸算起，不扣除地漏所占长度。

常用卫生器具安装大样图及与给排水管道分界点，如图 1-2-24～图 1-2-35 所示。

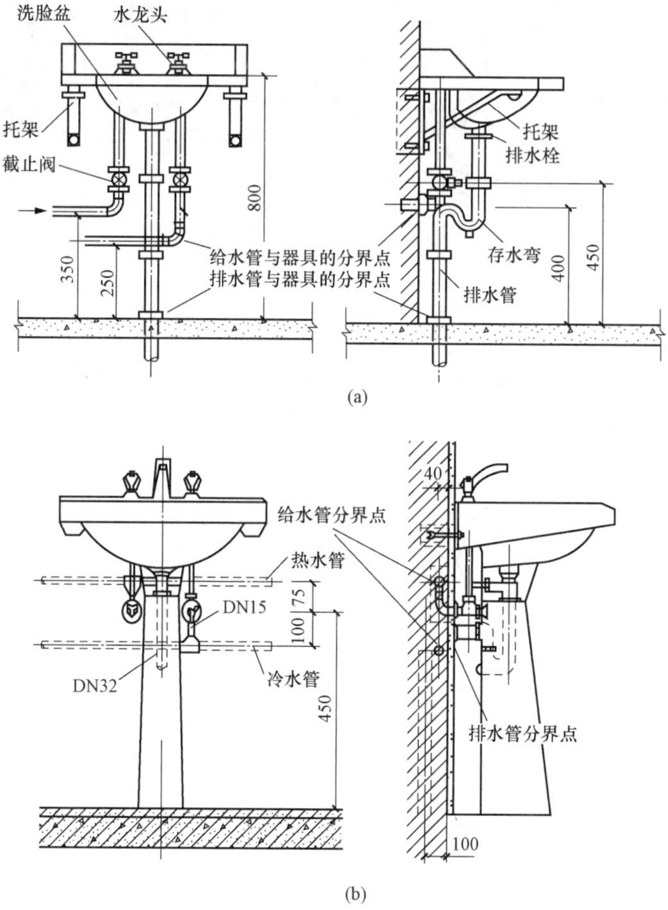

图 1-2-24　洗脸盆安装大样图及与管道的分界点

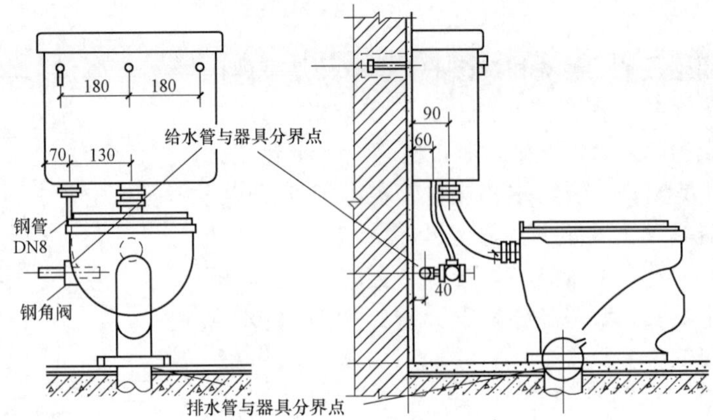

图 1-2-25 坐便器安装大样图及与管道的分界点

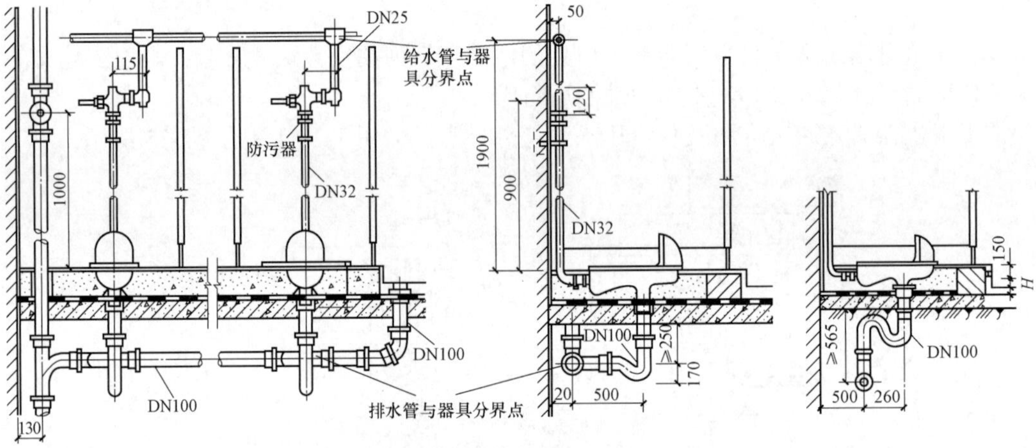

图 1-2-26 手压阀冲洗蹲便器安装大样图及与管道的分界点

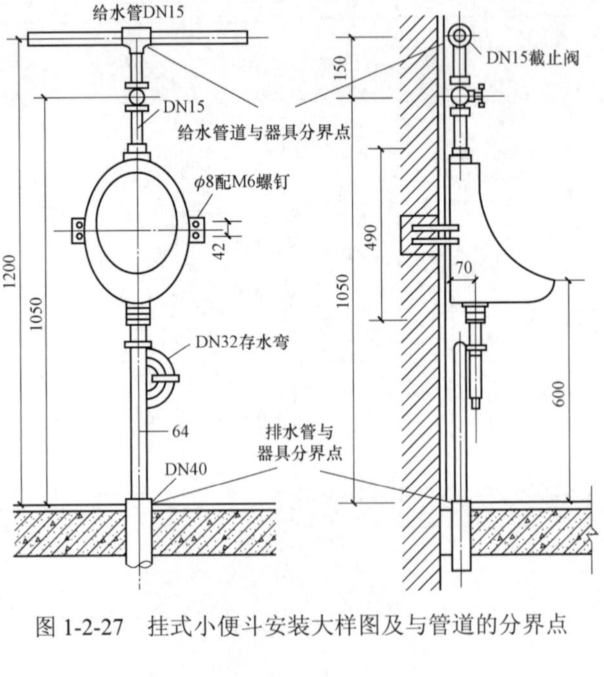

图 1-2-27 挂式小便斗安装大样图及与管道的分界点

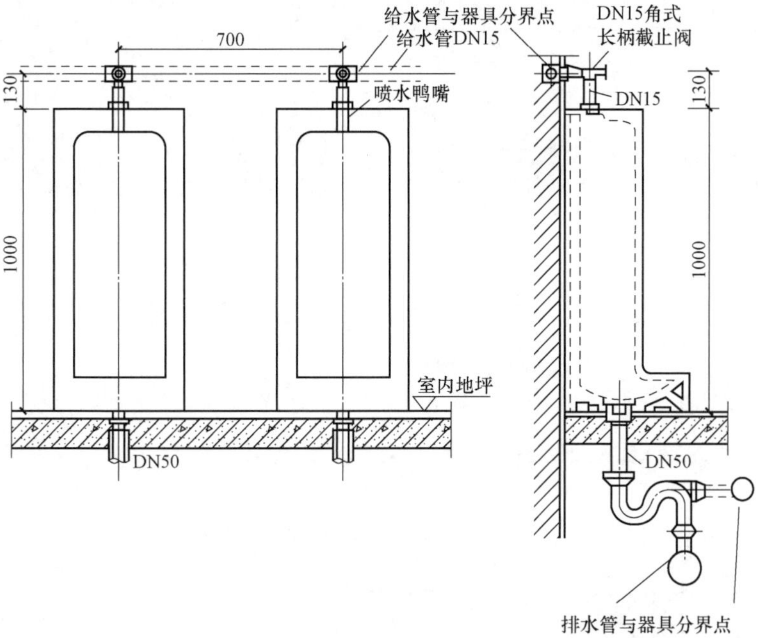

图 1-2-28　立式小便器安装大样图及与管道的分界点

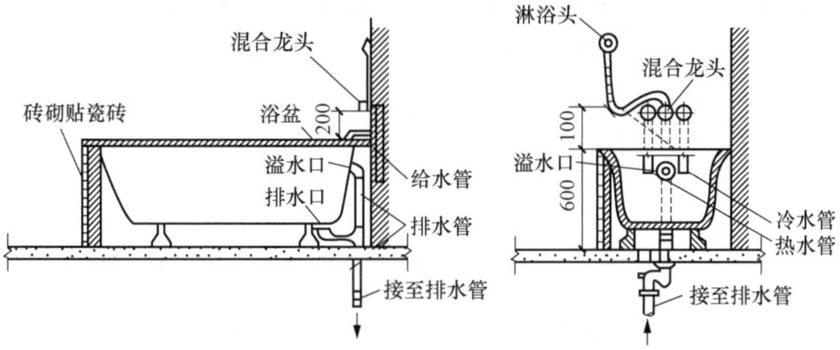

图 1-2-29　浴盆安装大样图

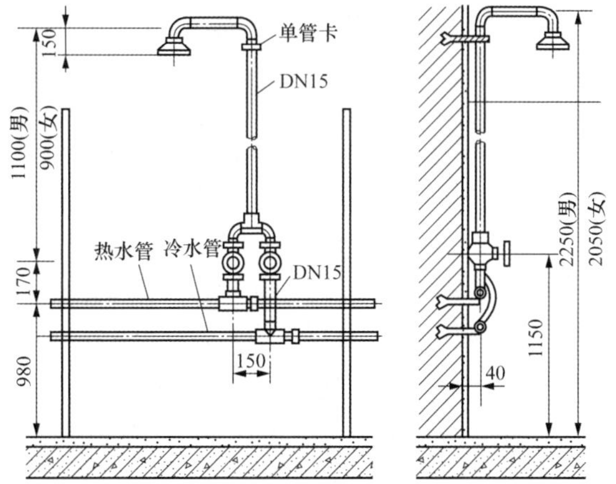

图 1-2-30　淋浴器安装大样图

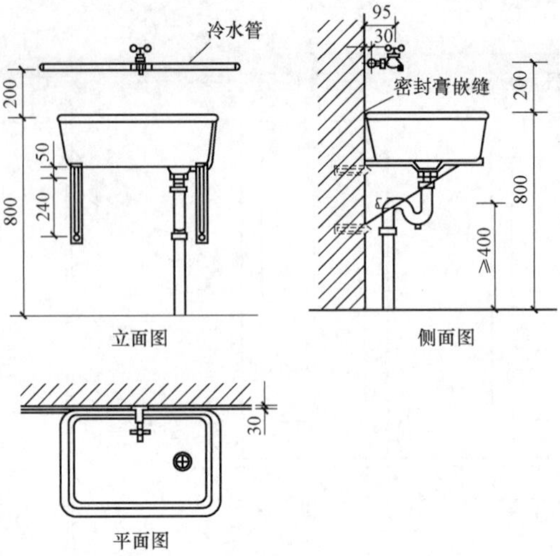

图 1-2-31 冷水龙头洗涤盆（洗菜池）安装大样图

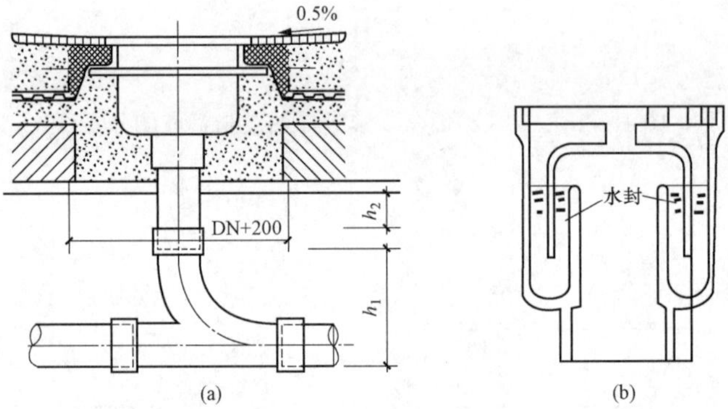

图 1-2-32 地漏安装大样图

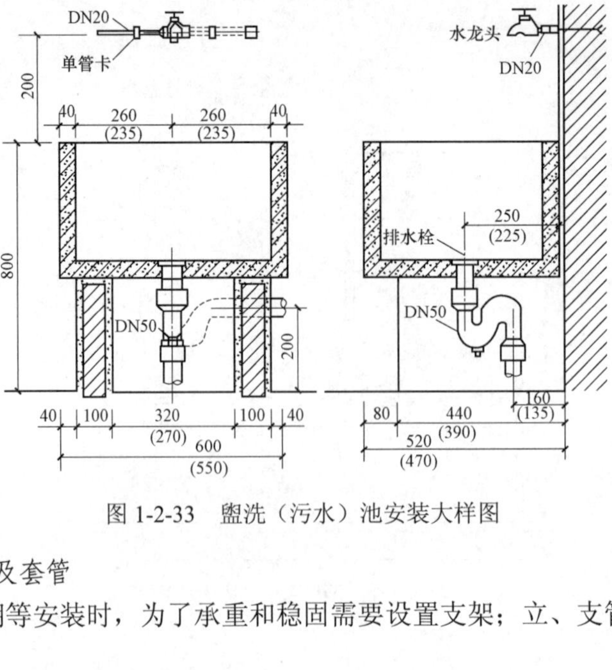

图 1-2-33 盥洗（污水）池安装大样图

5. 支架、管卡及套管

管道沿墙、顶棚等安装时，为了承重和稳固需要设置支架；立、支管安装设置管卡，如

图 1-2-36 所示。

管道穿越墙体和楼板，为了保护管道并利于管道热胀冷缩，需设置套管。套管分为普通套管和防水套管，普通套管没有翼环，防水套管有翼环，如图 1-2-37 所示。

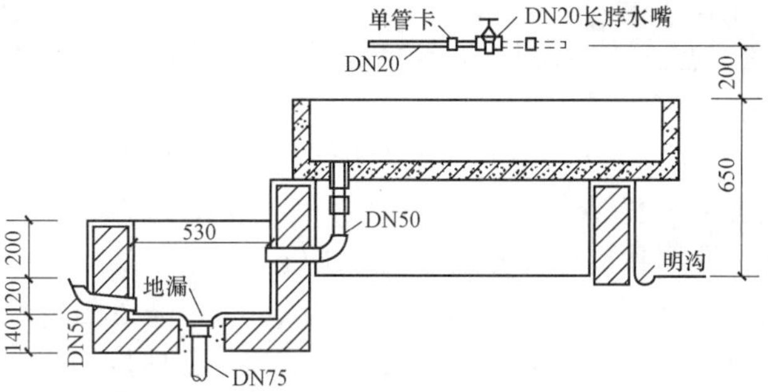

图 1-2-34　盥洗池及拖布池安装大样图

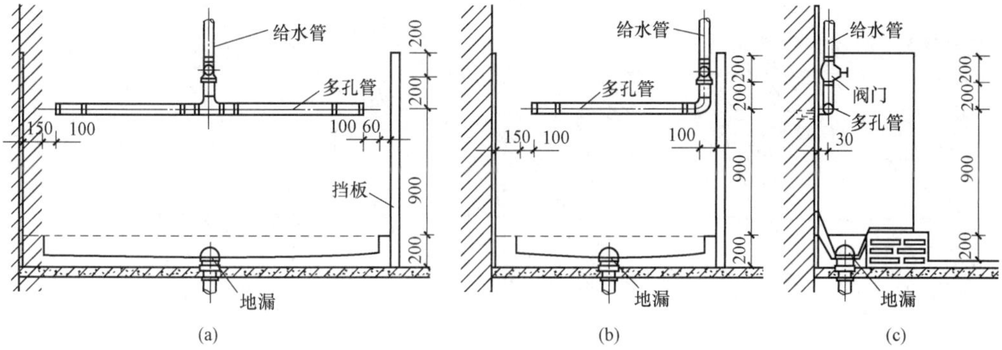

图 1-2-35　小便槽安装大样图

（a）立面图 1；（b）立面图 2；（c）侧面图

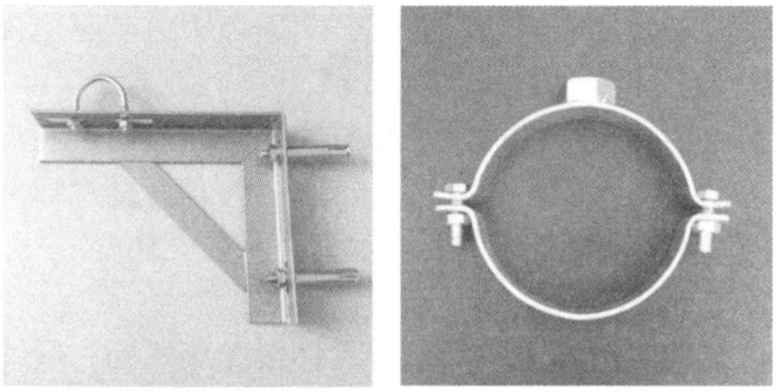

图 1-2-36　支架、管卡

图 1-2-37　防水钢套管

（三）建筑给排水系统施工安装

1. 建筑给水管道安装

室内给水管道的敷设有明装或暗装两种形式。明装时，管道沿墙、梁柱、天花板、地板等处，利用支架或管卡敷设。给水管道暗设时，不得直接敷设在建筑物结构层内；干管和立管应敷设在吊顶、管井内，支管宜敷设在楼（地）面的找平层内或沿墙敷设在管槽内。

管道安装的原则一般是：先地下后地上、先大管径后小管径、先主管后支管的顺序进行；若管道交叉发生矛盾时，应小管让大管、给水管让排水管、支管让主管。

管道安装程序（流程）：

安装准备→预留孔洞、安装套管→支架或管卡安装、管道预制加工→引入管、干管安装→立管安装→支管安装→管道试压→消毒冲洗。系统试压、冲洗结束后，应按设计要求对管道、设备进行防腐和保温处理。

（1）施工前的准备。施工准备的目的是给以后的施工创造良好条件，主要包括材料准备、技术准备和工机具准备。在熟悉图纸的基础上，核对各种管道的坐标、标高是否有交叉，管道排列所用空间是否合理；根据施工方案确定的施工方法和技术交底的具体措施做好施工准备工作。

施工前，施工人员应了解该建筑物的结构和构造形式，应按设计要求配合土建检查管道穿越墙体、楼板的预留孔洞和预埋套管是否位置正确、尺寸合适。

（2）支吊架的安装。管道的支承结构称为支架或吊架，是管道系统的重要组成部分。支吊架的作用是支撑管道，并限制管道位移和变形，承受从管道传来的内压力、外荷载及温度变形的弹性力，并通过支吊架将这些力传递到支承结构或地基上。

支吊架的安装方法有栽埋法、膨胀螺栓法、射钉法等安装方法，如图 1-2-38 所示。

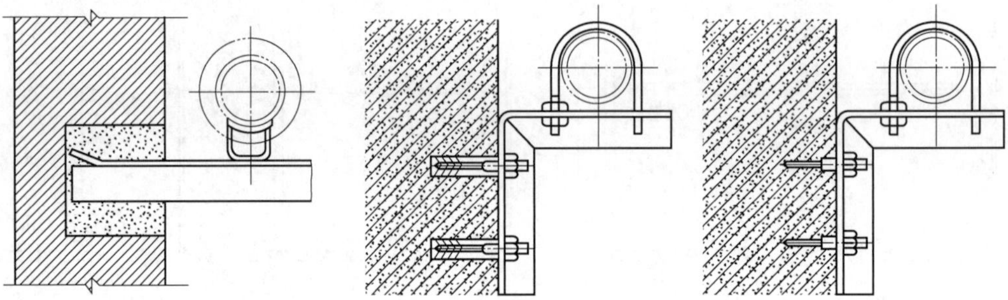

(a) (b) (c)

图 1-2-38 支架安装

（a）栽埋法；（b）膨胀螺栓法；（c）射钉法

（3）引入管安装。在穿越建筑物基础时，为了防止建筑物下沉而破坏管道，应配合土建施工预留孔洞或预埋套管，其直径应比引入管直径大 100～200mm。

引入管应在底层土建地坪施工前安装。引入管要考虑地面荷载和土壤冰冻的影响，管顶覆土厚度不宜小于 0.7m，并应敷设在冰冻线以下 200mm 处；若给水引入管与排水管平行敷设时，其水平净距不得小于 1.0m；交叉敷设时，给水管在上，垂直净距为 150mm；引入管应有不小于 0.003 的坡度，坡向室外给水管网。

引入管安装时经量尺或比量法下料，在地面预制成整体后一次性地穿入基础孔洞进行安装。必要时，引入管预制并经试压合格后再穿入基础孔洞，以确保引入管螺纹连接的严密性；应安装至外墙外 1.5m 以上，管口应及时封堵。

（4）干管安装。给水干管的安装应按照先装支架后装管道的原则进行。

1）敷设埋地干管。埋地干管一般置于管沟内或直接埋设在地面下，应在回填土夯实后再次开挖管沟至管底标高，并且管道穿墙处已预留孔洞或安装套管时进行。① 安装时，首先按照设计图样确定干管的位置、标高，并开挖土方至适宜的深度；检查预留洞口的尺寸和套管规格、坐标、标高正确。穿楼板普通钢套管安装见图 1-2-39（a），穿墙防水钢套管见图 1-2-39（b）。②埋地管道应有 0.002 ～ 0.005 的坡度坡向给水入口处，以便于检查维修时泄空管内的水。③ 管沟内的管道应尽量单层敷设，以便于安装和检修；若为双层或多层敷设时，一般将管径较小、阀门较多的管子安放在上层。④ 对于直接埋地的管道，应进行防腐处理后再行安装；试压合格后方可隐蔽。

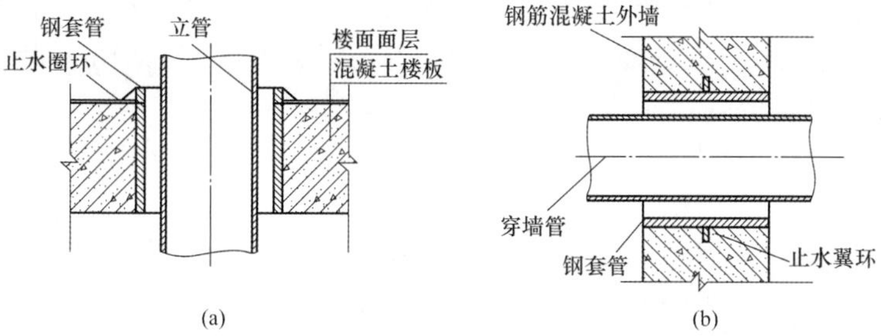

图 1-2-39　套管安装

2）安装架空干管。架空干管安装必须在安装层的结构顶板完成，沿管线安装位置的模板及杂物清理干净后进行。①确定干管安装位置、标高、坡度。使用卷尺、水平仪等工具，按照图样的设计要求确定干管的实际安装位置、标高、坡度等。②安装支架。根据安装管道的实际尺寸和位置制作并埋好支架。栽好的支架待埋固砂浆的强度达到要求后方可在上面安装管道。需要在墙上打洞的位置要打十字线，十字线的长度要大于孔径，以便于校核管道的安装位置。③预制组装干管。在主干管中心线上定出各立管分支的位置，然后测量各主管间的管段长度并在地面进行预制、组装和编号，组装长度以吊装方便为宜。④安装干管。安装时从总进入口开始操作，将预制好的管道运到安装部位按编号依次排开，清扫管膛后按编号依次进行吊装。吊装上的管子应先用支架上的卡环固定，然后再进行紧固连接。

（5）安装立管。立管的安装、试压应在主体结构完成后墙壁抹灰前进行。

1）确定立管中心线位置。复核预留孔洞的尺寸、位置是否正确，管中心线是否垂直，并在墙上划线。立管穿过现浇楼板应预留孔洞，避免在施工安装时凿打楼板面。孔洞尺寸一般比管径大 50～100mm。

2）埋设立管卡。根据墙上的划线和立管与墙面的尺寸埋好立管卡，建筑物层高≤5m 时，每层必须安装 1 个；层高＞5m 时，每层不得少于 2 个；管卡安装高度为 1.5～1.8m，2 个以上管卡应均匀安装，同一房间内管卡应安装在同一高度上。

3）预制组装立管。立管的预制应以楼层管段长度为单元进行。先按照设计标高，实测两楼层间横支管位置间的距离，确定各楼层预制立管的实际尺寸（包括阀门、活接头管件的尺寸）。按照尺寸对管子下料，在地面按照管道连接顺序预制、组装、检查调直后编号并运到现场进行安装。

4）安装立管。安装前先清除立管上横支管处的封堵物和泥砂等，然后按立管上的编号从一层干管甩头处往上逐层进行安装。安装好后进行检查，保证立管的垂直度和管道距墙的距离符合设计要求，使其正面和侧面都在同一垂直线上，最后收紧管卡。

5）楼板封堵。立管套管周围楼板的孔隙，用不小于楼板混凝土强度等级的细石混凝土填实，支管的甩口均要做好临时封堵。

（6）安装支管。支管安装应在墙体砌筑完毕，墙面未装修前进行。

1）划线与打孔。首先在墙上弹出水平支管的安装位置横线，并在横线上画出各分支支管或给水配件位置的中心线。支管暗装时，应在管道安装位置的墙上开槽，管槽宽度应为管道外径加 30mm；且管槽的坡度应与管道坡度一致。

2）预制管材和预组装。测出各支管的实际尺寸，根据尺寸进行预制组装并编号，检查调直后进行安装。

3）安装支管。将预制好的支管按位置和编号进行安装，找平找正后，用钩钉或管卡进行固定。支管安装完后，应检查并清除所有管头内残留的污物，然后用管堵或管帽进行封闭，以防污物进入并为充水试压做好准备。

4）暗装管道隐蔽。直埋敷设管道隐蔽后，宜在墙上或地面标明管道的位置和走向，严禁在管道周围用电钻、电锤钻孔、打眼或钉金属钉。

5）安装要求。给水支管应有不小于 0.002 的坡度坡向立管；室内冷、热水管上、下平行敷设时，冷水管应在热水管下方；垂直平行敷设时，冷水管应在热水管右侧；卫生器具上的冷热水龙头，热水在左侧，冷水在右侧。

（7）给水管道的水压试验。建筑给水管道安装完毕后需进行水压试验，其目的是检查管道及接口的强度和严密性。

给水管道的水压试验必须符合设计要求。当设计未注明时，各种材质的给水管道系统试验压力均为工作压力的 1.5 倍，但不得小于 0.6MPa。

（8）给水系统通水试验、冲洗与消毒。给水管道系统施工完毕后与交付使用前，必须进行冲洗及消毒，以确保给水管道的使用功能。

1）系统冲洗。给水管道系统试压合格后，应分段用水对管道进行清洗，冲洗用水应为清洁水，冲洗完毕后应将水放尽。

2）消毒。饮用水管道在交付使用前应用每升水中含有 20 ～ 30mg 游离氯的水灌满管道进行消毒。含氯水在管道中应留置 24h 以上。消毒完毕后，再用饮用水冲洗，符合国家《生活饮用水质量标准》后方可使用。

2. 建筑排水系统安装

室内排水管道安装程序为：施工准备、预留预埋→管道预制加工，排出管安装→底层横干管与支管安装→排水立管管卡、立管安装→横管支架安装，排水横管与支管安装→隐蔽横支管灌水试验→通水通球试验及验收→封口堵洞→地面防水、装修后卫生器具安装。应按设计要求事先对管道、支架等进行防腐处理，安装完毕进行保温处理。

（1）排出管安装。排出管一般铺设在地下室顶或地下直埋。排出管穿过地下室外墙或地下构筑物的墙壁时应设置防水套管；穿过承重墙或基础处应预留孔洞，并做好防水处理。

1）在预留好的洞口处铺设管道时，按施工图纸的坐标、标高找好位置和坡度，以及各预留管口的方向和中心线，将管段依次相连。

2）管道铺设后，再将立管及首层洁具的排水预留管口，按室内地平线、坐标位置及轴线找好尺寸，接至规定高度，将预留管口上临时封堵。

3）按照施工图对铺设好的管道坐标、标高及预留管口尺寸进行自检，确认准确无误后即可对埋地污水管从预留管口处灌水做闭水试验，水满后观察水位不下降，各接口及管道无渗漏，并填写隐蔽工程验收记录，办理隐蔽工程验收手续。

4）管道系统经隐蔽验收合格后，临时封堵各预留管口，配合土建填堵孔、洞，按规定回填土。

（2）排水立管安装。排水立管通常沿卫生间墙角敷设，宜靠近外墙。排水立管在垂直方向转弯时，应采用乙字弯或两个 45° 弯头连接。立管上的检查口与外墙成 45° 角。立管上应用管卡固定，管卡间距不得大于 3m，承插管一般每个接头处均应设置管卡。立管穿楼板时，应预留孔洞。排水立管应做通球试验。

1）根据施工图校对预留管洞尺寸有无差错。

2）立管检查口的设置按设计要求，如排水支管设在吊顶内，每层立管上均应装设立管检查口，以便做灌水试验。

3）安装立管应二人上下配合，上拉下托将立管依次连接，反复校准垂直度，然后用抱卡固定牢固。

4）室内管道安装完毕后，随即进行伸顶通气管和通气帽的安装。

（3）排水横支管安装。一层的排水横支管敷设在地下或地下室的顶棚下，其他层的排水横支管在下一层的顶棚下明设，有特殊要求时也可以暗设。排水管道的横支管与立管连接，宜采用 45°斜三通、45°斜四通、顺水三通或顺水四通。卫生器具排水管与排水横支管连接时，宜采用 90°斜三通。排水横支管、立管应做灌水试验。

1）先将预制好的管段用铁钩吊挂，查看无误后，再进行粘接，临时加以固定。待粘接固化后，再紧固支撑件，但不宜卡箍过紧。

2）按照施工图对铺设好的管道坐标、标高及预留管口尺寸进行自检，确认准确无误后即可从预留管对埋地污水管灌水做灌水试验。

3）支立管接口达到强度后，应对孔洞周边进行清理，支设模板，灌洞前应将孔洞浇水湿润，用不低于 C20 混凝土分两次进行浇灌、捣实。

（4）通气管的安装。通气管高出屋面不得小于 0.3m，且必须大于最大积雪厚度，出屋面处屋面防水必须处理好，以免渗漏。

（5）灌水试验、通水试验与通球试验。

1）灌水试验。隐蔽或埋地的排水管道在隐蔽前必须做灌水试验，其灌水高度应不低于底层卫生器具的上边缘或底层地面的高度。

2）通水试验。排水系统安装完毕后，将给水系统的 1/3 配水点同时开放，检查各排水点，系统排水畅通，管子及接口严密无渗漏、无堵塞为合格。

3）通球试验。排水立管及水平干管管道均应做通球试验，通球球径不小于排水管道管径的 2/3，通球率必须达到 100%。

3. 卫生器具安装

卫生器具的安装应具备两个条件：一是土建施工基本完成但尚未收尾；二是给水管道和排水管道已安装完毕；给水支管的连接则应在卫生器具安装完毕后进行。

（1）卫生器具安装前的准备工作：

1）卫生器具的安装应在卫生间墙、地面镶贴已结束，浴室门锁已安装完毕后进行。

2）安装前熟悉施工安装图样，应确定所需的工具、材料及其数量、配件的种类等；检查卫生器具的质量及外观，熟悉现场的实际情况。

3）对现场进行清理，确定卫生器具的安装位置。洁具排水口应在结构施工阶段预留孔洞，避免后期凿眼、打洞。

（2）卫生器具的安装要求：

1）安装位置正确。安装位置包括平面位置和安装高度，一般是按照《给水排水标准图集（S3）》进行安装。

2）安装稳固。卫生器具的安装应稳固，各种卫生器具埋设支、托架除应平整、牢固外，还应与器具贴紧；载入墙体内的深度要符合工艺要求，支、托架必须防腐良好；固定用螺钉、螺栓一律采用镀锌产品，凡与器具接触处应加橡胶垫。常用固定方法如图 1-2-40 所示。

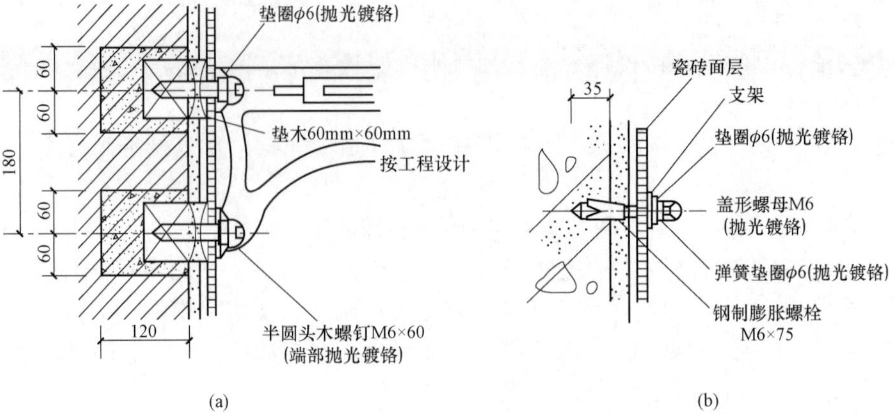

图 1-2-40 洁具固定

(a) 预埋木砖木螺钉固定；(b) 钢制膨胀螺栓固定

3）安装严密。为防止卫生器具使用时漏水，要特别注意与给水管道连接处和与排水管道连接处的施工，加橡皮软垫的地方要压挤紧密。

（3）大便器的安装：

1）蹲式大便器的安装。蹲式大便器的冲洗方式有高水箱、低水箱和延时自闭冲洗阀之分，安装程序基本相同。具体安装过程是：安装存水弯→安装胶皮碗→安装蹲便器→安装水箱（或延时自闭冲洗阀）→连接进水管→连接冲洗管。

2）坐式大便器的安装。坐式大便器分为分体式和连体式两种，具体安装程序如下：确定安装位置→安装便器→安装低水箱（或延时自闭冲洗阀）→安装冲洗管（连体式可省略此步）→安装角阀→安装进水管。

（4）小便器的安装：

1）挂式小便器的安装具体安装程序如下：确定安装位置→安装小便斗→安装排水管→安装冲洗管。

2）立式小便器的安装具体安装程序如下：安装小便器排水管→小便器就位→安装冲洗管。

（5）洗脸盆的安装：

1）墙架式洗脸盆的安装具体安装程序如下：安装脸盆架→稳装洗脸盆→安装冷、热水嘴→安装排水栓→安装冷、热给水管→安装排水管。

2）台式洗脸盆的安装应按照以下程序进行：安装冷、热水角阀→确定位置并试装→安装冷、热水嘴→安装排水栓→固定台盆→安装冷、热给水管→安装排水管。

3）立柱式洗脸盆的安装具体安装程序如下：稳装立柱→稳装脸盆→安装冷、热水水嘴→安装排水栓→安装冷、热给水管→安装排水管。

（6）浴盆的安装。浴盆安装具体安装程序如下：确定安装位置→稳装浴盆→安装排水管→安装水嘴。

（7）地漏的安装。地漏应安装在地面的最低处，其篦子顶面应比地面低 5 ～10mm，地面应有不小于 1 %的坡度坡向地漏。安装时，将地漏的下水口插入排水管的承口中，抹砂浆进行连接（若采用塑料管则用粘接连接），最后用水平尺进行检查，使地漏上缘保持水平。

（8）卫生器具交工前应做满水和通水试验。

4. 水泵安装

水泵安装的流程为：施工定位→基础施工（同时预埋地脚螺栓）→水泵安装→二次灌浆稳固→配管及附件安装、试运转。

为减少水泵运行噪声对周围环境的影响。水泵安装时的减振措施为：

1）在水泵的泵座下设置橡胶隔振垫或安装隔振器；

2）在吸、压水管上设置可曲挠接头；

3）管道支架选择弹性吊架和弹性托架，如图 1-2-41 所示。

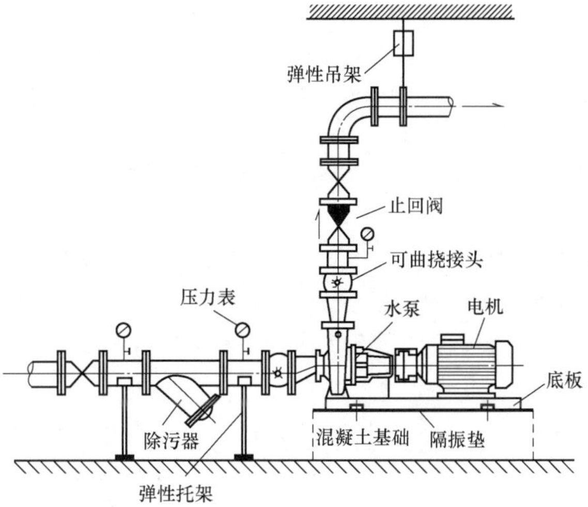

图 1-2-41　卧式离心水泵安装

五、任务分析

（1）建筑给水工程中，给水管道选用什么材质？采用什么连接方式？采用什么形式的管件和阀门？常用的安装程序包括哪些？

（2）建筑排水工程中，排水管道选用什么材质？采用什么连接方式？采用什么形式的管件？常用的安装程序包括哪些？

（3）各类卫生器具如何安装？卫生器具与给、排水管道分界线如何确定？

（4）给、排水管道安装完毕，需要做哪些试验以保证安装质量？

六、任务实施

参照本项目任务一中某办公室室内给排水工程案例施工图纸，如图 1-1-1、图 1-1-2、图 1-1-3 所示。

（1）结合案例图纸说明，给水管道的材质为 PP-R 管，热熔连接；共有 De63、De50、De40、De25、De20 五种管径。

（2）排水管道的材质为 UPVC 硬聚氯乙烯塑料管，粘接连接；共有 De160、De110、De75、De50 四种管径。

（3）图中有手压冲洗阀蹲便器、De25 塑料阀门、De20 小便槽冲洗管、De20 塑料水龙头、De50 塑料地漏、De110 塑料地面清扫口等。拖布池和盥洗池属于建筑施工内容。

（4）给、排水管道套管的位置在进户（出户）管处，管径比主管大 1～2 号。

（5）给水管道安装完毕需要做水压试验和冲洗消毒试验。

（6）排水管道安装完毕需要做灌水试验和通球试验。

（7）本项目给排水管道直埋敷设，无需支架安装；塑料管材无需防腐处理。

七、任务总结

通过完成上述任务，你学到了哪些知识与技能？在哪些地方还存在疑惑？

八、任务拓展

管道工程量是否计算器具短管，关注管道与器具的分界点。

（1）给水管与器具的分界点：弯头处、三通处。弯头属于一套卫生器具内。

（2）若器具排水存水弯在楼板以上，楼板以上属于器具，楼板以下属于管道，需要计算器具短管。

（3）若器具排水存水弯在楼板以下的，横管以上都属于器具，此时不用计算器具短管。

（4）地漏、坐便器等自带水封不用另外安装存水弯，以地面为界，要计算排水器具短管。

总结：地漏、坐便器、洗手池一般要计算器具短管；蹲便器、浴盆、立式小便池不用计算器具短管；挂式小便池需要计算器具短管。

九、知识测试与能力训练

（1）请列出四种常用的管材，并说明每种管材的接口形式？

（2）请说明刚性防水套管与普通套管在结构上有什么不同？

（3）室内给水系统主要由哪些部分组成？

（4）给水附件分为哪两类？在系统中起什么作用？阀门安装前应做什么检测？

（5）建筑内部给水系统采用不同管材时，对其支架有何要求？

（6）建筑给水管管道常用的防腐、保温和防结露的方法有哪些？

（7）给水管道安装完毕，应做哪些试验？具体应该怎么做？

（8）当冷、热水管或冷、热水龙头并行敷设与安装时，应注意哪些事项？

（9）建筑排水系统中为什么要设置通气管？

（10）清通装置有哪几种？其设置要求是什么？

（11）建筑内部排水系统常用的管材有哪些？

（12）排水管道安装完毕，应做哪些试验？

（13）洁具安装完毕，应做哪些试验？

任务三　建筑给排水工程定额计价

一、引导问题

（1）定额计价的编制依据包括哪些内容？建筑给排水工程使用哪些定额？

（2）定额计价的编制程序是什么？

（3）管道安装项目中，管道支架、管卡、托钩等制作安装，定额中如何处理？

（4）管道安装定额中，管道水压试验、水冲洗内容；消毒冲洗；排（雨）水管道的灌水及通球试验工作内容；定额中如何处理？

（5）各类卫生器具的混凝土或砖基础、周边砌砖、瓷砖粘贴、蹲式大便器蹲台砌筑、台式洗脸盆的台面等发生时应如何处理？

（6）各类卫生器具的安装在定额中是否包括预留、堵孔洞？

（7）刚性防水套管和柔性防水套管安装项目中，定额中是否包括配合预留孔洞及浇筑混凝土工作内容？

（8）一般套管制作安装项目，定额中是否包括预留孔洞工作？是否包括堵洞工作内容？

（9）管道在穿墙、穿楼板不安装套管时，预留孔洞、洞口封堵如何处理？

二、任务说明

本项目任务一案例中，针对某办公室室内给排水工程，采用定额计价的方式，编制施工图预算，确定工程造价。

三、任务要求

结合案例施工图资料，根据主管部门颁布的《安装定额》《价目表》《费用标准》、主要材料价格等，完成定额计价（施工图预算）的编制工作，确定工程造价。

四、知识链接

（一）定额计价模式

定额计价模式采用的是以“工程定额”为计价依据的计价模式。定额计价法是我们使用了几十年的一种计价模式，其基本特征就是价格=定额+费用+文件规定，并作为法定性的依据强制执行，不论是工程招标编制标底还是投标报价均以此为唯一的依据，承发包双方共用一本定额和费用标准确定标底价和投标报价。定额计价是建立在以政府定价为主导的计划经济管理基础上的价格管理模式，它所体现的是政府对工程价格的直接管理和调控。

参建各方根据设计图纸，按照《安装定额》的“工程量计算规则”计算各分部分项工程的工程量，再套用《价目表》计算出分部分项工程费用，再按统一颁布的《费用标准》费率计算管理费、利润、税金等来确定工程的价格（计价）。属于政府定价的“静态管理模式”，体现“量价结合”的特点。政府需定期发布调整定额单价的指导价或调整系数。另外主管部门编制的“定额”反映的是社会平均消耗水平，不能使施工企业充分发挥自己的价格和技术优势。

附录2-1《山东省安装工程消耗量定额》第四册电气工程节选

附录2-2《山东省安装工程消耗量定额》第十册给排水、采暖、燃气工程节选

附录2-3《山东省安装工程消耗量定额》第十二册刷油、防腐蚀、绝热工程节选

附录3-1《山东省安装工程价目表》第四册 电气工程 节选

附录3-2《山东省安装工程价目表》第十册 给排水、采暖工程 节选

附录3-3《山东省安装工程价目表》第十二册 刷油、防腐蚀、绝热工程 节选

目前山东省定额计价的主要依据包括《安装定额》附录2-1～附录2-3、《价目表》附录3-1～

附录 3-3，以及《费用标准》，读者可扫码获取。

1. 定额的分类

（1）按生产要素分类。根据建筑安装工程所包含的三大基本要素（人工、材料和机械），定额分为劳动定额、材料消耗定额与机械台班定额。

（2）按定额的使用要求和内容分类，定额分为施工定额（企业定额）、消耗量定额（或称预算定额）、概算定额、概算指标。

（3）按定额编制、颁发单位和执行范围分类，定额分为全国统一定额、地方定额、企业定额等。

（4）按工程的专业内容分类，定额又分为建筑工程定额、安装工程定额、装饰工程定额、市政工程定额、修缮定额等。

本书主要讲解《安装定额》。

2. 《安装定额》概述

（1）《安装定额》共分 12 册，主要内容包括：

第一册 机械设备安装工程；

第二册 热力设备安装工程；

第三册 静置设备与工艺金属结构制作安装工程；

第四册 电气设备安装工程；

第五册 建筑智能化工程；

第六册 自动化控制仪表安装工程；

第七册 通风空调工程；

第八册 工业管道工程；

第九册 消防工程；

第十册 给排水、采暖、燃气工程；

第十一册 通信设备及线路工程；

第十二册 刷油、防腐蚀、绝热工程。

（2）定额的结构形式。《安装定额》由总说明、册说明、目录、各章说明及工程量计算规则、定额消耗量表和附录组成。

1）总说明。主要包括定额主要内容、适用范围、编制依据、主要问题的确定、共性问题等。

2）册说明。主要包括各分册主要内容、适用范围、编制依据、与其他册界限、取费规定、施工方法、施工条件、计算方法及本册主要共性问题的说明等。

3）各章说明及工程量计算规则。各章说明是定额中的重要内容，主要包括本章主要内容、适用范围、定额适用条件、消耗标准的调整等。工程量计算规则综合考虑了施工方法、施工工艺和施工质量要求，计算出的工程量一般要考虑施工中的余量。

4）定额消耗量表。定额消耗量表是定额的核心内容，包括工作内容、计量单位、定额编号、项目名称及各类消耗量的名称、规格、数量等。工作内容是说明完成定额项目所包括的施工内容，定额编号为三级，各级编号代表的含义如下。

第一级为定额分册编号。

如“排水、采暖、燃气工程”分册编号为 10。

第二级为定额章编号。

如给排水、采暖、燃气工程分册中的“第一章 给排水管道”编号为 10-1。

第三级为定额子目编号。

如给排水管道中的“水龙头安装，公称直径 15mm”子目编号为 10-6-81。

定额的消耗量指标一般按生产要素分为人工消耗量、材料消耗量、机械和仪器仪表台班消耗量。

如表 1-3-1 所示为《安装定额》第十册中一个分项工程“水龙头安装”定额项目表。每个定额表均列有分项工程名称、工程内容、计量单位、定额编号、人材机消耗数量。

表 1-3-1　　　　水龙头安装

工作内容：上水嘴、试水　　　　计量单位：10 个

定额编号			10-6-81	10-6-82	10-6-83
项目			公称直径（mm）		
			15	20	25
名称		单位	数量		
人工	综合工日	工日	0.260	0.270	0.330
材料	水嘴 聚四氟乙烯生料带宽 20 其他材料费	个 m %	（10.100） 4.000 3.000	（10.100） 5.000 3.000	（10.100） 6.000 3.000
机械	—		—	—	—

注　1. 凡定额列有“（）”的均为主要材料，其中括号内数量为该主要材料的消耗量。

2. 定额编号 10-6-81，其中 10 为册号，6 为章编号，81 为子目编号。

3. 每个定额编号对应的一列为一个定额子目。

5）附录。附录部分附在消耗量定额的最后，主要包括定额消耗量取定的主要参数，读者可扫码获取。

钢管、塑料管、复合管、铜管公称直径与公称外径对照表；

给排水、采暖工程室内管道支架用量参考表；

给排水、采暖工程室内成品管卡用量参考表；

管道工程绝热、刷油工程量计算表。

附录9钢管、塑料管、复合管、铜管公称直径与公称外径对照表

附录8给排水、采暖工程室内管道支架用量参考表

附录7给排水、采暖工程室内成品管卡用量参考表

附录6钢管绝热、刷油工程量计算表

（3）安装定额人工、材料、施工机械台班的消耗量。

1）人工消耗量。定额的人工不分列工种和技术等级，以综合工日表示。《安装定额》的人工每工日按 8h 工作制计算。定额的人工包括：基本用工、超运距用工、辅助用工和人工幅度差。

2）材料消耗量。定额中的材料包括施工中消耗的主要材料（主材）、辅助材料（辅材）、周转材料和其他材料。定额中的材料消耗量包括净用量和损耗量。损耗量包括：从工地仓库、现场集中堆放地（或现场加工地点）至操作（或安装）地点的施工场内运输损耗、施工操作

损耗、施工现场堆放损耗等，规范（设计文件）规定的预留量、搭接量不在损耗率中考虑。

定额中的主要材料数量均以加“()”表示，括号中数量为该主要材料的消耗量。以“(—)”表示的，是指主要材料数量需按设计要求和工程量计算规则计算（含损耗量）。

定额中的周转性材料按不同施工方法，不同类别、材质，计算出一次摊销量进入消耗量定额。对用量少、低值易耗的零星材料，列为其他材料，并以占该定额项目的辅助材料的百分比表示。

3）机械台班消耗量。定额中机械台班消耗量是按正常合理的机械设备配置和大多数施工企业的机械化装备程度综合取定的。机械台班消耗量以“台班”为单位进行计算，即一台机械工作 8h 为一个“台班”。机械台班消耗量是按正常机械施工工效并考虑机械幅度差综合取定。

（4）《价目表》（附录 3-1～附录 3-3）。《价目表》是以《安装定额》的各类消耗量为依据，计入现行的人工、材料、施工械或仪器仪表台班单价后，形成的与《安装定额》相对应的工料机单价表（不含主要材料价格，主材费另计）。

某一个分部分项工程的工料机单价乘以工程量即为本分部分项工程费（不含主材费）。《价目表》中的内容、工程适用范围、册章节项目名称、定额编号、计量单位均与《安装定额》对应一致，按照《安装定额》中的册章说明、工作内容的相应规定执行。

本教材所用《价目表》是以《安装定额》为基础，按照山东省 2017 年的定额人工单价、辅助材料价格、施工机械台班仪表台班费用编制规则，计入山东省现行消耗量后编制而成。

确切地说，消耗量定额中只编列人工、材料、机械台班消耗量，而没有列价格的金额数。全国或地区消耗量定额如果套用某一地区的人工单价、材料价格、机械台班单价，就形成了某一地区的工程价目表。换句话说，消耗量定额如果已经套用了当地的人工、材料、机械台班的单价，名义上虽仍然称“定额”，实际上已经成为这个地区的价目表了。所以，日常称谓上的《安装定额》与《价目表》往往通用。

与表 1-3-1 所对应的第十册《价目表》如表 1-3-2 所示。

表 1-3-2 水龙头安装（价目表）

定额编号	项目名称	定额单位	增值税（简易计税）（元）				增值税（一般计税）（元）			
			单价（含税）	人工费	材料费（含税）	机械费（含税）	单价（除税）	人工费	材料费（除税）	机械费（除税）
水龙头安装										
10-6-81	公称直径 15mm	10 个	50.88	26.78	24.1		47.38	26.78	20.6	
10-6-82	公称直径 20mm	10 个	57.94	27.81	30.13		53.56	27.81	25.75	
10-6-83	公称直径 25mm	10 个	70.14	33.99	36.15		64.89	33.99	30.9	

注 单价=人工费+材料费+机械费，其中材料费只是辅材费，主材费需要根据定额消耗量，即《安装定额》中带“（）”的材料，其中的数量与主材单价另行计算。

《价目表》中分简易计税和一般计税两种方式列支增值税，对应定额编号和项目名称分别列有含税单价、除税单价及对应组成的人工费、材料费、机械费。安装工程中计税方法的选择，应执行税务部门的有关规定。

目前山东省建筑行业的一般计税法税率为 9%，其进项税额可以抵扣。简易计税法是增值税一般纳税人因行业的特殊性，无法取得原材料或货物的增值税进项发票，按照进销项的方法核算增值税应纳税额后税负过高，因此对特殊的行业按照简易征收率 3%征收增值税。

《价目表》与《安装定额》《费用标准》配套使用。按照《费用标准》规定，《价目表》中人工、材料、施工机械价格属于主管部门统一发布的工程价格信息，可作为招标工程编制招标控制价的依据，作为其他计价活动的参考。本教材《价目表》中的安装工程人工单价是按定额人工单价 103 元/日计入的。

（5）《安装定额》和《价目表》的使用。正确使用《安装定额》，首先要学习定额各部分说明、计算规则、附注和附录，对说明中有关的编制原则、适用范围、已考虑因素或未考虑因素、有关问题的说明和使用方法等都要熟悉、掌握。其次要知晓常用项目包括的工作内容、计量单位和定额项目隐含的工艺做法。最后要精通工程量计算规则与方法。只有对设计文件、施工做法和消耗量定额都有深刻的了解，才能正确使用定额，防止错套、重套和漏套。

1）定额的直接套用。当工程项目的设计要求、做法说明、技术特征和施工方法等与定额内容完全相符时，可以直接套用《安装定额》。套用预算定额时应注意：①根据施工图纸、设计说明、标准做法等，选择安装定额项目；②对每个分项工程的内容、技术特征、施工方法进行仔细核对；③每个分项工程的名称、工作内容、计量单位应与定额项目一致（单位不一致时注意工程量的处理）。

2）定额的换算。工程做法要求与定额内容不完全相符，影响工程量和价差较大，或是使用新材料、新工艺，定额缺项，而定额又规定允许调整换算的项目，应根据不同情况进行调整换算。调整换算必须按定额规定进行，经换算的定额项目，应在其定额编号后加注“换”，以示区别。

3）关于措施项目费。措施项目的项目设置、工作内容及包含范围参照《安装定额》。措施项目费的计取方法主要有三种：一是定额中列有项目的按定额计价，如组装平台铺设与拆除；二是定额总说明、册说明中列有计取系数的项目，按系数计取，如安装与生产（使用）同时进行施工增加费、在有害身体健康环境中施工增加费、脚手架搭拆费、地下室（暗室）施工增加费、建筑物超高增加费；三是在《费用标准》中按费率计取的项目，如夜间施工费、二次搬运费、冬雨季施工增加费、已完工程及设备保护费。

（6）应用定额的注意事项：

1）根据工程项目的类别选择适用的定额手册。选择时要特别注意定额的颁发部门、颁发时间、适用范围和包括的工程种类。例如《安装定额》第八册《工业管道工程》与第十册《给排水、采暖、煤气工程》，虽然都包含管道安装的内容，其内容却有很大的差别，应注意区分它们。

2）根据已统计好的工程量和项目划分选套定额有关分项，以确定该工程各类消耗的实际数量。在套用定额时应做到：①认真阅读定额手册中的各项说明，了解套用定额的各项规定。②核对工程量统计中各分项工程包括的工作内容与定额规定的工作内容是否相符，有无复算、漏算的项目。③核对工程量统计时采用的计量单位与定额相应计量单位是否相符，不符者应进行修改或换算。

3）定额的附录可以帮助提高工程量计算速度。它提供的信息，对经营管理工作有很大的帮助，应充分利用。

4）定额中注有“×××以内”或“×××以下”者均包含×××本身；“×××以外”或“×××以上”者，则不包含×××本身。

3. 定额计价的编制程序

定额计价（施工图预算或预算）的编制是“量价结合”的过程，应根据施工图纸、《安装定额》中的“工程量计算规则”、《费用标准》、工程类别等结合工程的具体情况，实事求是，既不高估多算，也要避免少估漏算。

比较完整的施工图预算书，一般应包括封面；编制说明；分部分项工程的工程量计算；套用

《价目表》单价，汇总分部分项工程合价；再计算出单位工程的管理费、利润、规费、税金等，计算工程总造价。其中任何一项发生差错，都将影响整个预算的质量，所以施工图预算的编制是一项连续的、细致的工作。为使预算的编制有条不紊，少出差错，一般可参照如下的程序进行。

（1）收集熟悉各种必要的基础资料。《安装定额》（《价目表》）、材料预算价格等都是编制工程预算必不可少的基础资料，均应收集齐全，彻底了解和掌握。每册定额均有总说明及工程量计算规则，每个子目表的表头上都注明了其包括的工作内容、计量单位等等。表头所列的计量单位，常常是以 $10m^2$、10m、t 等为单位，而按施工图计算工程量时，所出现的计量单位往往是 m^2、m、kg 等，因此，在套用《价目表》时，就应按表头所列的计量单位进行换算，使之一致。

管理费、利润、规费、税金的计算办法和费率各地均不完全相同，必须按照工程所在地建设工程造价管理部门颁发的现行文件规定执行。

（2）熟悉施工图说及施工现场情况。工程造价人员在编制施工图预算之前，必须熟悉施工图说，了解施工现场的情况，了解建筑物的类型、结构特点、材料的要求、设计意图和工程总貌等。如发现施工图中存在问题，或有改进建议时，应及时向设计单位提出协商解决。另外，还应掌握施工组织设计或施工意图，只有这样才能有步骤地计算工程量，正确的编制工程预算。

（3）计算工程量（算量）。工程量就是需要施工的各分部分项工程的实物量，如某一工程中需要安装多少米管子、多少个阀门等等。工程量计算中所采用的单位，应与《价目表》中的计量单位一致。计算工程量是确定安装工程分部分项工程费，编制工程预算书的重要环节，也是整个预算工作中最繁重的部分。它直接影响工程预算造价的高低。只有根据施工图纸所标明的尺寸、数量，按照《安装定额》（《价目表》）规定的“工程量计算规则”，详细地算出各分部分项工程量，并正确地套用相应的《价目表》单价，才能正确无误地计算出工程的分部分项工程费。

在建设过程中，各种材料成品和半成品的采购运输和供应、施工机械的选择、施工组织计划的确定等，都是以预算中的工程量为基本依据，故工程量的计算必须认真细致，确保正确无误。

计算工程量时，应注意：

1）要根据图纸内容，正确选择需要的定额册号。例如，和给排水、采暖工程相关的定额就包括第十册和第十二册。

2）各册定额的附录内容对工程量的计算必不可少。例如，第十册计算支架、管卡数量；第十二册计算管道刷油保温数量等。

3）应遵循一定的计算顺序进行工程量计算。例如，一般按各册定额的章节顺序，从前至后依次计算；管道项目遵循先室外后室内，先地下后地上，先大管径后小管径的顺序计算；电气管线遵循先管后线的顺序计算等等，否则，就很可能发生漏算或重复计算的情况。按照一定顺序进行计算，还能对校审工作提供方便。计算公式应力求简单正确，逐项写在工程量计算表（算量表）中。

在工程量汇总时，其精确度一般以小数点以后两位为准，两位以后的数值四舍五入。工程量计算一般采用如表 1-3-3 所示的形式。

表 1-3-3 工程量计算表

单位工程名称：

序号	项目名称	计算说明	单位	数量

（4）套用《价目表》单价（套定额）。工程量计算完成以后，就可按照《价目表》分部分项工程的顺序，逐项套用《价目表》单价（基价）、人工费单价（已包含在单价中，由于是措施费、管理费、利润等有关费用的计算基础，在此单独列出）、主材费单价（根据《安装定额》及主材预算价格计算），列出工程预算表，详见表 1-3-4。

套用《价目表》单价应注意的事项：

1）应注意《价目表》中该分部分项工程的名称是否与图纸及算量表名称一致，不能错套。

2）应注意《安装定额》表头上所列的工作内容是否和图纸上所要求的内容一致。

3）《价目表》所采用的计算单位，往往是 $10m^2$、10m、t 等，当工程量计算中的计量单位和《价目表》所采用的计算单位不一致时，应在填表时进行换算，使之和《价目表》一致，否则会产生很大的差错。

套用《价目表》单价的工作完成，并经自校无误后，用《价目表》单价乘以工程数量，即得分部分项工程的价格，再将各分部分项工程价格相加，即得出该安装工程的分部分项工程费。

表 1-3-4　　安装工程预（结）算书

工程名称：　　　　　　　　　　　　　　　　　　　　　第　页　共　页

序号	定额编号	项目名称	定额单位	数量	增值税（一般计税）（元）			合计（元）		
					单价	人工费	主材费	合价	人工费	主材费

（5）计算措施费（单价措施费和总价措施费）、企业管理费、利润、规费、税金，确定工程造价（取费）。分部分项工程费计算出来以后，以其中的人工费为基础，根据《费用标准》、费率，分别计算措施费、企业管理费、利润；再以分部分项工程费、措施费、企业管理费、利润为基础计算规费、税金。将分部分项工程费、措施费、企业管理费、利润、规费、税金等费用相加，即得出该工程的工程费用（工程造价），详见表 1-3-5。

表 1-3-5　　定额计价计算程序

序号	费用名称	计算方法
一	分部分项工程费	Σ[定额Σ（工日消耗量×人工单价）+Σ（材料消耗量×材料单价）+Σ（机械台班消耗量×台班单价）]×分部分项工程量
	计费基础 JD1	详见《费用标准》计费基础说明
二	措施项目费	2.1+2.2
	2.1 单价措施费	Σ[定额Σ（工日消耗量×人工单价）+Σ（材料消耗量×材料单价）+Σ（机械台班消耗量×台班单价）]×单价措施项目工程量
	2.2 总价措施费	JD1×相应费率
	计费基础 JD2	详见《费用标准》计费基础说明
三	其他项目费	3.1+3.3+…+3.8
	3.1 暂列金额	按相应规定计算
	3.2 专业工程暂估价	
	3.3 特殊项目暂估价	
	3.4 计日工	

续表

序号	费用名称	计算方法
三	3.5 采购保管费	按相应规定计算
	3.6 其他检验试验费	
	3.7 总承包服务费	
	3.8 其他	
四	企业管理费	（JD1+JD2）×管理费费率
五	利润	（JD1+JD2）×利润率
六	规费	6.1+6.2+6.3+6.4+6.5
	6.1 安全文明施工费	（一+二+三+四+五）×费率
	6.2 社会保险费	
	6.3 建设项目工伤保险	
	6.4 优质优价费	
	6.5 住房公积金	按工程所在地设区市相关规定计算
七	设备费	Σ（设备单价×设备工程量）
八	税金	（一+二+三+四+五+六+七）×税率
九	工程费用合计	一+二+三+四+五+六+七+八

注 增值税一般计税法下，税前造价各构成要素均以不含税（可抵扣进项税额）价格计算；增值税简易计税法下，税前造价各构成要素均以含税价格计算。

（6）编写施工图预算编制说明，填写封面。施工图预算编制完成，应将编制的依据、采用的数据来源、需要说明的事项等详细编写编制说明，作为施工图预算的组成部分，最后填写封面。

（二）《安装定额》工程量计算规则

与给排水工程定额计价编制有关的主要资料是：《安装定额》第十册《给排水、采暖、煤气工程》（附录 2-2）和第十二册《刷油、防腐蚀、绝热工程》（附录 2-3）。

第十册《给排水、采暖、燃气工程》适用于工业与民用建筑的生活用给排水、采暖、空调水、燃气系统中的管道、附件、器具及附属设备等安装工程。共分十一章。第十二册《刷油、防腐蚀、绝热工程》适用于设备、管道、金属结构等的除锈、刷油、防腐蚀、绝热工程。

《安装定额》第十册给排水工程的工程量计算规则主要内容包括以下几点。

1. 给排水管道（031001）

（1）章说明：

1）本章适用于室内外生活用给排水管道的安装，包括镀锌钢管、钢管、不锈钢管、铜管、铸铁管、塑料管、复合管等不同材质的管道安装及室外管道碰头等项目。

2）管道的界限划分：①室内外给水管道以建筑物外墙皮 1.5m 为界，建筑物入口处设阀门者以阀门为界。②室内外排水管道以出户第一个排水检查井为界。③与设在建筑物内的水泵房（间）管道以泵房（间）外墙皮为界。

3）有关说明：①管道安装项目中，均包括相应管件安装、水压试验及水冲洗工作内容。各种管件数量系综合取定，执行定额时，成品管件数量可依据设计文件及施工方案或参照本册定额附录“管道管件数量取定表”计算。②管道安装项目中，除室内直埋塑料给水管项目中已包括管卡安装外，均不包括管道支架、管卡、托钩等制作安装以及管道穿墙、楼板套管制作安装、预留孔洞、堵洞、打洞、凿槽等工作内容，发生时，应按本册第十一章相应项目另行计算。③管道安装定额中，包括水压试验及水冲洗内容，管道的消毒冲洗应按本册定额第十一章相应项目另行计算。排（雨）水管道包括灌水（闭水）及通球试验工作内容；排水管道不包括止水环、透气帽本体材料，发生时按实际数量另计材料费。

（2）工程量计算规则：

1）各类管道安装按室内外、材质、连接形式、规格分别列项，以“10m”为计量单位。定额中铜管、塑料管、复合管（除钢塑复合管外）按公称外径表示，其他管道均按公称直径表示。

2）各类管道安装工程量，均按设计管道中心线长度，以“10m”为计量单位，不扣除阀门、管件、附件（包括器具组成）及井类所占长度。

（3）室内给排水管道与卫生器具连接的分界线：

1）给水管道工程量计算至卫生器具（含附件）前与管道系统连接的第一个连接件（角阀、三通、弯头、管箍等）止。

2）排水管道工程量自卫生器具出口处的地面或墙面的设计尺寸算起；与地漏连接的排水管道自地面设计尺寸算起，不扣除地漏所占长度。

详见本项目任务二“知识链接”建筑给排水常用附件及设施设备中如图1-2-24～图1-2-35所示。

2. 管道附件（031003）

（1）章说明：

1）本章包括螺纹阀门、法兰阀门、塑料阀门、沟槽阀门、法兰、水表、软接头（软管）、塑料排水管消声器、浮标液面计、浮标水位标尺等安装。

2）阀门安装均综合考虑了标准规范要求的强度及严密性试验工作内容。

3）法兰阀门、法兰式附件安装项目均不包括法兰安装，应另行套用相应法兰安装项目。

（2）工程量计算规则：

1）各种阀门、普通水表、IC卡水表、塑料排水管消声器安装，均按照不同连接方式、公称直径，以“个”为计量单位。

2）法兰均区分不同公称直径，以“副”为计量单位。承插盘法兰短管按照不同连接方式、公称直径，以“副”为计量单位。

3. 卫生器具（031004）

（1）章说明：

1）本章卫生器具是参照国家建筑标准设计图集《排水设备及卫生器具安装》（2010年合订本）中有关标准图编制的，包括浴缸（盆）、净身盆、洗脸盆、洗涤盆、化验盆、大便器、小便器、烘手器、淋浴器、淋浴间、桑拿浴房、大小便器自动冲洗水箱、给排水附件、小便槽冲洗管制作安装、蒸汽—水加热器、冷热水混合器、饮水器和隔油器等器具安装项目。

2）各类卫生器具安装项目包括卫生器具本体、配套附件、成品支托架安装。各类卫生器具配套附件是指给水附件（水嘴、金属软管、阀门、冲洗管、喷头等）和排水附件（下水口、排水栓、存水弯、与地面或墙面排水口间的排水连接管等）。

3）大、小便器冲洗（弯）管均按成品考虑。大便器安装已包括了柔性连接头或胶皮碗。

4）各类卫生器具的混凝土或砖基础、周边砌砖、瓷砖粘贴，蹲式大便器蹲台砌筑、台式洗脸盆的台面，浴厕配件安装，应执行建筑工程相应定额项目。

5）本章所有项目安装不包括预留、堵孔洞，发生时执行本册定额第十一章相应项目。

（2）工程量计算规则：

1）各种卫生器具均按设计图示数量计算，以“10 组”或“10 套”为计量单位。

2）小便槽冲洗管制作与安装按设计图示长度以“10m”为计量单位，不扣除管件所占的长度。

4. 支架及其他（031002）

（1）章说明：

1）本章内容包括管道支架、设备支架和各种套管制作安装，管道水压试验，管道消毒、冲洗，成品表箱安装，剔堵槽、沟，机械钻孔，预留孔洞，堵洞等项目。

2）管道支架制作安装项目，适用于室内外管道的管架制作与安装。

3）成品管卡安装项目，适用于与各类管道配套的立、支管成品管卡的安装。

4）管道、设备支架的除锈、刷油，执行本定额第十二册《刷油、防腐蚀、绝热工程》相应项目。

5）刚性防水套管和柔性防水套管安装项目中，包括了配合预留孔洞及浇筑混凝土工作内容。一般套管制作安装项目，均未包括预留孔洞工作，发生时按本章所列预留孔洞项目另行计算。

6）套管制作安装项目已包含堵洞工作内容。本章所列堵洞项目，适用于管道在穿墙、楼板不安装套管时的洞口封堵。

7）水压试验项目仅适用于因工程需要而发生且非正常情况的管道水压试验。管道安装定额中已经包括了规范要求的水压试验，不得重复计算。

8）机械钻孔项目是按混凝土墙体及混凝土楼板考虑的，厚度系综合取定。如实际墙体厚度超过 300mm，楼板厚度超过 220mm 时，按相应项目乘以系数 1.2。砖墙及砌体墙钻孔按机械钻孔项目乘以系数 0.4。

（2）工程量计算规则：

1）管道、设备支架制作安装按设计图示单件重量，以“100kg”为计量单位。

2）成品管卡、阻火圈安装、成品防火套管安装，按工作介质管道直径，区分不同规格以“个”为计量单位。

3）预留孔洞、堵洞项目，按工作介质管道直径，分规格以“10 个”为计量单位。

4）管道水压试验、消毒冲洗按设计图示管道长度，分规格以“100m”为计量单位。

5）一般穿墙套管、柔性、刚性套管，按工作介质管道的公称直径，分规格以“个”为计量单位。

6）机械钻孔项目，区分混凝土楼板钻孔及混凝土墙体钻孔，按钻孔直径以“10 个”为计量单位。

7）剔堵槽沟项目，区分砖结构及混凝土结构，按截面尺寸以“10m”为计量单位。

5. 除锈、刷油、防腐蚀、绝热工程

执行《安装定额》第十二册《刷油、防腐蚀、绝热工程》相应项目。

（1）除锈、刷油、防腐蚀工程计量规则：

1）各种管件、阀门、人孔、管口凹凸部分，定额消耗量已综合考虑，不再另外计算工程量；

2）管道、设备与矩型管道、大型型钢钢结构、铸铁管暖气片（散热面积为准）的除锈工程以“$10m^2$”为计量单位；

3）一般钢结构、管廊钢结构的除锈工程以“100kg”为计量单位；

4）灰面、玻璃布、白布面、麻布、石棉布面刷油工程以“$10m^2$”为计量单位。

5）管道除锈、刷油工程量计算参考《安装定额》附录或本教材附录 6（扫码获取）。

附录6钢管绝热、刷油工程量计算表

（2）绝热工程。绝热工程定额适用于设备、管道、通风管道的绝热工程；另设置各种防潮层与保护层安装等项目。

管道绝热工程量计算参考《安装定额》附录或本教材附录 6。

五、任务分析

（1）定额计价的编制依据，主要包括施工图说、《安装定额》（《价目表》）第十册、主要材料价格和《费用标准》等。

（2）施工图预算的编制是一项连续的、细致的工作。首先熟悉设计图纸，根据“工程量计算规则”进行，依据定额章节顺序进行分部分项工程的工程量计算；然后套用《价目表》单价，汇总分部分项工程合价；最后套用《费用标准》，计算出单位工程的管理费、利润、规费、税金等，最终确定工程造价。

（3）管道安装项目中，除室内直埋塑料给水管项目中已包括管卡安装外，均不包括管道支架、管卡、托钩等制作安装以及管道穿墙、楼板套管制作安装、预留孔洞、堵洞、打洞、凿槽等工作内容，发生时，应按本册定额第十一章相应项目另行计算。

（4）管道安装定额中，包括水压试验及水冲洗内容，管道的消毒冲洗应按本册定额第十一章相应项目另行计算。排（雨）水管道包括灌水（闭水）及通球试验工作内容。

给排水工程定额计价

（5）各类卫生器具的混凝土或砖基础、周边砌砖、瓷砖粘贴，蹲式大便器蹲台砌筑、台式洗脸盆的台面等，应执行建筑工程相应定额项目。

（6）各类卫生器具的安装，定额中均未包括预留、堵孔洞。刚性防水套管和柔性防水套管安装项目中，定额中已包括配合预留孔洞及浇筑混凝土工作内容。一般套管制作安装项目，定额中已包括预留孔洞工作，但未包括堵洞工作内容。管道在穿墙、楼板不安装套管时，预留孔洞、洞口封堵应单独计算。

六、任务实施

1. 本项目案例工程量计算（算量）

附录2-2《山东省安装工程消耗量定额》第十册给排水、采暖、燃气工程节选

给排水工程量计算要点：

（1）按照《安装定额》第十册的章节顺序，按照“工程量计算规则”，分别计算工程量。

（2）结合设计说明、平面图与系统图对照查看。

（3）按照由室外到室内；由地下到地上；由管径大到管径小的顺序计算。

根据“任务一”案例图纸，结合《安装定额》第十册有关“工程量计算规则”、附录等进行计算。计算顺序按定额章节顺序，详见表 1-3-6。

表 1-3-6　工程量计算表（算量表）

工程名称：某办公室室内给排水工程

序号	项目名称	单位	计算公式	数量	明水平管	明装立管	管件（个）
1	PP-R 管 De63	m	1.5（室内外界限）+1.5（自外墙东西向水平管）+1.2（南北向水平管）	4.2			4.2×6.59/10=2.77
2	PP-R 管 De50	m	（0.9+0.8）（东西向水平管）+（1.2+1.0）（立管自−1.0m 至 1.2m）+3.3（南北向至蹲便器水平管）	7.2	4.1	1.2	5.34

续表

序号	项目名称	单位	计算公式	数量	明水平管	明装立管	管件（个）
3	PP-R 管 De40	m	0.9（南北向蹲便器端部水平管）	0.9	0.9		0.80
4	PP-R 管 De25	m	1.0（南北向至盥洗池水平管）+（0.6+0.8）（东西向水平管）+（0.8+1）（立管自–1.0m 至 0.8m）+(4.9–2)（南北向至小便槽冲洗管水平管）+（2–0.8）（小便槽西南角立管）+（2–0.9）（小便槽冲洗管立管）	9.3	4.7	3.1	11.39
5	PP-R 管 De20	m	（1.2–0.8）（盥洗池立管）×2	0.8	0.8		1.22
6	UPVC 管 De160	m	1.5（室内外界限）+0.4（穿外墙东西向）+（1.2–0.5）（立管自–1.2m 至 –0.5m）	2.6			1.55
7	UPVC 管 De110	m	4.4（南北向水平管至蹲便器）+0.5（地面扫除口立管）	4.9			5.66
8	UPVC 管 De75	m	2.7（东西向水平管）+0.6（南北向水平管）	3.3			2.92
9	UPVC 管 De50	m	2（小便槽南北向地漏间间距）+2.8（拖布池至盥洗池东西向水平管）+0.5（地漏立管）×5+（0.25+0.25）（盥洗池南北向水平管）+0.5（盥洗池排水栓立管）	8.3			5.73
10	塑料阀门 DN40	个		1.0			
11	塑料阀门 DN20	个		2.0			
12	手压阀蹲便器	套		5.0			
13	水龙头 DN15	个		3.0			
14	排水栓 DN40	组		1.0			
15	塑料地漏 DN50	个		5.0			
16	塑料地面扫除口 DN100	个		1.0			
17	塑料小便槽冲洗管 De20	m	2+2	4.0			
18	给水管卡 DN40	个	（6.25×1.2+10×4.1）/10	5			
19	给水管卡 DN32	个	11.11×0.9/10	1			
20	给水管卡 DN20	个	（10×3.1+14.29×4.7）/10	10			
21	给水管卡 DN15	个	16.67×0.8/10	1			
22	给水管钢套管 DN50	个		1.0			
23	排水管钢套管 DN150	个		1.0			
24	给水管消毒冲洗 DN50 内	m	4.2+7.2+0.9+9.3+0.8	22			

注 1．管件数量参考第十册《安装定额》每个子目损耗量计算，如 De63 管件：4.2×6.59/10=2.77；

2．管卡数量参照第十册《安装定额》附录 5 或本教材附录 7 计算，De63 直埋无管卡。

3．管道及附件管径，图中标注为公称外径“De”，定额中如为公称直径“DN”，注意换算。

2. 计算分部分项工程费（套定额）

根据以上工程量，套用《价目表》第十册（附录 3-2）及主要材料的价格（见表 1-1-1），列表计算此分部分项工程费，见表 1-3-7。填表顺序一般为：

（1）先结合《价目表》及“算量表”，填写项目名称.

（2）依据项目名称、《价目表》填写定额编号、定额单位。

（3）工程数量根据“算量表”及定额单位进行换算。

（4）单价和人工费来自《价目表》，主材费根据主材单价和第十册《安装定额》中的材料消耗量计算。

（5）工程数量分别乘以单价、人工费、主材费得到合计中的合价、人工费、主材费。

附录7给排水、采暖工程室内成品管卡用量参考表

附录3-2《山东省安装工程价目表》第十册 给排水、采暖工程 节选

表 1-3-7　　安装工程预（结）算书

工程名称：某办公室室内给排水工程

序号	定额编号	项目名称	单位	数量	增值税（一般计税）			合计		
					单价	人工费	主材费	合价	人工费	主材费
1	10-1-328	PP-R 管 De63	10m	0.42	182.2	179.22	254.00	76.52	75.27	106.68
		管件 De63	个	2.77			12.00			33.24
2	10-1-327	PP-R 管 De50	10m	0.72	166.53	163.98	223.52	119.90	118.07	160.93
		管件 De50	个	5.34			10.00			53.40
3	10-1-326	PP-R 管 De40	10m	0.09	143.24	140.9	203.20	12.89	12.68	18.29
		管件 De40	个	0.8			8.00			6.40
4	10-1-324	PP-R 管 De25	10m	0.93	117.76	116.08	182.88	109.52	107.95	170.08
		管件 De25	个	11.39			6.00			68.34
5	10-1-323	PP-R 管 De20	10m	0.08	106.06	104.55	162.56	8.48	8.36	13.00
		管件 De20	个	1.22			4.00			4.88
6	10-1-368	UPVC 管 De160	10m	0.26	286.93	271.61	380.00	74.60	70.62	98.80
		管件 De160	个	1.55			20.00			31.00
7	10-1-367	UPVC 管 De110	10m	0.49	198.98	192.61	285.00	97.50	94.38	139.65
		管件 De110	个	5.66			18.00			101.88
8	10-1-366	UPVC 管 De75	10m	0.33	176.98	172.83	245.00	58.40	57.03	80.85
		管件 De75	个	2.92			15.00			43.80
9	10-1-365	UPVC 管 De50	10m	0.83	131.37	129.06	151.80	109.04	107.12	125.99
		管件 De50	个	5.73			10.00			57.30
10	10-5-96	塑料阀门 DN40	个	1	11.56	11.33	80.80	11.56	11.33	80.80
11	10-5-93	塑料阀门 DN20	个	2	5.26	5.15	30.30	10.52	10.30	60.60
12	10-6-35	手压阀蹲便器	10 套	0.5	935.87	491.62	5050.00	467.94	245.81	2525.00
13	10-6-81	水龙头 DN15	10 个	0.3	47.38	26.78	202.00	14.21	8.03	60.60

续表

序号	定额编号	项目名称	单位	数量	增值税（一般计税）			合计		
					单价	人工费	主材费	合价	人工费	主材费
14	10-6-85	排水栓 DN40	10 组	0.1	272.26	179.22	303.00	27.23	17.92	30.30
		UPVC 管 De50	m	0.4			15.00	0.00	0.00	6.00
15	10-6-90	塑料地漏 DN50	10 个	0.5	122.33	120.82	151.50	61.17	60.41	75.75
16	10-6-100	塑料地面扫除口 DN100	10 个	0.1	94.41	91.67	505	9.44	9.17	50.50
17	10-6-109	塑料小便槽冲洗管 De20	10m	0.4	698.85	609.76	163.2	279.54	243.90	65.28
18	10-11-13	给水管卡 DN40	个	5	1.72	1.34	10.50	8.60	6.70	52.50
19	10-11-12	给水管卡 DN32	个	1	1.62	1.24	8.40	1.62	1.24	8.40
20	10-11-11	给水管卡 DN20	个	10	1.51	1.13	5.25	15.10	11.30	52.50
21	10-11-11	给水管卡 DN15	个	1	1.51	1.13	4.20	1.51	1.13	4.20
22	10-11-27	给水管钢套管 DN50	个	1	21.01	14.21	19.08	21.01	14.21	19.08
23	10-11-32	排水管钢套管 DN150	个	1	87.33	58.61	31.8	87.33	58.61	31.80
24	10-11-141	给水管消毒冲洗 DN50 内	100m	0.22	58.85	53.56		12.95	11.78	0.00
25		小计						1696.58	1363.34	4437.83
26		分部分项工程费		1696.58+4437.83=6134.41				6134.41	1363.34	

附录1《山东省建设工程项目组成及计算规则》2022节选

3. 计算安装工程费用（取费）

根据《费用标准》（附录 1）及民用安装工程相关费用费率，计算工程造价。其中单价措施费中的脚手架搭拆费，根据第十册《安装定额》说明中规定，按照定额人工费 5%计算，人工费占 35%，见表 1-3-8。

表 1-3-8　　定额计价费用计算表

项目名称：某办公室室内给排水工程

序号	费用名称	计算方法	金额（元）
一	分部分项工程费	详表 1-3-7 合价	6134.41
	计费基础 JD1	详表 1-3-7 合计人工费	1363.34
二	措施项目费	2.1+2.2	185.41
	2.1 单价措施费		68.17
	脚手架搭拆费	1363.34×5%	68.17
	其中：人工费	68.17×35%	23.86
	2.2 总价措施费	1+2+3+4	117.25
	1．夜间施工费	1363.34×2.50%	34.08

续表

序号	费用名称	计算方法	金额（元）
二	2．二次搬运费	1363.34×2.10%	28.63
	3．冬雨季施工增加费	1363.34×2.80%	38.17
	4．已完工程及设备保护费	1363.34×1.20%	16.36
	计费基础 JD2	23.86+34.08×50%+28.63×40%+38.17×40%+16.36×25%	71.71
三	其他项目费	3.1+3.3+…+3.8	
	3.1 暂列金额	按相应规定计算	
	3.2 专业工程暂估价		
	3.3 特殊项目暂估价		
	3.4 计日工		
	3.5 采购保管费		
	3.6 其他检验试验费		
	3.7 总承包服务费		
	3.8 其他		
四	企业管理费	（1363.34+71.71）×55%	789.28
五	利润	（1363.34+71.71）×32%	459.22
六	规费	6.1+6.2+6.3+6.4+6.5	537.73
	6.1 安全文明施工费	（6134.41+185.41+789.28+459.22）×4.98%	376.90
	6.2 社会保险费	（6134.41+185.41+789.28+459.22）×1.52%	115.04
	6.3 住房公积金	（6134.41+185.41+789.28+459.22）×0.22%	16.65
	6.4 工程排污费	（6134.41+185.41+789.28+459.22）×0.28%	21.19
	6.5 建设项目工伤保险	（6134.41+185.41+789.28+459.22）×0.105%	7.95
七	设备费	∑（设备单价×设备工程量）	
八	税金	（6134.41+185.41+789.28+459.22+550.97）×9%	729.54
九	工程费用合计	6134.41+185.41+789.28+459.22+550.97+893.12	8835.59

七、任务总结

通过上述任务的学习，学到哪些知识？还存在哪些疑问？

八、任务拓展

对比《山东省建筑工程消耗量定额》（SD 01-31—2016），《安装定额》以及对应的《价目表》的内容构成、使用过程中有哪些异同？见表 1-3-9。

表 1-3-9　　两种定额使用的异同

名称	内容构成	使用过程	
		相同点	不同点
《山东省建筑工程消耗量定额》	分为上下两册，上册（1-10）章房屋建筑部分；下册（11-20）章装饰装修部分和单价措施项目	根据图纸计算项目工程量→根据项目名称选择相应定额编号→根据定额编号选择价目表中对应的工料机单价	《建筑工程价目表》中的工料机单价中包含主材费，可以直接使用
《安装定额》	按照专业不同，共分为十二册，本项目定额选择：第十册、第十二册		定额子目中标注“（）”的主材消耗量说明在《价目表》中的工料机单价中是不包含主材费的，需要根据主要材料单价表另行计算

九、知识测试与能力训练

（1）定额计价的编制人是________和________。

（2）以下不属于工程造价范畴的是（　　）。

A．设备及工具、器具的购置　　B．可行性研究

C．联合试运转费　　D．勘察设计费

（3）作为建设工程项目的组成部分，具有独立的设计文件，竣工后可以独立发挥生产能力或效益的一组配套齐全的工程项目是（　　）。

A．分部工程　　B．单项工程　　C．分项工程　　D．单位工程

（4）以下属于建设项目的是（　　）。

A．某一办公楼的土建工程　　B．某一化工厂

C．某一大型体育馆　　D．教学楼的安装工程

E．某教学楼装修工程

（5）定额中的材料包括施工中消耗的________、________、________和其他材料。

（6）定额计价的中“算量”的依据主要有哪些？

（7）工程量计算中的单位与“套定额”的单位是否一致？

（8）“套定额”中的主材费如何计取？

（9）定额计价模式下如何进行费用计算？

定额计价模式下的费用计算案例参考答案

某民用建筑室内给水工程，DN15 水龙头工程量为 100 个，DN20 水龙头工程量为 20 个，其余工程量暂不计。其中 DN15 水龙头的含税单价为 15.00 元/个；DN20 水龙头 25.00 元/个，其余人材机费用按照本教材附录 3-2《价目表》第十册，主材消耗量参见本教材附录 2-2《安装定额》第十册计取。单价措施费为 1000.00 元，其中省价人工费为 300.00 元；总价措施费为 600.00 元，其中省价人工费为 200.00 元。暂列金额为 1200.00 元，企业管理费、利润、安全文明施工费、社会保险费按照《费用标准》附录 1 所列费率计算，采用简易计税法计税，暂不计其他费用。试利用定额计算程序计算该民用建筑室内给水工程费用（造价），填入表 1-3-10。

表 1-3-10　某民用建筑室内给水工程费用计算表

序号	费用项目名称	费率（%）	计算公式	金额（元）
1	分部分项工程费			
1.1	其中：省价人工费			
2	措施项目费			
2.1	单价措施项目			
2.1.1	其中：省价人工费			
2.2	总价措施项目			
2.2.1	其中：省价人工费			
3	其他项目费			
3.1	其中：暂列金额			
3.2	专业工程暂估价			
3.3	特殊项目暂估价			

续表

序号	费用项目名称	费率（%）	计算公式	金额（元）
3.4	计日工			
3.5	采购保管费			
3.6	其他检验试验费			
3.7	总承包服务费			
3.8	其他			
4	企业管理费			
5	利润			
6	规费			
6.1	其中：安全文明施工费			
6.2	社会保险费			
6.3	住房公积金			
6.4	环境保护税			
6.5	建设项目工伤保险			
6.6	优质优价费用			
7	税金			
费用合计=1+2+3+4+5+6+7				

（10）根据本项目任务一“任务拓展”中某住宅楼给排水工程施工图，如图 1-1-23～图 1-1-25 所示及相关内容，进行定额计价工程量计算，填入表 1-3-11。本案例暂不考虑管卡、支架以及除锈、刷油等内容。

“任务1”“任务拓展”中某住宅楼给排水工程工程量计算参考答案

表 1-3-11　　工程量计算表

序号	分部分项工程名称及部位	单位	计算式	工程量

续表

序号	分部分项工程名称及部位	单位	计算式	工程量

任务四　编制建筑给排水工程工程量清单

一、引导问题

（1）清单计价模式下，工程量清单的编制人是谁？

（2）工程量清单的编制依据有哪些？

（3）工程量清单的编制内容有哪些？

（4）分部分项工程的工程量如何计算？

（5）工程量清单各项费用的表格如何填写？

二、任务说明

本项目“任务一”案例，针对某办公室室内给排水工程，作为招标人，编制工程量清单，为编制招标控制价或投标人清单报价做准备。

三、任务要求

通过对建筑给排水工程量清单的编制训练，掌握建筑给排水工程工程量清单的编制内容和编制方法。通过《计量规范》中的计算规则的学习，培养学生遵守行业标准、实事求是的品格。通过清单编制的计算训练，培养学生的细致耐心的品格。

四、知识链接

（一）工程量清单概述

工程量清单计价是市场经济的产物。在建设工程招标中“量价分离”，由招标人（甲方）按照国家统一的工程量计算规则提供“工程量清单”（计量），由投标人（乙方）自主报价，完成由招标人提供的工程量清单所需的全部费用，包括分部分项工程费、措施项目费、其他项目费和规费、税金等五部分内容（计价）。计价的主要依据是施工图说、《计价规范》（附录4）、《计量规范》（附录 5-2～附录 5-4）企业定额以及相关造价信息（扫码获取）。

附录4《建设工程工程量清单计价规范》GB 50500—2013 节选

附录5-2《通用安装工程工程量计算规范》GB 50586—2013 附录K 给排水、采暖工程节选

附录5-3《通用安装工程工程量计算规范》GB 50586—2013 附录M 刷油、防腐蚀、绝热节选

附录5-4《通用安装工程工程量计算规范》GB 50586—2013 附录N措施项目节选

1. 《计价规范》

《计价规范》主要规定了与招投标报价有关的相关术语、工程项目实施过程中各个阶段的应选用的表格形式，详细内容详见附录 4。

2. 《计量规范》

采用清单计价模式的安装工程，必须按《计量规范》规定的工程量计算规则进行工程计量。

（1）《计量规范》的构成。其内容包括正文、附录、条文说明共三个部分。其中正文包括总则、术语、工程计量、工程量清单编制四章，共 26 项条款，其中 8 条为强制性条文。

（2）《计量规范》附录的内容。《计量规范》中，将安装工程按专业、设备特征或工程类别分为机械设备安装工程、热力设备安装工程等 13 部分，以附录形式表现为附录 A～附录 N，共 1044 个清单项目。具体为：

附录 A 机械设备安装工程（编码：0301）

附录 B 热力设备安装工程（编码：0302）

附录 C 静置设备与工艺金属结构制作安装工程（编码：0303）

附录 D 电气设备安装工程（编码：0304）

附录 E 建筑智能化工程（编码：0305）

附录 F 自动化控制仪表安装工程（编码：0306）

附录 G 通风空调工程（编码：0307）

附录 H 工业管道工程（编码：0308）

附录 J 消防工程（编码：0309）

附录 K 给排水、采暖、燃气工程（编码：0310）

附录 L 通信设备及线路工程（编码：0311）

附录 M 刷油、防腐蚀、绝热工程（编码：0312）

附录 N 措施项目（编码：0313）

每个专业工程又统一划分为若干个分部工程。如附录 K 给排水、采暖、燃气工程，又划分为 10 个部分。每个分部工程又分为若干个分项工程，列于分部工程表格内。如表 1-4-1 所示，附录 K 给排水、采暖、燃气管道（编码：031001）项目。

表 1-4-1　　给排水、采暖、燃气管道（编码：031001）

项目编码	项目名称	项目特征	计量单位	工程量计算规则	工作内容
031001001	镀锌钢管	1．安装部位 2．介质 3．规格、压力等级 4．连接形式 5．压力试验及吹、洗设计要求 6．警示带形式	m	按设计图示管道中心线以长度计算	1．管道安装 2．管件制作、安装 3．压力试验 4．吹扫、冲洗 5．警示带铺设
031001002	钢管				
031001003	不锈钢管				
031001004	铜管				

3．工程量清单的内容

根据《计价规范》规定，工程量清单主要由分部分项工程和单价措施项目清单、总价措施项目清单、其他项目清单、规费和税金项目清单等部分组成，主要内容见表 1-4-2。

表 1-4-2　　工程量清单主要编制内容

序号	组成部分	内容
1	封面、扉页	工程量清单封面、扉页上的各项内容均由招标人填写。应按规定的内容填写、签字、盖章，造价员编制的工程量清单应有负责审核的造价工程师签字、盖章
2	总说明	①工程概况：建设规模、工程特征、计划工期、施工现场实际情况、自然地理条件、环境保护要求等；②工程招标和分包范围；③工程量清单编制依据；④工程质量、材料、施工等的特殊要求；⑤其他需要说明的问题
3	分部分项工程和单价措施项目清单表	分部分项工程量清单是计算拟建工程项目工程数量的表格，由项目编码、项目名称、项目特征、计量单位和工程量五项内容构成，这五个要件在分部分项工程量清单的组成中缺一不可。招标人必须按规定的“四个统一”编写，不得随意变动，这是《计价规范》的强制规定，必须严格执行。以单价项目形式表现的措施项目与分部分项工程项目采用同一种表
4	总价措施项目清单	措施项目中仅列出项目编码、项目名称。未列出项目特征、计量单位和工程量计算规则的项目，应按《计价规范》附录 N 措施项目的项目编码、项目名称确定
5	其他项目清单	分部分项工程量清单、可计量措施项目清单所包含的内容以外，因招标人的特殊要求而发生的与拟建工程有关的其他费用项目和相应数量的清单。《计价规范》列出了暂列金额、材料（工程设备）暂估单价、专业工程暂估价、计日工、总承包服务费等编制“其他项目清单”时参考
6	规费、税金项目清单	规费是政府和有关权力部门规定必须缴纳的费用，包括社会保险费（养老保险、失业保险、医疗保险、生育保险、工伤保险）、住房公积金等。税金是我国税法规定应计入建筑安装工程造价的增值税

4．分部分项工程和单价措施项目清单的组成与编制

安装工程措施项目分为单价措施项目清单和总价措施项目清单组成。措施项目中可以计算工程量的项目（单价措施项目）宜采用分部分项工程量清单的方式编制，列出项目编码、项目名称、项目特征、计量单位和工程量，编制工程量清单时，应按照分部分项工程的规定执行，与分部分项工程量清单填在一个表中。目前一般民用安装工程单价措施项目较少，一般不用计取。以下内容主要介绍分部分项工程清单编制。

分部分项工程量清单应按《计量规范》附录 A～附录 N 规定的项目编码、项目名称、项目特征、计量单位、工程量计算规则和工作内容，按照《计价规范》规定的格式进行编制。分部分项工程和单价措施项目清单与计价表，如表 1-4-3 所示。

在分部分项工程项目清单的编制过程中，由招标人负责前六项内容的填写，金额部分在编制招标控制价或投标人投标报价时填列。

表 1-4-3　　分部分项工程和单价措施项目清单与计价表

工程名称：　　　　标段：　　　　第　页共　页

序号	项目编码	项目名称	项目特征	计量单位	工程量	金额		
						综合单价	合价	其中：暂估价

（1）项目编码。项目编码是分部分项工程和措施项目清单名称的阿拉伯数字标识。清单项目编码以五级编码设置，用 12 位阿拉伯数字表示。一、二、三、四级编码为全国统一，即一至九位应按《计量规范》附录的规定设置；第五级即十至十二位为清单项目编码，应根据拟建工程的工程量清单项目名称设置，不得有重号，这三位清单项目编码由招标人针对招标工程项目具体编制，并应自 001 起按顺序编制。

项目编码结构如图 1-4-1 所示。

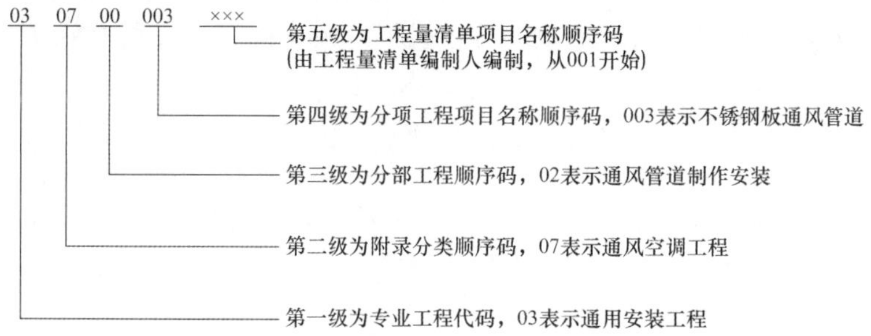

图 1-4-1　工程量清单项目编码结构图

（2）项目名称。在编制分部分项工程量清单时，以《计量规范》附录中的分项工程项目名称为基础，考虑该项目的规格、型号、材质等特征要求，结合拟建工程的实际情况，使其工程量清单项目名称具体化，以反映影响工程造价的主要因素。

清单项目名称应表述详细、准确，《计量规范》中的分项工程项目名称如有缺项，招标人可作补充。在编制补充项目时应注意以下两个方面：

1）补充项目的编码应按《计量规范》的规定确定。具体做法如下：补充项目的编码由《计量规范》的代码与 B 和三位阿拉伯数字组成，并应从 001 起顺序编制，例如通用安装工程如需补充工目，则其编码应从 03B001 开始起顺序编制，同一招标工程的项目不得重码。

2）在工程量清单中应附补充项目的项目名称、项目特征描述、计量单位、工程量计算规则和工作内容。

（3）项目特征：

1）项目特征是用来表述项目名称的实质内容，用于区分同一清单条目下各个具体的清单项目。由于项目特征直接影响工程实体的自身价值，关系到综合单价的准确确定，因此项目特征应根据《计量规范》项目特征的要求，结合技术规范、标准图集、施工图纸，按照工程结构、使用材质及规格或安装位置等，予以详细表述和说明。由于项目做法、设计要求、编制人理解等多种因素，对同一清单项目的项目特征，不同人会有不同的描述，但是体现该清单项目所完成工作内容的材料或设备主要指标及参数、工程做法和对报价有实质性影响的内容必须列在项目特征中。

2）项目特征是区分清单项目的依据。工程量清单项目特征是用来表述分部分项清单项目的实质内容，用于区分《计量规范》中同一清单条目下各个具体的清单项目。没有准确的项目特征，对相同或相似的清单项目名称，就无从区分。

3）项目特征是编制综合单价的前提。由于工程量清单项目的特征决定了工程实体的实质内容，必然直接决定了工程实体的自身价值。因此，工程量清单项目特征是否准确，直接关系到工程量清单项目综合单价能否准确确定。

4）项目特征是履行合同义务的基础。实行工程量清单计价，工程量清单及其综合单价是工程合同的组成部分，因此，如果工程量清单项目特征不清楚甚至漏项、错误，从而引起在施工过程中的更改，都会引起歧义，导致纠纷。

（4）计量单位。计量单位应按《计量规范》附录中规定的计量单位确定。规范中的计量单位均为基本单位。质量以“t”或“kg”为单位，长度以“m”为单位，面积以“m^2”为单位，体积以“m^3”为单位， 自然计量的以“个、件、根、组、系统”为单位。

《计量规范》附录中有两个或两个以上计量单位的，应结合拟建工程项目的实际情况，选择其中一个确定，在同一个建设项目（或标段、合同段）中，有多个单位工程的相同项目计量单位必须保持一致。

不同的计量单位汇总后的有效位数也不相同，根据《计量规范》的规定，工程计量时每一项目汇总的有效位数应遵守下列规定：①以“t”为单位，应保留小数点后三位数字，第四位小数四舍五入。②以“m”“m^2”“m^3”“kg”为单位，应保留小数点后两位数字，第三位小数四舍五入。③以“个”“件”“根”“组”“系统”为单位，应取整数。

（5）工程量。工程量是依据安装工程《计量规范》各项规定及计算规则通过施工图纸计算得出，除另有说明外，所有清单项目的工程量应以实体工程量为准，并以完成后的净值计算；投标人投标报价时，应在单价中考虑施工中的各种损耗和需要增加的工程量。

应注意，现行《安装定额》其项目是按施工工序进行划分的，包括的工程内容一般是单一的，只需要参考一项定额子目，据此规定了相应的工程量计算规则，以该工程量计算规则计算出的工程数量，一般包含施工操作的损耗量等。工程量清单项目的划分，一般是以一个“综合实体”考虑的，且包括多项工程内容，需要参考多项定额子目，据此规定了相应的工程量计算规则，以该工程量计算规则计算出的工程数量，是完成后的净值，不考虑施工操作的损耗量，应注意二者的工程量计算规则是有区别的。投标人投标报价时，应在单价中考虑施工中的各种损耗和需要增加的工程量。清单工程量计算表格，如表 1-4-4 所示。

表 1-4-4　　清单工程量计算表

工程名称：

序号	清单项目编码	清单项目名称	计算公式	工程量合计	计量单位

（6）工作内容。工作内容是指为了完成工程量清单项目所需要发生的具体施工作业内容。清单项目的工作内容用于辅助清单项目组价，在编制工程量清单时一般不需要描述工作内容。

5. 总价措施项目清单组成与编制

安装工程措施项目包括专业措施（附录 1 附表 3）和安全文明施工及其他措施项目（附录 1 附表 4）。本教材根据“鲁建标字〔2016〕40 号”，山东省内建设项目计取的安全文明施工不再计入措施项目费用，列入规费中计取。

附录1《山东省建设工程项目组成及计算规则》2022节选

夜间施工增加、二次搬运、冬雨季施工增加、已完工程及设备保护费等费用的计算，执行“鲁建标字〔2016〕40 号”文，计算基础为“定额省价人工费”，目前“鲁建标字〔2016〕40 号”已更新到“鲁建标字〔2022〕7 号”（见附录 1）。

措施项目清单应根据《计量规范》附录 N 或本教材附录 5-4“附录 N 措施项目”的规定编制，并应根据拟建工程的实际情况列项，招标人可以只列出正常的项目名称、项目编码，其他部分由投标单位填写。措施项目清单为可调整清单，投标单位可根据企业自身特点进行增减。

可以计算工程量的措施费为单价措施项目，应按照分部分项工程的规定执行，与分部分项工程量清单填在一个表中，组成“分部分项工程与单价措施项目清单”。

不能计算工程量的项目为总价措施项目，以“项”为计量单位进行编制。例如夜间施工增加，二次搬运，冬雨季施工增加，已完工程及设备保护等，编制工程量清单时，应按《计量规范》附录 N 措施项目规定的项目编码、项目名称确定。安装工程中的脚手架搭拆费按照相关费率计算，计算基础也为“定额省价人工费”，也可参照执行。

目前山东省使用的总价措施项目清单与计价表，如表 1-4-5 所示，此表内容可以根据主管部门最新发布的相关文件扩展增加。

在总价措施项目清单的编制过程中，由招标人负责前三项内容的填写，计算基础、金额部分在编制招标控制价或投标人投标报价时填列。

表 1-4-5　　总价措施项目清单与计价表

序号	项目编码	项目名称	计算基础	费率（%）	金额（元）	调整费率（%）	调整后金额（元）	备注
1	031302002001	夜间施工费						
2	031302004001	二次搬运费						
3	031302005001	冬雨季施工增加费						
4	031302006001	已完工程及设备保护费						
	…	…						
合计								

编制人（造价人员）：　　　　复核人（造价工程师）：

6. 其他项目清单的内容与编制

其他项目费组成

工程建设标准高低、工程复杂程度、工期长短、工程项目的组成、发包人对工程管理要求等都直接影响其他项目清单的具体内容，《计价规范》（附录 G.1 表-12）中其他项目清单一般列出四项内容。招标人可以根据需要填写项目名称或填入相应金额。

（1）暂列金额。暂列金额是招标人在工程量清单中暂定并包括在合同价款中的一笔款项。用于工程合同签订时尚未确定或者不可预见的所需材料、工程设备、服务的采购，施工中可能发生的工程变更、合同约定调整因素出现时的合同价款调整以及发生的索赔、现场签证确认等的费用。

暂列金额由招标人根据工程特点，按有关计价规定进行估算确定，一般可以分部分项工程与单价措施项目清单费的10%～15%为参考；此内容由招标人决定是否计入，如果招标人列出具体金额数值，投标人投标报价时，必须按招标人金额填写。

（2）暂估价。暂估价是指招标阶段直至签订合同协议时，招标人在招标文件中提供的用于支付必然发生但暂时不能确定价格的材料以及专业工程的金额，即在招标阶段预见肯定要发生，只是因为标准不明确或需要专业承包人来完成，暂时无法确定价格。暂估价中的材料单价应由招标人根据需要，按照工程造价管理机构发布的工程造价信息或参考市场价格确定，在工程量清单中列出，投标人必须在综合单价分析中使用。暂估价内容包括材料、设备暂估单价和专业工程暂估价。

（3）计日工。在施工过程中，承包人完成发包人提出的工程合同范围以外的零星项目或工作，按合同中约定的单价计价方式。计日工是为解决现场发生的零星工作的计价而设立的，编制招标控制价时，单价由招标人按有关计价规定确定；投标时，单价由投标人自主报价。

（4）总承包服务费。招标人应根据招标文件中列出的内容，向总承包人提出的要求，参照下列标准计算：

1）招标人仅要求对分包的专业工程进行总承包管理和协调时，按分包的专业工程估算造价的1.5%计算。

2）招标人要求对分包的专业工程进行总承包管理和协调，并同时要求提供配合服务时，根据招标文件中列出的配合服务内容和提出的要求，按分包的专业工程估算造价的3%～5%计算。

3）招标人自行供应材料的，按招标人供应材料价值的1%计算。

7. 规费税金清单的内容与编制

规费、税金清单的内容参照《费用标准》（本教材附录1）的要求，根据《计价规范》（本教材附录4）的规定填写，招标人只列出规费、税金名称即可，计算基础及金额等待投标单位投标报价时填写。

（二）《计量规范》工程量计算规则

与给排水工程量清单及计价编制有关的资料是《计价规范》（本教材附录4）和《计量规范》的附录K给排水、采暖、燃气工程（本教材附录5-2）；附录M刷油、防腐蚀、绝热工程（本教材附录5-3）；附录N措施项目（本教材附录5-4）（扫码获取）。

附录4《建设工程工程量清单计价规范》GB 50500—2013节选

附录5-2《通用安装工程工程量计算规范》GB 50586—2013附录K给排水、采暖工程节选

附录5-3《通用安装工程工程量计算规范》GB 50586—2013附录M刷油、防腐蚀、绝热节选

附录5-4《通用安装工程工程量计算规范》GB 50586—2013附录N措施项目节选

1. 给排水、采暖管道

本分部管道分项工程数量按设计图示管道中心线以长度计算，计量单位为“m”，管道工程量计算不扣除阀门、管件（包括减压器、疏水器、水表、伸缩器等组成安装）及附属构筑物所占长度。

在本部分进行工程计量时，需注意以下问题：

1）管道安装部位指管道安装在室内、室外。

2）输送介质包括给水、排水、中水、雨水、热媒体、燃气、空调水等。

3）铸铁管安装适用于承插铸铁管、球墨铸铁管、柔性抗震铸铁管等。

4）塑料管安装适用于 UPVC、PVC、PP-C、PP-R、PE、PB 管等塑料管材。

5）复合管安装适用于钢塑复合管、铝塑复合管、钢骨架复合管等复合型管道安装。

6）排水管道安装包括立管检查口、透气帽。

7）压力试验按设计要求描述试验方法，如水压试验、气压试验、泄漏性试验、闭水试验、通球试验、真空试验等。

8）吹、洗按设计要求描述吹扫、冲洗方法，如水冲洗、消毒冲洗、空气吹扫等。

2. 支架及其他

该分部工程包括管道支架、设备支架、套管共 3 个分项工程。

管道支架、设备支架两个清单项目计量单位可以按“kg”和“套”。以“kg”计量，按设计图示质量计算；以“套”计量，按设计图示数量计算。套管的计量按设计图示数量以“个”计算。

在本部分进行工程计量时，还应注意以下问题：

1）成品支架安装执行相应管道支架或设备支架项目，不再计取制作费，支架本身价值含在综合单价中。

2）套管制作安装，适用于穿基础、墙、楼板等部位的防水套管、填料套管、无填料套管及防火套管等，应按类型分别列项。

3. 管道附件

本部分包括螺纹阀门、螺纹法兰阀门、焊接法兰阀门、补偿器、软接头（软管）、法兰、水表、热量表等共 17 个分项工程。

计算规则均按设计图示数量，分别以“组”“个”“套”或“块”计算；值得注意的是法兰有“副”“片”之分，分别适用于成对安装或单片安装的情况。

本部分进行工程计量时，需要注意的问题有：

1）法兰阀门安装包括法兰连接，不得另计。阀门安装如仅为一侧法兰连接，应在项目特征中描述。

2）塑料阀门连接形式需注明热熔连接、粘接、热风焊接等方式。

4. 卫生器具

本部分主要包括洗脸盆、洗涤盆、大便器、小便器、其他成品卫生器具等共计 19 个分项工程。

该部分计量时，除小便槽冲洗管工程量是按设计图示长度以“m”计算外，其余分项清单项目的计量均按设计图示数量，分别以“组”“个”或“套”计算。

本部分进行工程计量时，应注意以下问题：

1）成品卫生器具项目中的附件安装主要指给水附件包括水嘴、阀门、喷头等，排水配件包括存水弯、排水栓、下水口等以及配备的连接管。

2）洗脸盆适用于洗脸盆、洗发盆、洗手盆安装。

3）给排水附（配）件是指独立安装的水嘴、地漏、地面扫出口等。

5. 供暖器具

该分部工程包括铸铁散热器、钢制散热器、其他成品散热器、地板辐射采暖等共 8 个分项工程。

在本部分计量时，铸铁散热器、钢制散热器和其他成品散热器 3 个分项工程清单项目的计量按设计图示数量计算，计量单位为“组”或“片”。

本部分进行工程计量时，还应注意以下问题：

1）铸铁散热器包括拉条制作安装。

2）钢制散热器结构形式包括钢制闭式、板式、壁板式、扁管式及柱式散热器等，应分别列项计算。

3）地板辐射采暖包括与分、集水器连接，保温层及钢丝网铺设以及保温层上反射膜铺设和配合地面浇注用工。

6. 采暖、给排水设备

本部分主要包括变频给水设备、稳压给水设备、无负压给水设备、水箱制作安装等共 15 个分项工程。

该部分清单项目的计量均按设计图示数量计算。

7. 采暖、空调水工程系统调试

该部分包括采暖工程系统调试与空调水工程系统调试两个分项工程。

在进行采暖工程系统调试或空调水工程系统调试的计量时，分别按采暖或空调水工程系统计算，计量单位均为“系统”。

五、任务分析

（1）清单计价模式下，由招标人编制工程量清单。

（2）工程量清单的编制依据主要有施工图纸说明、《计价规范》《计量规范》等，另外招标人是否列出暂列金额，是否提供材料暂估价等也需要提前准备。

（3）工程量清单的编制内容根据《计价规范》要求的表格填写，最基本的有分部分项工程和单价措施清单、总价措施清单、其他项目清单和规费税金清单等。

（4）工程量清单中最重要的分部分项工程的工程量计算，应根据施工图说的识读，依据《计量规范》的“工程量计算规则”计算。计算方法和顺序参照“定额计价工程量”计算。

（5）工程量清单各项费用的表格，主要按《计价规范》及《费用标准》要求，填写项目编码、项目名称、计量单位等。

给排水工程量清单编制

六、任务实施

本项目“任务一”案例，作为招标人，编制某办公室室内给排水工程工程量清单。工程量清单编制使用的表格包括：《计价规范》（本教材附录 4）的封-1、扉-1、表-01、表-08、表-11、表-12（含表-12-1～表-12-5）、表-13、表-20、表-21。

（一）封面（《计价规范》附录 B 封-1）（见表 1-4-6）

表 1-4-6　封面

某办公室室内给排水工程

招标工程量清单

招　标　人：　某单位

（单位盖章）

造价咨询人：　某造价咨询公司

（单位盖章）

××××年××月××日

（二）扉页（《计价规范》附录 C 扉-1）（见表 1-4-7）

表 1-4-7 扉页

某办公室室内给排水工程

招 标 工 程 量 清 单

招标人： 某单位
（单位盖章）

工程造价
咨询人： 某造价咨询公司
（单位资质专用章）

法定代表人
或其授权人： ××
（签字或盖章）

法定代表人
或其授权人： ××
（签字或盖章）

编制人： ××
（造价人员签字盖专用章）

复核人： ××
（造价工程师签字盖专用章）

编制时间： ××××年××月××日

复核时间：××××年××月××日

（三）总说明（见表 1-4-8）

表 1-4-8　　总　说　明

工程名称：某办公室室内给排水工程　　第 1 页　共 1 页

1．工程概况：某办公室建设面积 1000m^2、单层砖混结构、给排水工程安装计划工期 15 日历天、施工现场已做好三通一平、本办公室位置在某单位院内已具备开工条件等。

2．工程招标和专业工程发包范围：图纸范围内给排水工程全部内容。

3. 工程量清单编制依据：《建设工程工程量清单计价规范》（GB 50500—2013）、《通用安装工程工程量计算规范》（GB 50856—2013）、施工图说、工程所在地建设主管部门的相关规定等。

4．工程质量、材料、施工等的特殊要求：质量达到合格标准；所有材料乙供；施工中做到安全文明施工

（四）分部分项工程和单价措施项目清单表（见表 1-4-9）

各分部分项工程工程量计算，可参见本项目任务三表 1-3-6“工程量计算表”及《计量规范》的要求编制。

表 1-4-9　　分部分项工程和单价措施项目清单表

工程名称：某办公室室内给排水工程　　第 1 页　共 1 页

序号	项目编码	项目名称	项目特征描述	计量单位	工程量
1	031001006001	塑料管	室内给水工程，PPR 管 De63，热熔连接，水压试验和消毒冲洗	m	4.2
2	031001006002	塑料管	室内给水工程，PPR 管 De50，热熔连接，水压试验和消毒冲洗	m	7.2
3	031001006003	塑料管	室内给水工程，PPR 管 De40，热熔连接，水压试验和消毒冲洗	m	0.9
4	031001006004	塑料管	室内给水工程，PPR 管 De25，热熔连接，水压试验和消毒冲洗	m	9.3
5	031001006005	塑料管	室内给水工程，PPR 管 De20，热熔连接，水压试验和消毒冲洗	m	0.8
6	031001006006	塑料管	室内排水工程，UPVC 管 De160，黏结连接，闭水和通球试验	m	2.6
7	031001006007	塑料管	室内排水工程，UPVC 管 De110，黏结连接，闭水和通球试验	m	4.9
8	031001006008	塑料管	室内排水工程，UPVC 管 De75，黏结连接，闭水和通球试验	m	3.3
9	031001006009	塑料管	室内排水工程，UPVC 管 De50，黏结连接，闭水和通球试验	m	8.3
10	031002001001	管卡	钢制管卡，DN40	套	5
11	031002001002	管卡	钢制管卡，DN32	套	1
12	031002001003	管卡	钢制管卡，DN20	套	10
13	031002001004	管卡	钢制管卡，DN15	套	1
14	031002003001	套管	钢套管，室内给水工程，介质规格 De63（套管规格 DN80）	个	1
15	031002003002	套管	钢套管，室内排水工程，介质规格 De160（套管规格 D219）	个	1
16	031003005001	塑料阀门	DN40，承口热熔连接	个	1
17	031003005002	塑料阀门	DN20，承口热熔连接	个	2

续表

序号	项目编码	项目名称	项目特征描述	计量单位	工程量
18	031004006001	大便器	陶瓷，手压阀蹲便器，成组安装	组	5
19	031004014001	给排水附件	塑料水龙头，DN15,热熔连接	个	3
20	031004014002	给排水附件	塑料排水栓，DN40	个	1
21	031004014003	给排水附件	塑料地漏，DN50	个	5
22	031004014004	给排水附件	塑料地面扫除口，DN100	个	1
23	031004015001	小便槽冲洗管	PPR 管，De20	m	4

（五）总价措施项目清单表（见表 1-4-10）

总价措施项目参照《计量规范》附录 N 的规定及《费用标准》确定。脚手架搭拆费属于单价措施费，由于其计算方法与总价措施费类似，故列于总价措施项目清单表中。

表 1-4-10　　总价措施项目清单表

工程名称：某办公室室内给排水工程　　标段：　　第 1 页　共 1 页

序号	项目编码	项目名称	计算基础	费率（%）	金额（元）	调整费率（%）	调整后金额（元）	备注
1	031302002001	夜间施工费						
2	031302004001	二次搬运费						
3	031302005001	冬雨季施工增加费						
4	031302006001	已完工程及设备保护费						
5	031301017001	脚手架搭拆费						
合计								

编制人（造价人员）：　　复核人（造价工程师）：

（六）其他项目清单汇总表（见表 1-4-11）

其他项目清单参照《计价规范》《计量规范》确定。

表 1-4-11　　其他项目清单汇总表

工程名称：某办公室室内给排水工程　　标段：　　第 1 页　共 1 页

序号	项目名称	金额（元）	结算金额（元）	备注
1	暂列金额			
2	暂估价			
2.1	材料暂估价			表 1-4-10
2.2	专业工程暂估价			
3	计日工			
4	总承包服务费			
合计				

注　材料（工程设备）暂估单价进入清单项目综合单价，此处不汇总。

（七）材料暂估单价表（见表 1-4-12）

材料暂估单价表可参见表 2-1-1 主要材料（主材）价格相关数据。

表 1-4-12　　材料（工程设备）暂估单价及调整表

工程名称：某办公室室内给排水工程　　标段：　　第 1 页　共 1 页

序号	材料（工程设备）名称、规格、型号	计量单位	数量		暂估（元）		确认（元）		差额±（元）		备注
			暂估	确认	单价	合价	单价	合价	单价	合价	
1	PP-R 管 De63	m			25						
2	PP-R 管 De50	m			22						
3	PP-R 管 De40	m			20						
4	PP-R 管 De25	m			18						
5	PP-R 管 De20	m			16						
6	UPVC 管 De160	m			40						
7	UPVC 管 De110	m			30						
8	UPVC 管 De75	m			25						
9	UPVC 管 De50	m			15						
10	PP-R 管件 De63	个			12						
11	PP-R 管件 De50	个			10						
12	PP-R 管件 De40	个			8						
13	PP-R 管件 De25	个			6						
14	PP-R 管件 De20	个			4						
15	UPVC 管件 De160	个			20						
16	UPVC 管件 De110	个			18						
17	UPVC 管件 De75	个			15						
18	UPVC 管件 De50	个			10						
19	手压冲洗阀蹲便器	组			500						
20	塑料水龙头 DN15	个			20						
21	塑料阀门 DN40	个			80						
22	塑料阀门 DN20	个			30						
23	塑料地面扫除口 DN100	个			50						
24	塑料地漏 DN50	个			15						
25	塑料排水栓带弯 DN40	组			30						
26	塑料给水管卡 DN40	个			10						
27	塑料给水管卡 DN32	个			8						
28	塑料给水管卡 DN20	个			5						
29	塑料给水管卡 DN15	个			4						
30	焊接钢管 DN80	m			60						
31	无缝钢管 D219×6	m			100						
合计											

注　此表由招标人填写“暂估单价”，并在备注栏说明暂估价的材料、工程设备拟用在哪些清单项目上，投标人应将上述材料、工程设备暂估单价计入工程量清单综合单价报价中。

（八）规费、税金项目计价表（见表 1-4-13）

规费、税金项目按《计价规范》及当地《费用标准》执行。

表 1-4-13 **规费、税金项目计价表**

工程名称：某办公室室内给排水工程 标段： 第 1 页 共 1 页

序号	项目名称	计算基础	计算基数	计算费率（%）	金额（元）
1	规费				
1.1	安全文明施工费				
1.1.1	环境保护费				
1.1.2	文明施工费				
1.1.3	临时设施费				
1.1.4	安全施工费				
1.2	工程排污费				
1.3	社会保障费				
1.4	住房公积金				
1.5	危险作业意外伤害保险				
2	税金				
合计					

编制人（造价人员）： 复核人（造价工程师）：

七、任务总结

通过上述任务的学习，学到哪些知识？还存在哪些疑问？

八、任务拓展

工程量清单及工程量清单计价的表格，应根据《计价规范》附录 B～附录 L 选用。工程项目实施过程中各个阶段的应选用的表格形式，如表 1-4-14 所示。

表 1-4-14 **各阶段工程量清单选用计价表格**

序号	表名	工程量清单	招标控制价	投标报价	竣工结算
1	附录 B 工程计价文件封面 ××封面	封-1	封-2	封-3	封-4
2	附录 C 工程计价文件扉页 ××扉页	扉-1	扉-2	扉-3	扉-4
3	附录 D 工程计价总说明	表-01			
4	附录 E 工程计价汇总表 建设项目××汇总表	—	表-02		—
	单项工程××汇总表	—	表-03		—
	单位工程××汇总表	—	表-04		—
5	建设项目竣工结算汇总表	—	—	—	表-05
	单项工程竣工结算汇总表	—	—	—	表-06
	单位工程竣工结算汇总表	—	—	—	表-07
6	附录 F 分部分项工程和措施项目计价表 分部分项工程和单价措施项目清单与计价表	表-08			
	综合单价分析表	—	表-09		
	综合单价调整表	—	—	—	表-10
7	总价措施项目清单与计价表	表-11			

续表

序号	表名	工程量清单	招标控制价	投标报价	竣工结算
8	附录G其他项目计价表 其他项目清单与计价汇总表	表-12（含表-12-1～表-12-5）			表-12 （含表-12-1～表-12-8）
	暂列金额明细表	表-12-1			表-12-1
	材料（工程设备）暂估单价及调整表	表-12-2			表-12-2
	专业工程暂估价及结算价表	表-12-3			表-12-3
	计日工表	表-12-4			表-12-4
	总承包服务费计价表	表-12-5			表-12-5
	索赔与现场签证计价汇总表	—			表-12-6
	费用索赔申请（核准）表	—			表-12-7
	现场签证表	—			表-12-8
9	附录H规费、税金项目计价表	表-13			
10	附录J工程计量申请（核准）表	—	—	—	表-14
11	附录K合同价款支付申请（核准）表 预付款支付申请（核准）表	—	—	—	表-15
	总价项目进度款支付分解表	—	—		表-16
	进度款支付申请（核准）表	—	—	—	表-17
	竣工结算款支付申请（核准）表	—	—	—	表-18
	最终结清支付申请（核准）表	—	—	—	表-19
12	附录L主要材料、工程设备一览表 发包人提供材料和工程设备一览表	表-20			
	承包人提供主要材料和工程设备一览表	表-21或表-22			

注　表中附录为《计价规范》附录B～附录L。

九、知识测试与能力训练

（1）工程量清单由谁编制？

（2）工程量清单的编制表格及内容根据什么确定？

（3）分部分项工程及单价措施费确定中的项目编码如何确定？

（4）分部分项工程及单价措施费中的项目特征如何描述？

（5）分部分项工程工程量清单的编制。

某室内给排水工程管道安装，施工图及设计说明要求室内给水管道，采用钢塑复合管DN50，螺纹连接，并进行0.6MPa的水压试验，进行水冲洗和消毒冲洗；根据《计量规范》的工程量计算规则，算出管道安装工程量为29.2m。试编制工程量清单填入表1-4-15。

分部分项工程工程量清单的编制

表1-4-15　　分部分项工程和单价措施项目清单与计价表

序号	项目编码	项目名称	项目特征	计量单位	工程量	金额（元）		
						综合单价	合价	其中：暂估价

（6）根据本项目“任务一”“任务拓展”中某住宅楼给排水工程施工图及相关内容（见图 1-1-23～图 1-1-25），编制分部分项工程工程量清单，填入表 1-4-16。本案例暂不考虑管卡、支架以及除锈、刷油等内容。

案例分部分项工程清单编制

表 1-4-16 “某住宅楼给排水工程”分部分项工程工程量清单编制

序号	项目编码	项目名称	项目特征	计量单位	工程数量

任务五　建筑给排水工程工程量清单计价

一、引导问题

（1）工程量清单计价的依据有哪些？

（2）工程量清单计价编制程序？

（3）招标控制价的编制人是谁？招标控制价有何作用？

（4）工程量清单计价中哪些费用是不能自主填报（不可竞争费）的？

（5）工程量清单中列出的材料暂估价如何处理？

（6）综合单价分析表的内容如何填报？

（7）总价措施费的费率如何确定？

（8）规费的费率、税金的税率如何确定？

二、任务说明

根据工程量清单及招标文件要求，以招标人的身份，编制招标控制价或以投标人身份编制工程量清单报价文件。招标控制价或投标报价文件的区别。

招标控制价与投标报价区别

三、任务要求

根据本项目任务四“某办公室室内给排水工程工程量清单”内容，编制招标控制价文件，确定招标控制价。主要应掌握工程量清单计价的编制内容，工程量清单计价的编制方法和综合单价分析表的填报。

四、知识链接

安装工程清单计价，包括工程单价（综合单价）的确定和总价的计算。

（一）《计价规范》中投标报价的一般规定

（1）投标价应由投标人或受其委托具有相应资质的工程造价咨询人编制。

（2）投标报价不得低于工程成本。

（3）投标人必须按招标工程量清单填报价格。项目编码、项目名称、项目特征、计量单位、工程量必须与招标工程量清单一致。

（4）投标人的投标报价高于招标控制价的按无效投标处理。

（5）投标人应依据本规范的规定自主确定投标报价：

1）国家或省级、行业建设主管部门颁发的计价办法；

2）企业定额，国家或省级、行业建设主管部门颁发的计价定额和计价办法；

3）招标文件、招标工程量清单及其补充通知、答疑纪要；

4）建设工程设计文件及相关资料；

5）施工现场情况、工程特点及投标时拟定的施工组织设计或施工方案；

6）与建设项目相关的标准、规范等技术资料；

7）市场价格信息或工程造价管理机构发布的工程造价信息。

（6）综合单价是完成一个规定清单项目所需的人工费、材料和工程设备施工机具使用费和企业管理费、利润以及一定范围内的风险费用。招标文件中没有明确的，应提请招标人明确。确定综合单价要依据国家、行业定额或企业定额消耗量和相应生产要素的市场价格，以及定额或市场的取费费率。

（7）分部分项工程和单价措施项目中的单价项目，应根据招标工程量清单项目中的项目特征确定综合单价。

（8）措施项目中的总价项目金额应根据招标文件及投标时拟定的施工组织设计或施工方案，按照本规范的规定确定。

（9）其他项目应按下列规定报价：

1）暂列金额应按招标工程量清单中列出的金额填写；

2）材料、工程设备暂估价应按招标工程量清单中列出的单价计入综合单价；

3）专业工程暂估价应按招标工程量清单中列出的金额填写；

4）计日工应按招标工程量清单中列出的项目和数量，自主确定综合单价并计算计日工金额；

5）总承包服务费应根据招标工程量清单中列出的内容和提出的要求自主确定。

（10）规费和税金必须按国家或省级、行业建设主管部门的规定计算，不得作为竞争性费用。

（11）招标工程量清单与计价表中列明的所有需要填写单价和合价的项目，投标人均应填写且只允许有一个报价。未填写单价和合价的项目，可视为此项费用已包含在已标价工程量清单中其他项目的单价和合价之中。当竣工结算时，此项目不得重新组价予以调整。

（12）投标总价应当与分部分项工程与单价措施项目费、总价措施项目费、其他项目费和规费、税金的合计金额一致。

（二）工程量清单计价编制的步骤

1. 熟悉施工图说、《计价规范》《计量规范》《安装定额》及其他相关资料

正确全面阅读施工图说，熟悉本工程安装的内容，安装施工要求及特点、选用的标准图、大样图等，了解本专业施工与其他专业施工工序之间的关系。应熟悉《计价规范》《计量规范》及相关的定额。施工组织设计或施工方案是施工单位针对具体工程编制的施工作业的指导性文件，在工程计价中应注意其中采取的施工技术措施、安全措施、施工机械配置、是否增加辅助项目等。施工组织设计所涉及的图纸以外的费用主要属于措施项目费。在招标文件及合同内容中，对有关承发包工程范围、内容、期限、工程材料、设备采购供应办法等都有具体规定，只有在计价时按规定进行，才能保证计价的有效及准确性。

2. 熟悉工程量清单内容，核算工程量

工程量清单是工程量清单计价的最重要的依据，在计价时必须全面了解每一个清单项目的项目特征，熟悉其所包括的工程内容，以便在计价时不漏项，不重复计算。

在工程造价文件的编制工作中，工程量的核算工作量最大，计算烦琐。一般招标文件上要求投标单位核查工程量清单，如果投标单位不核算，则不能发现清单编制中存在的问题，也就不能充分利用招标单位给予投标单位澄清问题的机会，则由此产生的后果由投标单位自行负责。

另外，清单计价是将不同的工程内容组合在一起，计算出清单项目的综合单价。所以，还要计算每一个清单项目所组合的工程项目（子项）的工程量，以便进行单价分析。

3. 计算分部分项工程与单价措施项目费

分部分项工程与单价措施项目费是由各分部分项工程的综合单价乘以工程量清单数量得出。综合单价一般是根据工程量清单的项目特征，采用企业定额或消耗量定额《价目表》组价。

综合单价中的人工费、材料费、施工机械费单价参考《价目表》、企业定额及市场价格确定；企业管理费单价、利润单价，以人工费单价为基础，结合企业自身情况选定的管理费率、利润率（在总说明里列出）计算；一定范围的风险费用应按招标文件中要求投标人承担的风险费用考虑，包括市场价格波动导致的价格风险、有关政策出台导致工程费用增加等。

确定综合单价的步骤和方法：

当分部分项工程内容比较简单，由单一定额子目计价，且《计量规范》与所使用定额中的“工程量计算规则”相同时，综合单价的确定只需用相应定额子目中的人、材、机费做基数计算管理费、利润，再考虑相应的风险费用即可。当工程量清单给出的分部分项工程与所用《安装定额》的单位不同、内容不同、工程量计算规则不同时，则需要按《安装定额》的计算规则重新计算工程量或换算、添加其他定额子项，并按照下列步骤来确定综合单价。

（1）分析每一清单项目的工程内容。在招标工程量清单中，招标人已对项目特征进行了准确、详细的描述，投标人根据这一描述，再结合施工现场情况和拟订的施工方案分析完成各清单项目实际应发生的工程内容。参考《安装定额》确定每一清单项目是由单一定额子目计价，还是由几项定额子目计价。

（2）计算工程内容的工程数量与清单单位的含量。每一项工程内容都应根据所选定额的

“工程量计算规则”计算其工程数量（定额项目工程量），当定额的“工程量计算规则”与清单的“工程量计算规则”一致时，可直接以工程量清单中的工程量（清单项目工程量、“计量用工程量”）作为工程内容的工程数量。清单工程量换算成定额单位的数量计入，在报价时，将其价值按清单工程量分摊。如式（1-5-1）、式（1-5-2）所示。

定额项目合价=定额项目工程量×[Σ（定额人工消耗量×人工单价）+Σ（定额材料消耗量×材料单价）+Σ（定额机械台班消耗量×机械台班单价）+价差（基价或人工、材料、施工机具费用）+管理费和利润]　（1-5-1）

$$\text{工程量清单综合单价}=\frac{\sum\text{定额项目合价}+\text{未计价材料价格}}{\text{工程量清单项目工程量}} \tag{1-5-2}$$

单价中应包括招标文件中要求投标人所承担的风险内容及其范围（幅度）产生的风险。

当采用“清单单位含量”计算人工费、材料费、施工机具使用费时，还需要计算每一计量单位的清单项目所分摊的工程内容的工程数量，即清单单位含量（单位清单工程量、“计价用工程量”）。如式（1-5-3）、式（1-5-4）所示。

$$\text{数量}=\text{定额计价工程量}\div\text{清单工程量}\div\text{定额计量单位} \tag{1-5-3}$$

或

$$\text{数量}=\frac{\text{清单单位}}{\text{定额单位}} \tag{1-5-4}$$

（3）人工、材料、施工机具使用费的计算。根据企业定额、参考《价目表》或参照工程造价主管部门发布的人工、材料、机械台班信息价格，确定相应人工费、材料费、机械费单价。

当招标人提供的其他项目清单中列示了材料暂估价时，应根据招标人提供的价格计入材料费，并在分部分项工程项目清单与计价表中表现出来。

（4）企业管理费和利润的计算。可按照规定的取费基数以及一定的费率取费计算。根据《费用标准》（本教材附录 1）规定：企业管理费和利润取费基数为分部分项工程费与单价措施项目费中的省价人工费。费率参照工程造价主管部门发布的相关费率，并结合本企业和市场的情况，确定管理费率、利润率，由投标单位自主选择。

（5）确定“工程内容”的人、材、机、管理及利润价款。将各“工程内容”的工程数量，分别乘以相应的人、材、机、管理费、利润单价。

（6）计算未计价材料费。将各“工程内容”定额中的主要材料（主材）列入“材料费明细”；主材的数量包含定额损耗；已提供暂估价的主材计入“暂估单价”列，未提供暂估价的主材，由投标单位按市场价格计入“单价”列。各主材的数量乘以暂估单价或单价得到合计材料费，即“未计价材料费”。

（7）根据现行定额规定，计算应计入综合单价内的有关费用，如超高增加费、高层建筑增加费等。

（8）确定综合单价。将上述各项费用汇总，并考虑合理的风险费用后，即可得到清单综合单价。综合单价分析表的编制应反映上述综合单价的编制过程，并按照规定的格式进行。

4. 总价措施项目清单计价

措施项目中列出了项目编码、项目名称、项目特征、计量单位、工程量计算规则的项目（单价措施项目），编制工程量计价时，应按照分部分项工程的规定执行。普通民用安装工程没有此项费用。

总价措施项目仅列出项目编码、项目名称，未列出项目特征、计量单位和工程量计算规则，编制工程量清单计价时，以工程造价管理机构发布的措施项目费费率为参考报价，见式（1-5-5）。

$$\text{总价措施项目费}=\text{分部分项工程费用合计中的省价人工费}\times\text{措施费费率}\times[1+\text{措施费中人工费含量}\times(\text{管理费费率}+\text{利润率})] \quad (1\text{-}5\text{-}5)$$

安装工程中的脚手架搭拆费，因为是参考定额相关分册规定的费率计算，以定额人工费为基础计算，也可参照执行。

5. 其他项目清单计价

其他项目清单计价表中的序号、项目名称应按其他项目清单中的相应内容填写，不得增加、不得减少、不得修改。

（1）暂列金额。暂列金额投标人必须按招标人列出的金额填写。

（2）暂估价。暂估价中的材料单价应由招标人按照工程造价管理机构发布的工程造价信息或参考市场价格确定，在工程量清单中列出，投标人必须在综合单价分析中使用；暂估价中的专业工程暂估价应分不同专业，按有关计价规定估算。

（3）计日工。招标人应根据工程特点，按照列出的计日工项目和有关计价依据计算。编制招标控制价时，单价由招标人按有关计价规定确定；投标时，单价由投标人自主报价。

（4）总承包服务费。招标人应根据招标文件中列出的内容，向总承包人提出要求。

编制招标控制价时，费率及金额由招标人按有关计价规定确定；投标时，费率及金额由投标人自主报价，计入投标总价中。

6. 规费和税金清单计价

规费和税金的计取标准是依据有关法律、法规和政策规定制定的，具有强制性。投标人在投标报价时必须按照国家或省级、行业建设主管部门的有关规定计算规费和税金。按工程量清单规定的格式要求填写。

7. 投标报价汇总

投标报价汇总是投标人响应招标人的要求完成拟建工程的全部费用。包括分部分项工程与单价措施项目清单计价费、总价措施项目清单计价费、其他项目清单计价费、规费、税金等，需填写工程投标报价汇总表。

五、任务分析

（1）工程量清单计价的依据有招标文件、招标工程量清单、施工图说、《计价规范》《计量规范》《安装定额》及其他相关资料。

（2）招标控制价的编制人是招标方，是本项目招标的最高限价。投标报价由投标方编制。

（3）工程量清单中列出的暂列金额、材料暂估价必须按暂列金额、材料暂估价的金额计入报价，不允许修改。

（4）综合单价分析表的内容应根据《计价规范》规定的表格填报。项目编码、项目名称、计量单位来自“工程量清单”中分部分项工程清单。其他内容根据企业实际情况参考现行《价目表》、企业定额及市场价格的计算；一定范围的风险费用应按招标文件中要求投标人承担的风险费用考虑，包括市场价格波动导致的价格风险、有关政策出台导致工程费用增加等。

（5）总价措施费的费率可参考《费用标准》，自主报价。

（6）工程量清单计价中规费和税金不能自主填报（不可竞争费），规费的费率、税金的税率必须严格根据《费用标准》填报。其他的管理费、利润、措施费等可根据投标企业实际情况自由竞报。

（7）清单计价完成后的装订顺序，自上而下依次是：

封面编制→总说明→单项工程投标报价汇总表→单位工程投标报价汇总表→分部分项工程和单价措施项目清单计价表→分部分项工程清单综合单价分析表→总价措施项目清单计价表→总价措施项目清单综合单价分析表→其他项目清单计价汇总表（包括暂列金额明细表、材料暂估单价表、专业工程暂估价表、计日工表和总承包服务费计价表）→规费、税金项目清单计价表→封底。

六、任务实施

根据本项目任务四中的“某办公室给排水工程工程量清单”内容，以及相关的其他资料，招标人编制招标控制价或投标人编制工程量清单计价文件。投标报价使用的表格包括《计价规范》的：封-3、扉-3、表-01、表-02、表-03、表-04、表-08、表-09、表-11、表-12（含表-12-1～表-12-5）、表-13、表-20、表-21。计价完成后，装订顺序按《计价规范》要求。

给排水工程工程量清单计价

（一）总说明（见表 1-5-1）

参考《计价规范》附录 D 表-01。

表 1-5-1　　总　说　明

工程名称：某办公室室内给排水工程　　第 1 页　共 1 页

1．工程概况：某办公室建设面积 1000m²、单层砖混结构、给排水工程安装计划工期 15 日历天、施工现场已做好三通一平、本办公室位置在某单位院内已具备开工条件等。
2．工程招标和专业工程发包范围：图纸范围内给排水工程全部内容。
3．工程量清单计价编制依据：工程量清单、《建设工程工程量清单计价规范》（GB 50500—2013）、《通用安装工程工程量计算规范》（GB 50856—2013）、施工图说、工程所在地建设主管部门的相关规定等。
4．工程质量、材料、施工等的特殊要求：质量达到合格标准；所有材料乙供；施工中做到安全文明施工。
5．本工程管理费费率按 55%，利润率按 32%计取；规费费率及税金税率为不可竞争费，执行当地规定。人工单价按 103 元/工日执行（鲁建标字〔2017〕1 号文规定）。有关主材价格按暂估价计入

（二）工程量清单综合单价分析表（见表 1-5-2～表 1-5-24）

（1）表中工程名称、项目编码、项目名称、计量单位均来自工程量清单“分部分项工程和单价措施项目清单表”。

（2）清单综合单价组成明细中“定额名称”依据工程量清单“分部分项工程和单价措施项目清单”中的项目特征描述，参考《安装定额》填写。定额编号、定额单位、单价中的人工费、材料费、机械费参考现行定额《价目表》填写。单价中的管理费、利润，依据“总说明”中选取的管理费率、利润率，以“单价人工费”为基础计算。

（3）实体项目“数量”来自工程量清单“分部分项工程和单价措施项目清单”，需根据定额单位换算或按“清单单位含量”计入；若有附属项目“数量”根据设计图说及《安装定额》“工程量计算规则”计算。

（4）材料费明细中的“主要材料”来自参考定额的各未计价材料（主材），材料数量包括定额损耗。工程量清单中列出材料暂估单价的填入“暂估单价”表格中；未列出暂估单价的材料单价由投标方竞价填报，填入“单价”表格。

（5）将“小计”中的人工费、材料费、机械费、管理费、利润以及“未计价材料费”相加，除以本项目工程量清单数量即为“清单项目综合单价”。

表 1-5-2

工程量清单综合单价分析表（一）

工程名称：某办公室室内给排水工程　　　　标段：　　　　第 1 页　共 23 页

项目编码		031001006001		项目名称		塑料管				计量单位		m	
清单综合单价组成明细													
定额编号	定额名称	定额单位	数量	单价					合价				
				人工费	材料费	机械费	管理费	利润	人工费	材料费	机械费	管理费	利润
10-1-328	PPR 管热熔连接 De63	10m	0.42	179.22	2.77	0.21	98.57	57.35	75.27	1.16	0.09	41.40	24.09
10-11-141	管道消毒冲洗 DN50	100m	0.04	53.56	5.29		29.46	17.14	2.14	0.21	0.00	1.18	0.69
人工单价		小计							75.27	1.16	0.09	41.40	24.09
103 元/工日		未计价材料费							139.89				
清单项目综合单价									67.12				
材料费明细	主要材料名称、规格、型号				单位		数量		单价（元）	合价（元）		暂估单价（元）	暂估合价（元）
	PPR 管 De63				m		4.27					25	106.68
	PPR 管件 De63				个		2.77					12	33.21
	其他材料费												1.16
	材料费小计												141.06

注　1．主要材料数量：根据清单数量乘以定额损耗：PPR 管 De63,4.27=0.42×10.16;PPR 管件，2.77=0.42×5.69

2．单价中管理费：98.57=179.22×55%，利润：57.35=179.22×32%

3．综合单价：67.12=（75.27+1.16+0.09+41.40+24.09+139.89）/4.2

表 1-5-3

工程量清单综合单价分析表（二）

工程名称：某办公室室内给排水工程　　　　标段：　　　　第 2 页　共 23 页

项目编码		031001006002		项目名称		塑料管				计量单位		m	
清单综合单价组成明细													
定额编号	定额名称	定额单位	数量	单价					合价				
				人工费	材料费	机械费	管理费	利润	人工费	材料费	机械费	管理费	利润
10-1-327	PPR 管热熔连接 De50	10m	0.72	163.98	2.34	0.21	90.19	52.47	118.07	1.68	0.15	64.94	37.78
10-11-140	管道消毒冲洗 DN40	100m	0.07	50.57	3.31		27.81	16.18	3.54	0.23	0.00	1.95	1.13
人工单价		小计							**121.61**	**1.92**	**0.15**	**66.88**	**38.91**
103 元/工日		未计价材料费							214.36				
清单项目综合单价									61.64				
材料费明细	主要材料名称、规格、型号						单位	数量	单价（元）	合价（元）	暂估单价（元）	暂估合价（元）	
	PPR 管 De50						m	7.32			22	160.93	
	PPR 管件 De50						个	5.34			10	53.42	
	其他材料费											1.92	
	材料费小计											216.27	

表 1-5-4

工程量清单综合单价分析表（三）

工程名称：某办公室室内给排水工程　　　　标段：　　　　第 3 页　共 23 页

项目编码		031001006003		项目名称		塑料管				计量单位		m	
清单综合单价组成明细													
定额编号	定额名称	定额单位	数量	单价					合价				
				人工费	材料费	机械费	管理费	利润	人工费	材料费	机械费	管理费	利润
10-1-326	PPR 管热熔连接 De40	10m	0.09	140.9	2.2	0.14	77.50	45.09	12.68	0.20	0.01	6.97	4.06
10-11-139	管道消毒冲洗 DN32	100m	0.01	47.38	2.51		26.06	15.16	0.47	0.03	0.00	0.26	0.15
人工单价		小计							**13.15**	**0.22**	**0.01**	**7.24**	**4.21**
103 元/工日		未计价材料费							24.67				
清单项目综合单价									55.01				
材料费明细	主要材料名称、规格、型号						单位	数量	单价（元）	合价（元）	暂估单价（元）	暂估合价（元）	
	PPR 管 De40						m	0.91			20	18.29	
	PPR 管件 De40						个	0.80			8	6.39	
	其他材料费											0.22	
	材料费小计											24.90	

表 1-5-5

工程量清单综合单价分析表（四）

工程名称：某办公室室内给排水工程　　标段：　　第 4 页　共 23 页

项目编码	031001006004		项目名称	塑料管					计量单位		m		
清单综合单价组成明细													
定额编号	定额名称	定额单位	数量	单价					合价				
				人工费	材料费	机械费	管理费	利润	人工费	材料费	机械费	管理费	利润
10-1-324	PPR 管热熔连接 De25	10m	0.93	116.08	1.56	0.12	63.84	37.15	107.95	1.45	0.11	59.37	34.55
10-11-137	管道消毒冲洗 DN20	100m	0.09	40.89	0.9		22.49	13.08	3.68	0.08	0.00	2.02	1.18
人工单价		小计							**111.63**	**1.53**	**0.11**	**61.40**	**35.72**
103 元/工日		未计价材料费							227.27				
清单项目综合单价									47.06				
材料费明细	主要材料名称、规格、型号				单位	数量			单价（元）	合价（元）		暂估单价（元）	暂估合价（元）
	PPR 管 De25				m	9.45						18	170.08
	PPR 管件 De25				个	9.53						6	57.20
	其他材料费												1.53
	材料费小计												228.81

表 1-5-6

工程量清单综合单价分析表（五）

工程名称：某办公室室内给排水工程　　标段：　　第 5 页　共 23 页

项目编码	031001006005		项目名称	塑料管					计量单位		m		
清单综合单价组成明细													
定额编号	定额名称	定额单位	数量	单价					合价				
				人工费	材料费	机械费	管理费	利润	人工费	材料费	机械费	管理费	利润
10-1-323	PPR 管热熔连接 De20	10m	0.08	104.55	1.39	0.12	57.50	33.46	8.36	0.11	0.01	4.60	2.68
10-11-136	管道消毒冲洗 DN15	100m	0.01	37.9	0.5		20.85	12.13	0.38	0.01	0.00	0.21	0.12
人工单价		小计							**8.74**	**0.12**	**0.01**	**4.81**	**2.80**
103 元/工日		未计价材料费							17.87				
清单项目综合单价									42.93				
材料费明细	主要材料名称、规格、型号				单位	数量			单价（元）	合价（元）		暂估单价（元）	暂估合价（元）
	PPR 管 De20				m	0.81						16	13.00
	PPR 管件 De20				个	1.22						4	4.86
	其他材料费												0.12
	材料费小计												17.99

表 1-5-7

工程量清单综合单价分析表（六）

工程名称：某办公室室内给排水工程　　　　标段：　　　　第 6 页　共 23 页

<table>
<tr><td colspan="2">项目编码</td><td colspan="2">031001006006</td><td colspan="2">项目名称</td><td colspan="4">塑料管</td><td colspan="2">计量单位</td><td colspan="2">m</td></tr>
<tr><td colspan="14">清单综合单价组成明细</td></tr>
<tr><td rowspan="2">定额编号</td><td rowspan="2">定额名称</td><td rowspan="2">定额单位</td><td rowspan="2">数量</td><td colspan="5">单价</td><td colspan="5">合价</td></tr>
<tr><td>人工费</td><td>材料费</td><td>机械费</td><td>管理费</td><td>利润</td><td>人工费</td><td>材料费</td><td>机械费</td><td>管理费</td><td>利润</td></tr>
<tr><td>10-1-368</td><td>UPVC 管黏结连接 De160</td><td>10m</td><td>0.26</td><td>271.61</td><td>6.77</td><td>8.55</td><td>149.39</td><td>86.92</td><td>70.62</td><td>1.76</td><td>2.22</td><td>38.84</td><td>22.60</td></tr>
<tr><td colspan="2">人工单价</td><td colspan="7">小计</td><td>70.62</td><td>1.76</td><td>2.22</td><td>38.84</td><td>22.60</td></tr>
<tr><td colspan="2">103 元/工日</td><td colspan="7">未计价材料费</td><td colspan="5">129.74</td></tr>
<tr><td colspan="9">清单项目综合单价</td><td colspan="5">102.22</td></tr>
<tr><td rowspan="5">材料费明细</td><td colspan="5">主要材料名称、规格、型号</td><td>单位</td><td colspan="2">数量</td><td>单价（元）</td><td>合价（元）</td><td colspan="2">暂估单价（元）</td><td>暂估合价（元）</td></tr>
<tr><td colspan="5">UPVC 管 De160</td><td>m</td><td colspan="2">2.47</td><td></td><td></td><td colspan="2">40</td><td>98.80</td></tr>
<tr><td colspan="5">UPVC 管件 De160</td><td>个</td><td colspan="2">1.55</td><td></td><td></td><td colspan="2">20</td><td>30.94</td></tr>
<tr><td colspan="8">其他材料费</td><td></td><td></td><td colspan="2"></td><td>1.76</td></tr>
<tr><td colspan="8">材料费小计</td><td></td><td></td><td colspan="2"></td><td>131.50</td></tr>
</table>

表 1-5-8

工程量清单综合单价分析表（七）

工程名称：某办公室室内给排水工程　　　　标段：　　　　第 7 页　共 23 页

<table>
<tr><td colspan="2">项目编码</td><td colspan="2">031001006007</td><td colspan="2">项目名称</td><td colspan="4">塑料管</td><td colspan="2">计量单位</td><td colspan="2">m</td></tr>
<tr><td colspan="14">清单综合单价组成明细</td></tr>
<tr><td rowspan="2">定额编号</td><td rowspan="2">定额名称</td><td rowspan="2">定额单位</td><td rowspan="2">数量</td><td colspan="5">单价</td><td colspan="5">合价</td></tr>
<tr><td>人工费</td><td>材料费</td><td>机械费</td><td>管理费</td><td>利润</td><td>人工费</td><td>材料费</td><td>机械费</td><td>管理费</td><td>利润</td></tr>
<tr><td>10-1-367</td><td>UPVC 管黏结连接 De110</td><td>10m</td><td>0.49</td><td>192.61</td><td>6.3</td><td>0.07</td><td>105.94</td><td>61.64</td><td>94.38</td><td>3.09</td><td>0.03</td><td>51.91</td><td>30.20</td></tr>
<tr><td colspan="2">人工单价</td><td colspan="7">小　计</td><td>94.38</td><td>3.09</td><td>0.03</td><td>51.91</td><td>30.20</td></tr>
<tr><td colspan="2">103 元/工日</td><td colspan="7">未计价材料费</td><td colspan="5">241.61</td></tr>
<tr><td colspan="9">清单项目综合单价</td><td colspan="5">85.96</td></tr>
<tr><td rowspan="5">材料费明细</td><td colspan="5">主要材料名称、规格、型号</td><td>单位</td><td colspan="2">数量</td><td>单价（元）</td><td>合价（元）</td><td colspan="2">暂估单价（元）</td><td>暂估合价（元）</td></tr>
<tr><td colspan="5">UPVC 管 De110</td><td>m</td><td colspan="2">4.66</td><td></td><td></td><td colspan="2">30</td><td>139.65</td></tr>
<tr><td colspan="5">UPVC 管件 De110</td><td>个</td><td colspan="2">5.66</td><td></td><td></td><td colspan="2">18</td><td>101.96</td></tr>
<tr><td colspan="8">其他材料费</td><td></td><td></td><td colspan="2"></td><td>3.09</td></tr>
<tr><td colspan="8">材料费小计</td><td></td><td></td><td colspan="2"></td><td>244.70</td></tr>
</table>

表 1-5-9

工程量清单综合单价分析表（八）

工程名称：某办公室室内给排水工程　　　　标段：　　　　第 8 页　共 23 页

项目编码	031001006008	项目名称		塑料管					计量单位		m		
清单综合单价组成明细													
定额编号	定额名称	定额单位	数量	单价					合价				
				人工费	材料费	机械费	管理费	利润	人工费	材料费	机械费	管理费	利润
10-1-366	UPVC 管黏结连接 De75	10m	0.33	172.83	4.11	0.04	95.06	55.31	57.03	1.36	0.01	31.37	18.25
人工单价		小计							**57.03**	**1.36**	**0.01**	**31.37**	**18.25**
103 元/工日		未计价材料费							124.66				
清单项目综合单价									70.51				
材料费明细	主要材料名称、规格、型号				单位		数量		单价（元）	合价（元）	暂估单价（元）	暂估合价（元）	
	UPVC 管 De75				m		3.23				25	80.85	
	UPVC 管件 De75				个		2.92				15	43.81	
	其他材料费											1.36	
	材料费小计											126.01	

表 1-5-10

工程量清单综合单价分析表（九）

工程名称：某办公室室内给排水工程　　　　标段：　　　　第 9 页　共 23 页

项目编码	031001006009	项目名称		塑料管					计量单位		m		
清单综合单价组成明细													
定额编号	定额名称	定额单位	数量	单价					合价				
				人工费	材料费	机械费	管理费	利润	人工费	材料费	机械费	管理费	利润
10-1-365	UPVC 管黏结连接 De50	10m	0.83	129.06	2.27	0.04	70.98	41.30	107.12	1.88	0.03	58.92	34.28
人工单价		小计							**107.12**	**1.88**	**0.03**	**58.92**	**34.28**
103 元/工日		未计价材料费							183.26				
清单项目综合单价									46.45				
材料费明细	主要材料名称、规格、型号				单位		数量		单价（元）	合价（元）	暂估单价（元）	暂估合价（元）	
	UPVC 管 De50				m		8.40				15	125.99	
	UPVC 管件 De50				个		5.73				10	57.27	
	其他材料费											1.88	
	材料费小计											185.15	

表 1-5-11

工程量清单综合单价分析表（十）

工程名称：某办公室室内给排水工程　　标段：　　第 10 页　共 23 页

项目编码		031002001001		项目名称		管卡				计量单位		套	
清单综合单价组成明细													
定额编号	定额名称	定额单位	数量	单价					合价				
				人工费	材料费	机械费	管理费	利润	人工费	材料费	机械费	管理费	利润
10-11-13	管卡 DN40	个	5	1.34	0.38		0.74	0.43	6.70	1.90	0.00	3.69	2.14
人工单价		小计							**6.70**	**1.90**	**0.00**	**3.69**	**2.14**
103 元/工日		未计价材料费							52.50				
清单项目综合单价									13.39				
材料费明细	主要材料名称、规格、型号					单位	数量		单价（元）	合价（元）	暂估单价（元）	暂估合价（元）	
	管卡 DN40					个	5.25				10	52.50	
	其他材料费											1.90	
	材料费小计											54.40	

注　管卡数量参考《安装定额》附录 5 相关内容计算。

表 1-5-12

工程量清单综合单价分析表（十一）

工程名称：某办公室室内给排水工程　　标段：　　第 11 页　共 23 页

项目编码		031002001002		项目名称		管卡				计量单位		套	
清单综合单价组成明细													
定额编号	定额名称	定额单位	数量	单价					合价				
				人工费	材料费	机械费	管理费	利润	人工费	材料费	机械费	管理费	利润
10-11-12	管卡 DN32	个	1	1.24	0.38		0.68	0.40	1.24	0.38	0.00	0.68	0.40
人工单价		小计							**1.24**	**0.38**	**0.00**	**0.68**	**0.40**
103 元/工日		未计价材料费							8.40				
清单项目综合单价									11.10				
材料费明细	主要材料名称、规格、型号					单位	数量		单价（元）	合价（元）	暂估单价（元）	暂估合价（元）	
	管卡 DN32					个	1.05				8	8.40	
	其他材料费											0.38	
	材料费小计											8.78	

注　管卡数量参考《安装定额》附录 5 相关内容计算。

表 1-5-13

工程量清单综合单价分析表（十二）

工程名称：某办公室室内给排水工程　　　　标段：　　　　第 12 页　共 23 页

项目编码	031002001003	项目名称	管卡							计量单位		套	
清单综合单价组成明细													
定额编号	定额名称	定额单位	数量	单价					合价				
				人工费	材料费	机械费	管理费	利润	人工费	材料费	机械费	管理费	利润
10-11-11	管卡 DN20	个	10	1.13	0.38		0.62	0.36	11.30	3.80	0.00	6.22	3.62
人工单价		小计							**11.30**	**3.80**	**0.00**	**6.22**	**3.62**
103 元/工日		未计价材料费							52.50				
清单项目综合单价									7.74				
材料费明细	主要材料名称、规格、型号				单位	数量			单价（元）	合价（元）	暂估单价（元）	暂估合价（元）	
	管卡 DN20				个	10.50					5	52.50	
	其他材料费											3.80	
	材料费小计											56.30	

注　管卡数量参考《安装定额》附录 5 相关内容计算。

表 1-5-14

工程量清单综合单价分析表（十三）

工程名称：某办公室室内给排水工程　　　　标段：　　　　第 13 页　共 23 页

项目编码	031002001004	项目名称	管卡							计量单位		套	
清单综合单价组成明细													
定额编号	定额名称	定额单位	数量	单价					合价				
				人工费	材料费	机械费	管理费	利润	人工费	材料费	机械费	管理费	利润
10-11-11	管卡 DN15	个	1	1.13	0.38		0.62	0.36	1.13	0.38	0.00	0.62	0.36
人工单价		小计							**1.13**	**0.38**	**0.00**	**0.62**	**0.36**
103 元/工日		未计价材料费							4.20				
清单项目综合单价									6.69				
材料费明细	主要材料名称、规格、型号				单位	数量			单价（元）	合价（元）	暂估单价（元）	暂估合价（元）	
	管卡 DN15				个	1.05					4	4.20	
	其他材料费											0.38	
	材料费小计											4.58	

注　管卡数量参考《安装定额》附录 5 相关内容计算。

表 1-5-15

工程量清单综合单价分析表（十四）

工程名称：某办公室室内给排水工程　　标段：　　第 14 页　共 23 页

<table>
<tr><td colspan="2">项目编码</td><td colspan="2">031002003001</td><td colspan="2">项目名称</td><td colspan="4">套管</td><td colspan="2">计量单位</td><td colspan="2">个</td></tr>
<tr><td colspan="14">清单综合单价组成明细</td></tr>
<tr><td rowspan="2">定额编号</td><td rowspan="2">定额名称</td><td rowspan="2">定额单位</td><td rowspan="2">数量</td><td colspan="5">单价</td><td colspan="5">合价</td></tr>
<tr><td>人工费</td><td>材料费</td><td>机械费</td><td>管理费</td><td>利润</td><td>人工费</td><td>材料费</td><td>机械费</td><td>管理费</td><td>利润</td></tr>
<tr><td>10-11-27</td><td>钢套管 De63（DN80）</td><td>个</td><td>1</td><td>14.21</td><td>6.01</td><td>0.79</td><td>7.82</td><td>4.55</td><td>14.21</td><td>6.01</td><td>0.79</td><td>7.82</td><td>4.55</td></tr>
<tr><td colspan="2">人工单价</td><td colspan="7">小计</td><td>14.21</td><td>6.01</td><td>0.79</td><td>7.82</td><td>4.55</td></tr>
<tr><td colspan="2">103 元/工日</td><td colspan="7">未计价材料费</td><td colspan="5">19.08</td></tr>
<tr><td colspan="9">清单项目综合单价</td><td colspan="5">52.45</td></tr>
<tr><td rowspan="4">材料费明细</td><td colspan="4">主要材料名称、规格、型号</td><td colspan="2">单位</td><td colspan="2">数量</td><td>单价（元）</td><td>合价（元）</td><td>暂估单价（元）</td><td colspan="2">暂估合价（元）</td></tr>
<tr><td colspan="4">焊接钢管 DN80</td><td colspan="2">m</td><td colspan="2">0.32</td><td></td><td></td><td>60</td><td colspan="2">19.08</td></tr>
<tr><td colspan="8">其他材料费</td><td></td><td></td><td></td><td colspan="2">6.01</td></tr>
<tr><td colspan="8">材料费小计</td><td></td><td></td><td></td><td colspan="2">25.09</td></tr>
</table>

表 1-5-16

工程量清单综合单价分析表（十五）

工程名称：某办公室室内给排水工程　　标段：　　第 15 页　共 23 页

<table>
<tr><td colspan="2">项目编码</td><td colspan="2">031002003002</td><td colspan="2">项目名称</td><td colspan="4">套管</td><td colspan="2">计量单位</td><td colspan="2">个</td></tr>
<tr><td colspan="14">清单综合单价组成明细</td></tr>
<tr><td rowspan="2">定额编号</td><td rowspan="2">定额名称</td><td rowspan="2">定额单位</td><td rowspan="2">数量</td><td colspan="5">单价</td><td colspan="5">合价</td></tr>
<tr><td>人工费</td><td>材料费</td><td>机械费</td><td>管理费</td><td>利润</td><td>人工费</td><td>材料费</td><td>机械费</td><td>管理费</td><td>利润</td></tr>
<tr><td>10-11-32</td><td>钢套管 De160</td><td>个</td><td>1</td><td>58.61</td><td>27.4</td><td>1.32</td><td>32.24</td><td>18.76</td><td>58.61</td><td>27.40</td><td>1.32</td><td>32.24</td><td>18.76</td></tr>
<tr><td colspan="2">人工单价</td><td colspan="7">小计</td><td>58.61</td><td>27.40</td><td>1.32</td><td>32.24</td><td>18.76</td></tr>
<tr><td colspan="2">103 元/工日</td><td colspan="7">未计价材料费</td><td colspan="5">31.80</td></tr>
<tr><td colspan="9">清单项目综合单价</td><td colspan="5">170.12</td></tr>
<tr><td rowspan="4">材料费明细</td><td colspan="4">主要材料名称、规格、型号</td><td colspan="2">单位</td><td colspan="2">数量</td><td>单价（元）</td><td>合价（元）</td><td>暂估单价（元）</td><td colspan="2">暂估合价（元）</td></tr>
<tr><td colspan="4">无缝钢管 D219×6</td><td colspan="2">m</td><td colspan="2">0.32</td><td></td><td></td><td>100</td><td colspan="2">31.80</td></tr>
<tr><td colspan="8">其他材料费</td><td></td><td></td><td></td><td colspan="2">27.40</td></tr>
<tr><td colspan="8">材料费小计</td><td></td><td></td><td></td><td colspan="2">59.20</td></tr>
</table>

表 1-5-17

工程量清单综合单价分析表（十六）

工程名称：某办公室室内给排水工程　　标段：　　第 16 页　共 23 页

项目编码		031003005001		项目名称		塑料阀门				计量单位		个	
清单综合单价组成明细													
定额编号	定额名称	定额单位	数量	单价					合价				
				人工费	材料费	机械费	管理费	利润	人工费	材料费	机械费	管理费	利润
10-5-96	塑料阀门 DN40	个	1	11.33	0.23		6.23	3.63	11.33	0.23	0.00	6.23	3.63
人工单价		小计							**11.33**	**0.23**	**0.00**	**6.23**	**3.63**
103 元/工日		未计价材料费							80.80				
清单项目综合单价									102.22				
材料费明细	主要材料名称、规格、型号				单位		数量		单价（元）	合价（元）	暂估单价（元）	暂估合价（元）	
	塑料阀门 DN40				个		1.01				80	80.80	
	其他材料费											0.23	
	材料费小计											81.03	

表 1-5-18

工程量清单综合单价分析表（十七）

工程名称：某办公室室内给排水工程　　标段：　　第 17 页　共 23 页

项目编码		031003005002		项目名称		塑料阀门				计量单位		个	
清单综合单价组成明细													
定额编号	定额名称	定额单位	数量	单价					合价				
				人工费	材料费	机械费	管理费	利润	人工费	材料费	机械费	管理费	利润
10-5-93	塑料阀门 DN20	个	2	5.15	0.11		2.83	1.65	10.30	0.22	0.00	5.67	3.30
人工单价		小计							**10.30**	**0.22**	**0.00**	**5.67**	**3.30**
103 元/工日		未计价材料费							60.60				
清单项目综合单价									40.04				
材料费明细	主要材料名称、规格、型号				单位		数量		单价（元）	合价（元）	暂估单价（元）	暂估合价（元）	
	塑料阀门 DN20				个		2.02				30	60.60	
	其他材料费											0.22	
	材料费小计											60.82	

表 1-5-19

工程量清单综合单价分析表（十八）

工程名称：某办公室室内给排水工程　　标段：　　第 18 页　共 23 页

项目编码	031004006001	项目名称	大便器								计量单位		组
清单综合单价组成明细													
定额编号	定额名称	定额单位	数量	单价					合价				
				人工费	材料费	机械费	管理费	利润	人工费	材料费	机械费	管理费	利润
10-6-35	手压阀蹲便器	10 组	0.5	491.62	444.25		270.39	157.32	245.81	222.13	0.00	135.20	78.66
人工单价		小计							**245.81**	**222.13**	**0.00**	**135.20**	**78.66**
103 元/工日		未计价材料费							2525.00				
清单项目综合单价									641.36				

材料费明细	主要材料名称、规格、型号	单位	数量	单价（元）	合价（元）	暂估单价（元）	暂估合价（元）
	手压阀蹲便器	组	5.05			500	2525.00
	其他材料费						222.13
	材料费小计						2747.13

表 1-5-20

工程量清单综合单价分析表（十九）

工程名称：某办公室室内给排水工程　　标段：　　第 19 页　共 23 页

项目编码	031004014001	项目名称	给排水附件								计量单位		个
清单综合单价组成明细													
定额编号	定额名称	定额单位	数量	单价					合价				
				人工费	材料费	机械费	管理费	利润	人工费	材料费	机械费	管理费	利润
10-6-81	塑料水龙头 DN15	10 个	0.3	26.78	20.6		14.73	8.57	8.03	6.18	0.00	4.42	2.57
人工单价		小计							**8.03**	**6.18**	**0.00**	**4.42**	**2.57**
103 元/工日		未计价材料费							60.60				
清单项目综合单价									27.27				

材料费明细	主要材料名称、规格、型号	单位	数量	单价（元）	合价（元）	暂估单价（元）	暂估合价（元）
	塑料水龙头 DN15	个	3.03			20	60.60
	其他材料费						6.18
	材料费小计						66.78

表 1-5-21

工程量清单综合单价分析表（二十）

工程名称：某办公室室内给排水工程　　　　标段：　　　　第 20 页　共 23 页

项目编码	031004014002	项目名称	给排水附件	计量单位	个

清单综合单价组成明细

定额编号	定额名称	定额单位	数量	单价					合价				
				人工费	材料费	机械费	管理费	利润	人工费	材料费	机械费	管理费	利润
10-6-85	塑料排水栓 DN40	10 组	0.1	179.22	93.04		98.57	57.35	17.92	9.30	0.00	9.86	5.74
人工单价		小计							**17.92**	**9.30**	**0.00**	**9.86**	**5.74**
103 元/工日		未计价材料费							36.30				
清单项目综合单价									79.12				

材料费明细	主要材料名称、规格、型号	单位	数量	单价（元）	合价（元）	暂估单价（元）	暂估合价（元）
	塑料排水栓带存水弯 DN40	组	1.01			30	30.30
	塑料排水管 DN50	m	0.40			15	6.00
	其他材料费						9.30
	材料费小计						45.60

表 1-5-22

工程量清单综合单价分析表（二十一）

工程名称：某办公室室内给排水工程　　　　标段：　　　　第 21 页　共 23 页

项目编码	031004014003	项目名称	给排水附件	计量单位	个

清单综合单价组成明细

定额编号	定额名称	定额单位	数量	单价					合价				
				人工费	材料费	机械费	管理费	利润	人工费	材料费	机械费	管理费	利润
10-6-90	塑料地漏 DN50	10 个	0.5	120.82	1.51		66.45	38.66	60.41	0.76	0.00	33.23	19.33
人工单价		小计							**60.41**	**0.76**	**0.00**	**33.23**	**19.33**
103 元/工日		未计价材料费							75.75				
清单项目综合单价									37.89				

材料费明细	主要材料名称、规格、型号	单位	数量	单价（元）	合价（元）	暂估单价（元）	暂估合价（元）
	塑料地漏 DN50	个	5.05			15	75.75
	其他材料费						0.76
	材料费小计						76.51

表 1-5-23

工程量清单综合单价分析表（二十二）

工程名称：某办公室室内给排水工程　　标段：　　第 22 页　共 23 页

项目编码	031004014004	项目名称	给排水附件	计量单位	个

定额编号	定额名称	定额单位	数量	单价 人工费	单价 材料费	单价 机械费	单价 管理费	单价 利润	合价 人工费	合价 材料费	合价 机械费	合价 管理费	合价 利润
10-6-100	塑料地面扫除口 DN100	10 个	0.1	91.67	2.74		50.42	29.33	9.17	0.27	0.00	5.04	2.93
人工单价		小计							**9.17**	**0.27**	**0.00**	**5.04**	**2.93**
103 元/工日		未计价材料费							50.50				
清单项目综合单价									67.92				

材料费明细	主要材料名称、规格、型号	单位	数量	单价（元）	合价（元）	暂估单价（元）	暂估合价（元）
	塑料地面扫除口 DN100	个	1.01			50	50.50
	其他材料费						0.27
	材料费小计						50.77

表 1-5-24

工程量清单综合单价分析表（二十三）

工程名称：某办公室室内给排水工程　　标段：　　第 23 页　共 23 页

项目编码	031004015001	项目名称	小便槽冲洗管	计量单位	m

定额编号	定额名称	定额单位	数量	单价 人工费	单价 材料费	单价 机械费	单价 管理费	单价 利润	合价 人工费	合价 材料费	合价 机械费	合价 管理费	合价 利润
10-6-109	塑料小便槽冲洗管制作安装 De20	10m	0.4	609.76	85.62	3.47	335.37	195.12	243.90	34.25	1.39	134.15	78.05
人工单价		小计							**243.90**	**34.25**	**1.39**	**134.15**	**78.05**
103 元/工日		未计价材料费							65.28				
清单项目综合单价									139.25				

材料费明细	主要材料名称、规格、型号	单位	数量	单价（元）	合价（元）	暂估单价（元）	暂估合价（元）
	塑料小便槽冲洗管 De20	m	4.08			16	65.28
	其他材料费						34.25
	材料费小计						99.53

（三）分部分项工程和单价措施项目清单计价表（见表 1-5-25）

表 1-5-25 分部分项工程和单价措施项目清单计价表

工程名称：某办公室给排水工程 第 1 页 共 1 页

序号	项目编码	项目名称	项目特征描述	计量单位	工程量	金额（元）			
						综合单价	合价	其中：人工费	其中：暂估价
1	031001006001	塑料管	室内给水工程，PPR 管 De63，热熔连接，水压试验和消毒冲洗	m	4.2	67.12	281.90	75.27	139.89
2	031001006002	塑料管	室内给水工程，PPR 管 De50，热熔连接，水压试验和消毒冲洗	m	7.2	61.64	443.83	121.61	214.36
3	031001006003	塑料管	室内给水工程，PPR 管 De40，热熔连接，水压试验和消毒冲洗	m	0.9	55.01	49.51	13.15	24.67
4	031001006004	塑料管	室内给水工程，PPR 管 De25，热熔连接，水压试验和消毒冲洗	m	9.3	47.06	437.67	111.63	227.27
5	031001006005	塑料管	室内给水工程，PPR 管 De20，热熔连接，水压试验和消毒冲洗	m	0.8	42.93	34.34	8.74	17.87
6	031001006006	塑料管	室内排水工程，UPVC 管 De160，黏结连接，闭水和通球试验	m	2.6	102.22	265.78	70.62	129.74
7	031001006007	塑料管	室内排水工程，UPVC 管 De110，黏结连接，闭水和通球试验	m	4.9	85.96	421.22	94.38	241.61
8	031001006008	塑料管	室内排水工程，UPVC 管 De75，黏结连接，闭水和通球试验	m	3.3	70.51	232.68	57.03	124.66
9	031001006009	塑料管	室内排水工程，UPVC 管 De50，黏结连接，闭水和通球试验	m	8.3	46.45	385.50	107.12	183.26
10	031002001001	管卡	钢制管卡，DN40	套	5	13.39	66.93	6.70	52.50
11	031002001002	管卡	钢制管卡，DN32	套	1	11.10	11.10	6.70	8.40
12	031002001003	管卡	钢制管卡，DN20	套	10	7.74	77.43	11.30	52.50
13	031002001004	管卡	钢制管卡，DN15	套	1	6.69	6.69	1.13	4.20
14	031002003001	套管	钢套管，室内给水工程，介质规格 De63（套管规格 DN80）	个	1	52.45	52.45	14.21	19.08
15	031002003002	套管	钢套管，室内排水工程，介质规格 De160（套管规格 D219）	个	1	170.12	170.12	58.61	31.80
16	031003005001	塑料阀门	DN40，承口热熔连接	个	1	102.22	102.22	11.33	80.80
17	031003005002	塑料阀门	DN20，承口热熔连接	个	2	40.04	80.08	10.30	60.60

续表

序号	项目编码	项目名称	项目特征描述	计量单位	工程量	金额（元）			
						综合单价	合价	其中：人工费	其中：暂估价
18	031004006001	大便器	陶瓷，手压阀蹲便器，成组安装	组	5	641.36	3206.79	245.81	2525.00
19	031004014001	给排水附件	塑料水龙头，DN15，热熔连接	个	3	27.27	81.80	8.03	60.60
20	031004014002	给排水附件	塑料排水栓，DN40	个	1	79.12	79.12	17.92	36.30
21	031004014003	给排水附件	塑料地漏，DN50	个	5	37.89	189.47	60.41	75.75
22	031004014004	给排水附件	塑料地面扫除口，DN100	个	1	67.92	67.92	9.17	50.50
23	031004015001	小便槽冲洗管	PPR 管，De20	m	4	139.25	557.02	243.90	65.28
合计							**7301.57**	**1365.09**	**4426.65**

（四）总价措施项目清单与计价表（见表 1-5-26）

表 1-5-26　　总价措施项目清单与计价表

工程名称：某办公室给排水工程　　标段：　　第 1 页　共 1 页

序号	项目编码	项目名称	计算基础	费率（%）	金额（元）	调整费率（%）	调整后金额（元）	备注
1	031302002001	夜间施工费	1365.09	2.50%×[1+50%×（55%+32%）]	48.97			
2	031302004001	二次搬运费	1365.09	2.10%×[1+40%×（55%+32%）]	38.64			
3	031302005001	冬雨季施工增加费	1365.09	2.80%×[1+40%×（55%+32%）]	51.52			
4	031302006001	已完工程及设备保护费	1365.09	1.20%×[1+25%×（55%+32%）]	19.94			
5	031301017001	脚手架搭拆费	1365.09	5%×[1+35%×（55%+32%）]	89.04			
合计					**248.12**			

编制人（造价人员）：××　　复核人（造价工程师）：××

注　1. 计算基础为分部分项工程和单价措施项目费中的合计人工费。
　　2. 各项目费用计算参照式（1-5-5）

（五）其他项目清单与计价汇总表（见表 1-5-27）

表 1-5-27　　其他项目清单汇总表

工程名称：某办公室室内给排水工程　　标段：　　第 1 页　共 1 页

序号	项目名称	金额（元）	结算金额（元）	备注
1	暂列金额			
2	暂估价	4426.65		
2.1	材料暂估价	4426.65		

续表

序号	项目名称	金额（元）	结算金额（元）	备注
2.2	专业工程暂估价			
3	计日工			
4	总承包服务费			
合计				

注 材料（工程设备）暂估单价进入清单项目综合单价，此处不汇总。

（六）规费、税金项目计价表（见表 1-5-28）

表 1-5-28 规费、税金项目计价表

工程名称：某办公室给排水工程　　标段：　　第 1 页 共 1 页

序号	项目名称	计算基础	计算基数	计算费率（%）	金额（元）
1	规费	1.1+1.2+1.3+1.4+1.5	375.97+21.14+114.76+16.61+7.93		536.41
1.1	安全文明施工费	分部分项和单价措施费+总价措施费+其他项目费	7301.57+248.12	4.98	375.97
1.2	工程排污费		7301.57+248.12	0.28	21.14
1.3	社会保险费		7301.57+248.12	1.52	114.76
1.4	住房公积金		7301.57+248.12	0.22	16.61
1.5	建设项目工伤保险		7301.57+248.12	0.105	7.93
2	税金	分部分项和单价措施费+总价措施费+其他项目费+规费	7301.57+248.12+536.41	9	727.75
合计					1264.15

编制人（造价人员）：×× 复核人（造价工程师）：××

（七）单位工程投标报价汇总表（见表 1-5-29）

表 1-5-29 单位工程投标报价汇总表

工程名称：某办公室给排水工程　　标段：　　第 1 页 共 1 页

序号	汇总内容	金额（元）	其中：暂估价（元）
一	分部分项工程及单价措施项目费	7301.57	4426.65
二	总价措施项目费	248.12	
1	夜间施工费	48.97	
2	二次搬运费	38.64	
3	冬雨季施工增加费	51.52	
4	已完工程及设备保护费	19.94	
5	脚手架搭拆费	89.04	
三	其他项目费		
1	暂列金额		

续表

序号	汇总内容	金额（元）	其中：暂估价（元）
2	暂估价		
3	计日工		
4	总承包服务费		
四	规费	536.41	
1	安全文明施工费	375.97	
2	工程排污费	21.14	
3	社会保障费	114.76	
4	住房公积金	16.61	
5	建设项目工伤保险	7.93	
五	税金	727.75	
投标报价合计=一+二+三+四+五		**8813.85**	**4426.65**

（八）投标总价封面（《计价规范》附录 B 封-3）（见表 1-5-30）

表 1-5-30

某办公室室内给排水工程

投 标 总 价

投　标　人：×××

（单位盖章）

×× 年 ××月 ×× 日

（九）投标总价扉页（《计价规范》附录 C 扉-3）（见表 1-5-31）

表 1-5-31

投 标 总 价

招　　标　　人：　×××

工　程　名　称：　某办公室室内给排水工程

投标总价（小写）：　8813.85　元

（大写）：捌仟捌佰壹拾叁元捌角伍分

投　标　人：　×××

（单位盖章）

法定代表人

或其授权人：　×××

（签字或盖章）

编　制　人：　×××

（造价人员签字盖专用章）

编 制 时 间：　××年××月××日

七、任务总结

通过上述任务的学习，学到哪些知识？还存在哪些疑问？

八、任务拓展

（一）定额计价模式与工程量清单计价模式的比较（见表 1-5-32）

表 1-5-32　定额计价模式与工程量清单计价模式的比较

计价模式	计价内容	编制依据	成果名称	编制人	备注
定额计价模式	定额计量	《安装定额》	工程量	招标方、投标方	量价结合
	定额计价（施工图预算）	《价目表》《费用标准》《工程造价信息》——材料价格	标底	招标方	
			投标报价	投标方	
工程量清单计价模式	清单计量	《计价规范》《计量规范》	工程量清单	招标方	量价分离
	清单计价	《价目表》《费用标准》《造价信息》——材料价格	招标控制价	招标方	
		自主定价、市场价格、《费用标准》《工程造价信息》——材料价格	投标报价	投标方	

（二）定额计价模式与工程量清单计价模式的区别（见表 1-5-33）

表 1-5-33　清单计价与定额计价的区别

项目	清单计价	定额计价
适用范围不同	全部使用国有资金投资或国有资金投资为主的建设工程项目必须实行清单计价。 采用工程量清单招标的，应用综合单价法计价	非招标工程既可采用工程量清单综合单价计价，也可采用定额工料单价法计价。 采用施工图预算计价的应按工料单价法计价

续表

项目	清单计价	定额计价
计价方法不同	综合单价法计价：是指项目单价采用全费用单价（不含规费、税金）的一种计价方法	工料单价法：是指项目单价由人工费、材料费、施工机械使用费组成，施工组织措施费、企业管理费、利润、规费、税金、风险费等按规定程序另行计算的一种计价方法
项目划分不同	基本以一个“综合实体”考虑，一般一个项目包括多项工程内容	项目所含内容相对单一，一般一个项目只包括一项工程内容
工程量计算规则不同	工程量计算规则必须按照国家标准《计量规范》规定执行，实行全国统一	各地制定的，在本地区域内统一，具有局限性
采用的消耗量标准不同	工程量清单计价模式下，投标人计价时应采用投标人自己的企业定额。 企业定额是施工企业根据本企业的施工技术和管理水平，以及有关工程造价资料制定的，并供本企业使用的人工、材料、机械台班消耗量。消耗量标准体现投标人个体水平，并且是动态的	定额计价模式下，投标人计价时须统一采用消耗量定额。 消耗量定额是指由建设行政主管部门根据合理的施工组织设计，按照正常条件下制定的，生产一个规定计量单位工程合格产品所需人工、材料、机械台班等的社会平均消耗量。消耗量水平反映的是社会平均水平，是静态的，不反映具体工程中承包人个体之间的变化
风险分担不同	工程量清单由招标人提供，一般情况下，各投标人无需再计算工程量，招标人承担工程量计算风险，投标人则承担单价风险	定额计价模式下的招投标工程，工程数量由各投标人自行计算，工程量计算风险和单价风险均由投标人承担

（三）本项目案例工程量清单与定额计价对照表（见表 1-5-34）

表 1-5-34　　工程量清单与定额计价对照表

项目名称：某办公室给排水工程

序号	项目编码	项目名称	项目特征描述	计量单位	可组合内容	定额编号
1	031001006001	塑料管	室内给水工程，PPR 管 De63，热熔连接，水压试验和消毒冲洗	m	PPR 管 De63	10-1-328
					给水管消毒冲洗 DN50 内	10-11-141
2	031001006002	塑料管	室内给水工程，PPR 管 De50，热熔连接，水压试验和消毒冲洗	m	PPR 管 De50	10-1-327
					给水管消毒冲洗 DN50 内	10-11-141
3	031001006003	塑料管	室内给水工程，PPR 管 De40，热熔连接，水压试验和消毒冲洗	m	PPR 管 De40	10-1-326
					给水管消毒冲洗 DN50 内	10-11-141
4	031001006004	塑料管	室内给水工程，PPR 管 De25，热熔连接，水压试验和消毒冲洗	m	PPR 管 De25	10-1-324
					给水管消毒冲洗 DN50 内	10-11-141
5	031001006005	塑料管	室内给水工程，PPR 管 De20，热熔连接，水压试验和消毒冲洗	m	PPR 管 De20	10-1-323
					给水管消毒冲洗 DN50 内	10-11-141
6	031001006006	塑料管	室内排水工程，UPVC 管 De160，黏结连接，闭水和通球试验	m	UPVC 管 De160	10-1-368
7	031001006007	塑料管	室内排水工程，UPVC 管 De110，黏结连接，闭水和通球试验	m	UPVC 管 De110	10-1-367

续表

序号	项目编码	项目名称	项目特征描述	计量单位	可组合内容	定额编号
8	031001006008	塑料管	室内排水工程，UPVC 管 De75，黏结连接，闭水和通球试验	m	UPVC 管 De75	10-1-366
9	031001006009	塑料管	室内排水工程，UPVC 管 De50，黏结连接，闭水和通球试验	m	UPVC 管 De50	10-1-365
10	031002001001	管卡	钢制管卡，DN40	套	给水管卡 DN40	10-11-13
11	031002001002	管卡	钢制管卡，DN32	套	给水管卡 DN32	10-11-12
12	031002001003	管卡	钢制管卡，DN20	套	给水管卡 DN20	10-11-11
13	031002001004	管卡	钢制管卡，DN15	套	给水管卡 DN15	10-11-11
14	031002003001	套管	钢套管，室内给水工程，介质规格 De63（套管规格 DN80）	个	给水管钢套管 DN50	10-11-27
15	031002003002	套管	钢套管，室内排水工程，介质规格 De160（套管规格 D219）	个	排水管钢套管 DN150	10-11-32
16	031003005001	塑料阀门	DN40，承口热熔连接	个	塑料阀门 DN40	10-5-96
17	031003005002	塑料阀门	DN20，承口热熔连接	个	塑料阀门 DN20	10-5-93
18	031004006001	大便器	陶瓷，手压阀蹲便器，成组安装	组	手压阀蹲便器	10-6-35
19	031004014001	给排水附件	塑料水龙头，DN15,热熔连接	个	水龙头 DN15	10-6-81
20	031004014002	给排水附件	塑料排水栓，DN40	个	排水栓 DN40	10-6-85
21	031004014003	给排水附件	塑料地漏，DN50	个	塑料地漏 DN50	10-6-90
22	031004014004	给排水附件	塑料地面扫除口，DN100	个	塑料地面扫除口 DN100	10-6-100
23	031004015001	小便槽冲洗管	PPR 管，De20	m	塑料小便槽冲洗管 De20	10-6-109

九、知识测试与能力训练

（1）工程量清单招标控制价由谁编制？招标控制价有什么作用？

（2）工程量清单计价的依据有哪些？

（3）综合单价分析表如何编写？

（4）工程量清单中的材料暂估价在综合单价分析表中如何处理？

（5）综合单价分析表中参考的定额子目根据什么确定？

（6）定额计价和清单计价的主要区别？

（7）综合单价的编制？

综合单价的编制答案

以表 1-5-35“某室内给排水管道工程量清单表”及表 1-5-36“消耗量定额相关数据表”为依据，按一般计税方式，计算清单综合单价，填入表 1-5-37。根据分部分项工程工程量清单及《安装定额》《价目表》第十册及相关资料编制。本案例选择管理费率为 51%，利润率为 32%。

表 1-5-35　　某室内给排水管道工程量清单表

工程名称：某室内给排水工程管道安装　　标段：　　第　页　共　页

序号	项目编码	项目名称	项目特征	计量单位	工程量	金额		
						综合单价	合价	其中：暂估价
1	031001007001	复合管	1．安装部位：室内 2．介质：给水 3．规格、压力等级：DN50、0.6MPa 4．连接形式：螺纹连接 5．压力试验及吹、洗设计要求：水压试验、水冲洗、消毒冲洗	m	29.20			

表 1-5-36　　消耗量定额相关数据表

定额编号	项目名称	计量单位	安装单价（元）			主材	单价	消耗量
			人工费	材料费	机械费			
10-1-444	复合钢管螺纹连接 DN50	10m	259.77	88.41	10.66	复合钢管	30 元/m	10.02m
						复合钢管管件	15 元/个	6.61 个
10-11-122	管道水压试验≤DN50	100m	214.44	10.93	17.98			
10-11-140	管道消毒、冲洗≤DN50	100m	53.56	5.29	—			

表 1-5-37　　综合单价分析表

工程名称：　　标段：　　第　页　共　页

项目编码			项目名称					计量单位				
清单综合单价组成明细												
定额编号	定额名称	定额单位	数量	单价（元）					合价（元）			
				人工费	材料费	机械费	管理费	利润	人工费	材料费	机械费	管理费	利润
人工单价	小计												
元/工日	未计价材料费												
清单项目综合单价													
材料费明细	主要材料名称、规格、型号		单位	数量					单价（元）	合价（元）	暂估单价（元）	暂估合价（元）
	其他材料费												
	材料费小计												

（8）总价措施项目清单的计价

某工程总费用为 2000000 元，省价人工费总额为 300000 元，由于工程性质，采用夜间施工。夜间施工按人工费的 2.5%计取，已完工程及设备保护按人工费的 1.2%计取，试根据《计量规范》附录 N 措施项目（本教材附录 5-4）及本项目任务四、任务五相关内容，编制措施项目工程量清单计价，填入表 1-5-38。

总价措施费编制答案

表 1-5-38　　总价措施项目工程量清单与计价表

工程名称：　　　　标段：　　　　第　页 共　页

序号	项目编码	项目名称	计算基础	费率（%）	金额（元）	调整费率（%）	调整后金额（元）	备注
		合计						

项目二　建筑采暖工程

一、项目学习目标

通过对建筑采暖工程案例的分析，利用对工程识图、施工、计量计价等相关知识的熟悉与了解，全面系统地掌握针对一个具体任务工程造价的编制方法。

二、项目知识目标

（1）了解建筑采暖工程施工图的主要内容、图例与识图方法。

（2）了解建筑采暖工程常用材料、设备等的安装方法。

（3）掌握工程量清单、招标控制价或投标报价的编制内容和程序。

三、项目能力目标

（1）能够熟练识读采暖工程施工图。

（2）能够根据施工图、定额等资料，编制建筑采暖工程施工图预算。

（3）能够依据相关材料，编制工程量清单。

（4）能够根据工程量清单，编制招标控制价或投标报价。

任务一　建筑采暖工程识图

一、引导问题

（1）建筑采暖工程常用图例有哪些？

（2）建筑采暖工程施工图包括哪些内容？

（3）建筑采暖工程施工图如何识读？

二、任务说明

某办公楼采暖工程系统图，如图 2-1-1 所示。

（一）施工图设计说明

（1）本图为办公楼的部分热水采暖系统图，单管垂直上供下回型式。图中尺寸标高以“m”计，其余均以“mm”计。

（2）管道采用焊接钢管，DN80 连接采用电弧焊，DN≤25 采用螺纹连接，未标注支管管径为 DN20。DN80 法兰阀门，采用平焊法兰连接，DN≤25 阀门采用螺纹连接。地下管道均在地沟内支架（角钢∠50×50×5）敷设；地上管道明装安装，供水干管沿支架（角钢∠50×50×5）敷设，立、支管管卡安装。管道穿墙壁和楼板处设置钢套管，套管与管壁间隙用油麻填实，灰浆抹平。系统安装完毕，做水压试验，试验压力 0.65MPa。供回水管用清水冲洗，冲洗完毕应冲水、加热，进行试运行和调试。

（3）散热器为成品钢制板式散热器（H500×1000），挂装，如图 2-1-2 所示。散热器连接立管顶部及根部均设一阀门，每组散热器设一手动放风阀（手动跑风）。

（4）管道表面人工除轻锈后，均刷红丹防锈漆一遍。明装管道刷银粉二遍，地沟管道用岩棉管壳（厚度 δ=30mm）保温，外缠玻璃丝布一道，玻璃丝布外刷冷底子油一遍。

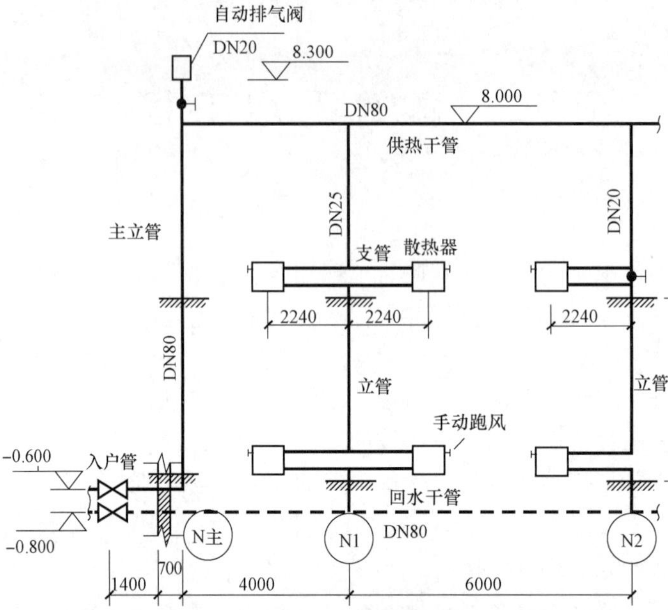

图 2-1-1　某办公楼采暖工程系统图

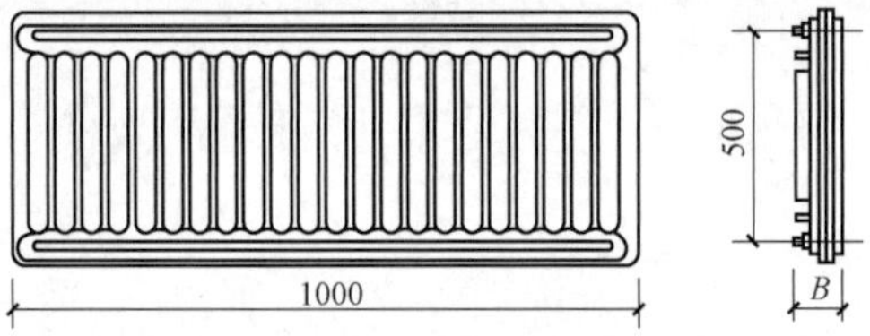

图 2-1-2　钢制板式散热器（H500×1000）大样图

（5）本说明未述及之处，按国家有关施工验收规范执行。

（6）主要材料价格见表 2-1-1。

表 2-1-1　　主要材料（主材）价格

序号	名称	规格型号	单位	单价（元）	序号	名称	规格型号	单位	单价（元）
1	焊接钢管	DN125	m	30.00	12	法兰阀	DN80	个	250.00
2	焊接钢管	DN80	m	15.00	13	螺纹阀	DN25	个	30.00
3	焊接钢管	DN50	m	12.00	14	螺纹阀	DN20	个	25.00
4	焊接钢管	DN25	m	8.00	15	平焊法兰	DN80	片	25.00
5	焊接钢管	DN20	m	5.00	16	岩棉管壳	30mm	m^3	500.00
6	散热器	H500×1000	组	300.00	17	玻璃丝布		m^2	10.00
7	自动排气阀	DN20	个	40.00	18	角钢	∠50×50×5	kg	5.00
8	手动放风阀	∮10	个	1.50	19	管卡	DN80	个	10.00
9	管件	DN80	个	20.00	20	管卡	DN25	个	4.00
10	管件	DN25	个	5.00	21	管卡	DN20	个	3.00
11	管件	DN20	个	4.00					

（二）施工图识读的目标

根据施工图，完成以下工作：

（1）识读采暖工程施工图，请核查图纸是否齐全。图纸包括设计说明、平面图、系统图等。

（2）查看采暖工程的分类及系统走向，确定室内外管道界限的划分；采暖工程管道材质的种类、连接方式；弄清采暖供水管和回水管的走向、位置；分别查明供水干管、回水干管、立管、支管的位置与走向。

（3）确定管道是否需要进行水压试验及管道刷油防腐保温等情况。

（4）查找采暖工程中管道是否需要安装套管、支架、管卡，以及它们布置方式及刷油防腐方式。

（5）查明散热器、各种阀门等的类型、数量、安装位置。

三、任务要求

（1）熟悉建筑采暖工程常用图例。

（2）熟悉采暖工程施工图的内容。

（3）掌握采暖工程施工图的识图方法。

四、知识链接

（一）建筑采暖工程组成和区域划分

采暖工程的基本任务是把热量送到冬季寒冷的房间内，使室内温度适宜。建筑采暖工程主要指的是建筑物内部（室内）的采暖系统。

1. 采暖工程的区域划分

如图 2-1-3 所示，管道的界限划分：①室内外管道以建筑物外墙皮 1.5m 为界；建筑物入口处设阀门者以阀门为界，室外设有采暖入口装置者以入口装置循环管三通为界。②与工业管道界限以锅炉房或热力站外墙皮 1.5m 为界。③与设在建筑物内的换热站管道以站房外墙皮为界。如果采用区域集中供暖方式，室外采暖管道与市政管网的分界点在与市政管道的碰头点。

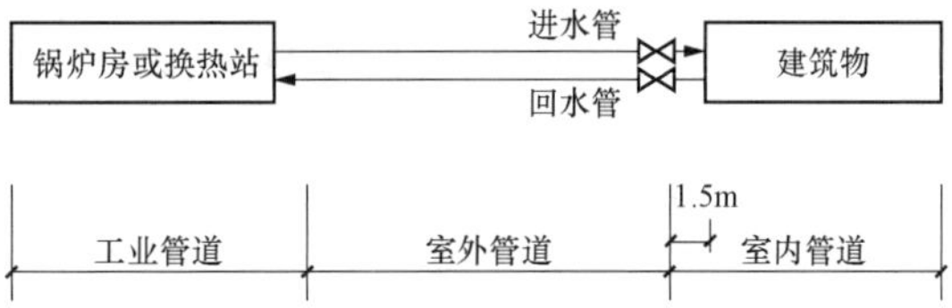

图 2-1-3 采暖工程的区域划分

2. 建筑采暖工程的分类

采暖系统根据不同的特征，有各种不同的分类方法。

（1）按热媒分类：按采暖系统采用的热媒分类，分为热水采暖系统和蒸汽采暖系统。

（2）按照使用和计量分类：按照使用和计量的区别主要分为集中采暖系统和分户计量系统。

（3）按照不同的散热方式分类：主要有对流散热（散热器）和辐射散热（地暖）两种方式。

3. 建筑采暖工程的组成

采暖系统是由热源（热媒制备）、热网（热媒传送）和散热设备（热媒利用）三个主要部分组成。

室内集中采暖系统（以热水采暖系统为例）一般由入户管、主立管、水平干管、支立管、散热器横支管、散热器、排气装置、阀门等组成。热水由采暖入口经立管、水平干管、散热器供水支管进入散热器，放出热量后经散热器回水支管、水平干管、立管、回水管流出系统。排气装置用于排除系统内的空气，阀门起调节和启闭作用，如图 2-1-4 所示。

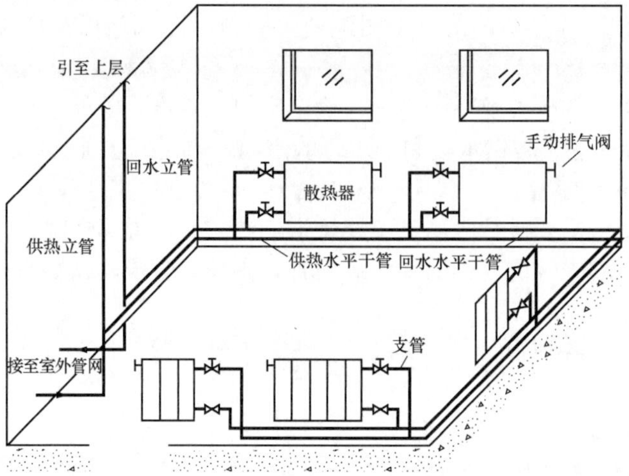

图 2-1-4 集中采暖系统的室内组成

分户计量低温热水地面辐射采暖系统，一般由入户管、立管、水平管、集（分）水器、地暖管、计量表、排气装置、阀门、过滤装置等组成，如图 2-1-5 所示。

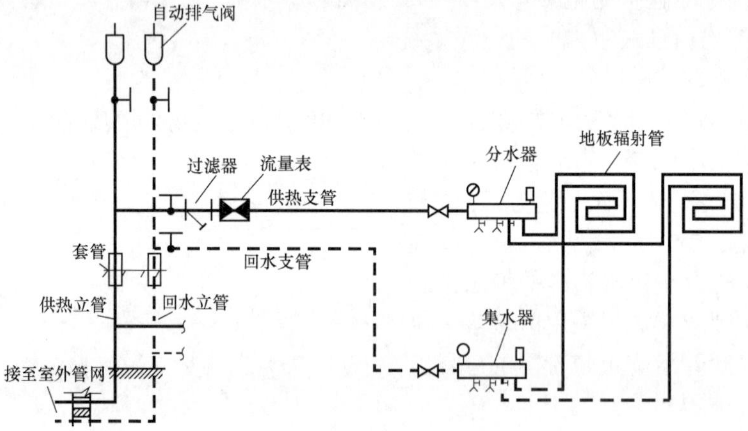

图 2-1-5 分户计量低温地面辐射采暖系统的组成

（二）建筑采暖工程施工图的主要内容

建筑采暖施工图的主要内容（以集中热水采暖系统为例）与室内给排水施工图一样，采暖施工图由设计说明、平面图、系统图、详图和设备材料表组成，其管径、标高、坡度等标注方式与建筑给排水基本一致。

1. 设计说明

设计图纸上用图或符号表达不清楚的问题，或用文字能更简单明了表达清楚的问题，应用文字加以说明。主要内容包括建筑物的采暖面积；采暖系统的热源种类、热媒参数、系统总热负荷；系统形式；散热器型式及安装方式；管材种类及连接方式；管道防腐、保温的做法；所采用标准图号及名称；施工注意事项，施工验收应达到的质量要求；系统的试压要求以及有关图例等。

2. 平面图

平面图是施工图的主要部分，采用的比例与建筑图相同。平面图所表达的内容主要包括：与采暖有关的建筑物轮廓，包括建筑物墙体，主要的轴线及轴线编号，尺寸线等；采暖系统主要设备（集气罐、补偿器等）的平面位置；干管、立管、支管的位置和立管编号；散热器的位置、片数；采暖地沟的位置等。平面图中管道用粗线（粗实线、粗虚线）表示，其余均用细线表示。平面图上散热器及供回水管道画法，如图 2-1-6、图 2-1-7 所示。

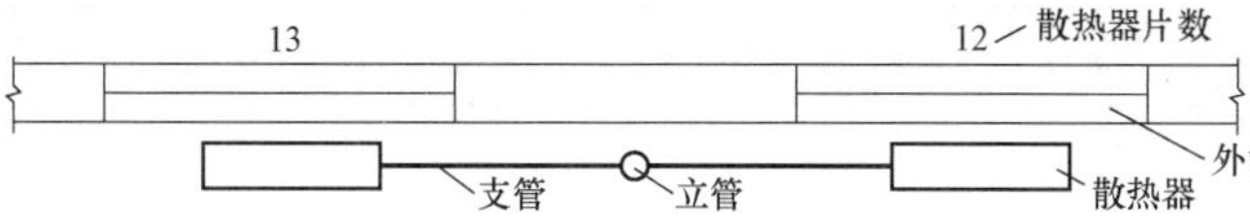

图 2-1-6 平面图上散热器画法

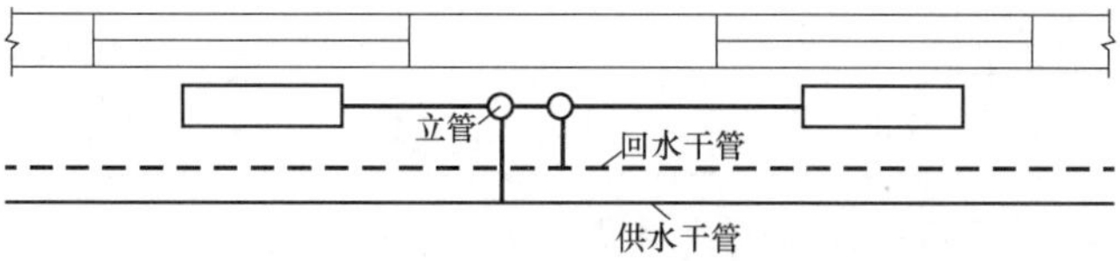

图 2-1-7 散热器供回水管道画法

3. 系统图

表示采暖系统中管道、附件及散热器的空间位置及空间走向。管道与管道之间连接方式，散热器与管道的连接方式，立管编号，各管道的管径和坡度，散热器的片数，供回水干管的标高，集气罐（或自动排气阀）、疏水器、减压阀等设置位置和标高等。系统图上各立管的编号和平面图上一一对应，散热器的片数也应与平面图完全对应，如图 2-1-8、图 2-1-9 所示。

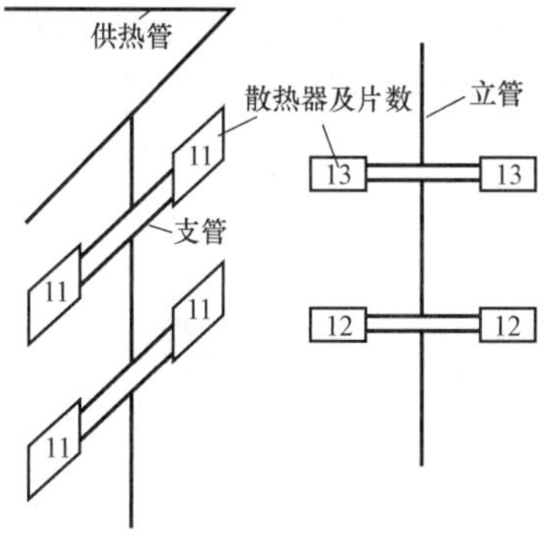

图 2-1-8 系统图散热器画法及标注

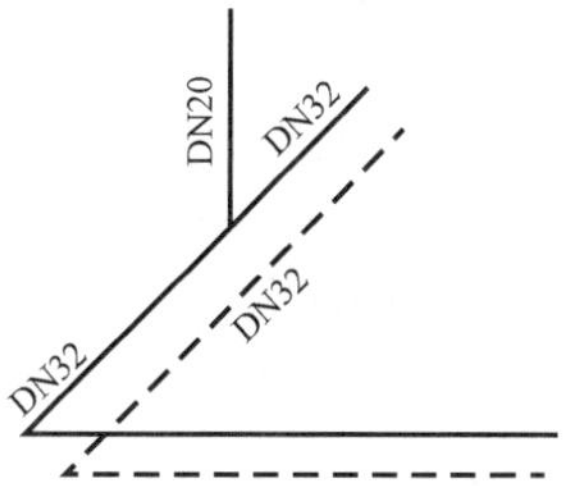

图 2-1-9 系统图管径的标注

4. 详图（节点大样图）

某些设备的构造或管道间的连接情况在平面图和系统图上表达不清楚，也无法用文字说明时，可以将这些部位局部放大比例，画出详图。详图包括节点详图和标准详图。例如，系统热力入口处管道的连接复杂，设备种类较多，用系统图、平面图表达不清楚，可把这些部位局部比例放大，画成详图。标准图主要有散热器的连接、补偿器和疏水器等的安装详图等。

5. 设备及主要材料表

为了使施工准备的材料和设备符合图纸要求，并且便于备料，应编制一个主要设备材料明细表。它包括：序号、名称、型号规格、单位、数量、备注等项目。

（三）建筑采暖工程常用图例

建筑采暖工程常用图例，详见表 2-1-2。

采暖图例

表 2-1-2 **建筑采暖工程常用图例**

名称	图例	名称	图例	名称	图例
供水管，立管		法兰截止阀		放气阀	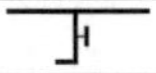
回水管，立管		螺纹截止阀		温度计	
散热器	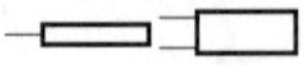	自动排气阀		压力表	
固定支架	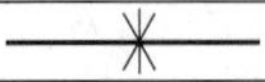	止回阀		过滤器	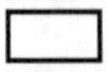
管道翻下	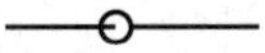	压差控制阀		热表	
管道坡度及坡向	i=0.003	闸阀		方形补偿器	
散热器温控阀		调节锁闭阀		集气罐	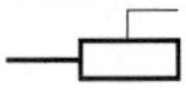

（四）建筑采暖施工图的识读（以集中热水采暖系统为例）

采暖施工图的识读基本方法是先阅读设计说明，然后把平面图和系统图互相对照，从热媒入口开始，沿水流方向按供水干、立、支管的顺序到散热器；再由散热器开始，按回水支、立管的顺序到出口为止。

1. 平面图的识读

室内采暖平面图主要表示管道、附件及散热器在建筑物平面上的位置以及它们之间的相互关系，平面图是采暖施工的主要图纸，识读时，按底层、顶层、中间层的顺序，主要掌握和注意以下几点。

（1）了解平面图中散热器的平面位置、种类、片数、安装方式（明装、暗装、半暗装）、防腐及表面涂色要求等。在平面图、系统图中各种不同形式散热器的图形符号是一样的，因此必须作不同的平面图标注方法，识别其不同形式及组成片数；当采用标准层设计时，各中间层散热器布置位置相同，常常不再绘制平面图，而将各层散热器不同的组成片数标注于一个平面图中，识读时应按不同层数读得相应片数。散热器一般是安装在室内窗台下或沿内墙安装，以明装为多数，但由于建筑物美观上的要求或热媒温度高时避免烫伤人体才采用暗装，明装暗装应在说明中标明。

（2）熟悉水平干管的布置方式，管线上的阀门、固定支架、伸缩器等在平面图的位置、规格、各干管、支管的管径、采用何种管材，干管的保温、防腐要求及管道穿越墙体的安装要求等。

（3）通过立管编号查清系统立管数量和布置位置。

（4）在平面图上标有设备或器具、集气罐等的位置、型号及设备上的连接管等都要弄清尺寸、规格，对照标准图明确其安装方法及安装要求。

（5）查明热媒入口及入口地沟情况，有时入口处组成的设备如减压阀、凝水器、除污器和控制阀应查清其规格、型号、数量并注意介质的流向。

2. 系统图的识读

采暖系统轴测图表示从热媒入口的管道、散热器、主要设备、附件的空间位置和相互关系。系统图应按平面图规划的系统分系统识读。如较长的建筑物常设两个采暖入口，规划两个相对独立的采暖系统；高层建筑常用分区采暖方式，使高、低区分为不同系统等。

另外，为避免图形重叠，系统图常脱开绘制，使前、后部投影绘成两个（或两张）图形（图纸）。因此，还需分片（部位）识读。但不论何种识读，均应自入口总管开始，沿供水总管、立管、水平干管、支管、散热设备、回水支管、主管、干管、回水总管的识读路线循环一周，因此，分环路识读是识读采暖闭式循环系统的基本方法。

（1）了解管道系统的组成，掌握连接方式，各管段的管径尺寸、坡度、坡向、水平管和设备标高及立管编号。系统图能清楚地了解各管在房间内的布置形式，立管与支管、支管与散热器的连接情况以及阀门安装的位置和数量。

（2）了解散热器类型、规格及片数，如散热器为翼型散热器或柱型散热器时，要查明规格与片数及带脚散热器的片数，另外还要弄清楚设备的标高等。

（3）注意查明各种附件的规格、型号、尺寸，要与平面图和材料表相核对。

（4）要弄清热媒入口处各种设备、附件、仪表、阀门之间的关系，热媒来源、流向、坡向、标高、管径等，如有节点大样要查明编号。各类管道的走向、上下起伏（标高变化）状况，安装标高、坡度、支承与固定方法，相互连接形式（三通、四通连接，焊接、螺纹连接），管材及管径，与采暖设备的连接方法等整体情况。

（5）在分片识读已经理解分片系统情况的基础上，运用折断与衔接的识读方法，将各分片系统衔接成整体，务必掌握各独立采暖系统的全貌，厘清设备与管道连接的整体情况，明确全系统的安装细部要求。

3. 详图（节点大样图）的识读

供热管、回水管与散热器之间的具体连接形式，详细尺寸和安装要求，一般都用标准图表示出来；采暖系统的设备、附件制作安装的具体构造和详细尺寸以及接管方式也都在标准图中表示。

五、任务分析

（1）在图纸识读过程中，采暖管道、散热器、阀门等的图例是如何表示的？系统图中管径、标高是如何表示的？

（2）采暖工程是什么供暖形式？室内外管道界限应如何划分？采暖管道穿越建筑物是否设置保护套管？采暖工程中管道采用什么敷设方式？采暖管道采用什么材质、什么连接方式？管道是否做压力试验？管道是否需要除锈、刷油防腐、保温？

（3）采暖工程中，管道支架、管卡形式、设置要求是什么？

（4）采暖工程中散热器、阀门等有哪些种类？

六、任务实施

（1）参考如表 2-1-2 所示建筑采暖工程常用图例，识读如图 2-1-1、图 2-1-2 所示某办公楼采暖工程系统图中的采暖管道、散热器、阀门等。

（2）本热水采暖系统采用上供下回单管型式。室内外管道界限在墙外 1.4m 阀门处。供水管入户标高−0.60，管径 DN80，在地沟内敷设；主立管由标高−0.60m 到 8.0m，8.0m 到标高 8.3m 是 DN20 自动排气阀连接管。供水干管管径 DN80，明装支架安装；回水干管管径 DN80，标高−0.8m，地沟内支架敷设。散热器供水立管一根管径 DN25，一根 DN20，自标高 8.0m 到−0.8m，需要管卡固定。散热器供水立管 N1，管径 DN25，连接双侧散热器，散热器供水立管 N2，管径 DN20，连接单侧散热器，支管管径 DN20，管卡固定。系统安装完毕做水压试验。入户管及立管于外墙及楼板处设置钢套管，需预留孔洞。

（3）散热器为成品板式钢制散热器（H500×1000），挂装。散热器连接立管顶部及根部均设一阀门，每组散热器设一手动放风阀（手动跑风）。

（4）管道表面人工除轻锈后，均刷红丹防锈漆一遍。明装管道刷银粉二遍，地沟管道用岩棉管壳（厚度 δ=30mm）保温，外缠玻璃丝布一道，玻璃丝布外刷冷底子油一遍。

七、任务总结

通过完成上述任务，你学到了哪些知识与技能？在哪些地方还存在疑惑？

（1）采暖专业施工图由施工说明、施工平面图、采暖系统图和采暖施工大样图组成，识图时先看设计说明、再看室内采暖施工平面图（与系统图对照看），然后是采暖系统图的识读，最后看采暖施工大样图。

（2）通过图纸设计说明可以了解以下内容：散热器的型号；管道的材料及管道的连接方式；管道、支架、设备的刷油和保温做法；施工图中使用的标准图和通用图。

（3）识读施工平面图时，可以了解到散热器的位置和片数；供回水干管的布置方式以及干管上的阀门、固定支架、伸缩器的平面位置。

（4）识读系统图时，要注意以下几点：理解采暖管道的来龙去脉，包括管道的空间走向和空间位置，管道直径及管道变径点的位置；管道上的阀门的位置、规格；散热器与管道的连接方式；与平面图对照，看哪些管道是明装，哪些是暗装。热力入口管道穿外墙进入室内时，加套管的种类，包括一般钢套管，刚性防水套管，要求高时加柔性防水套管。

八、任务拓展

（一）施工图识读

某项目配套采暖工程，共三层，如图 2-1-10～图 2-1-13 所示，试进行施工图识读。

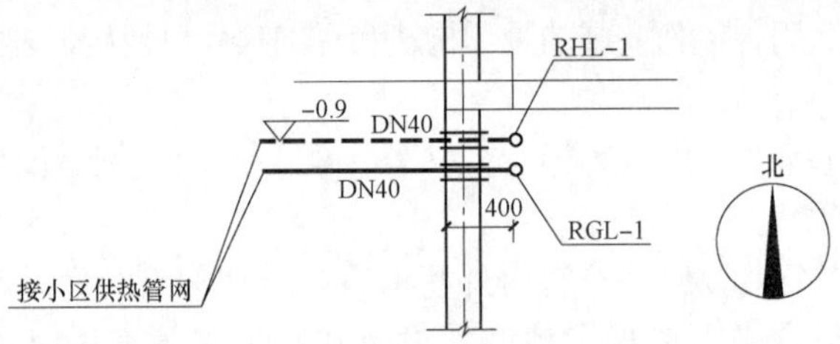

图 2-1-10 采暖工程一层平面图

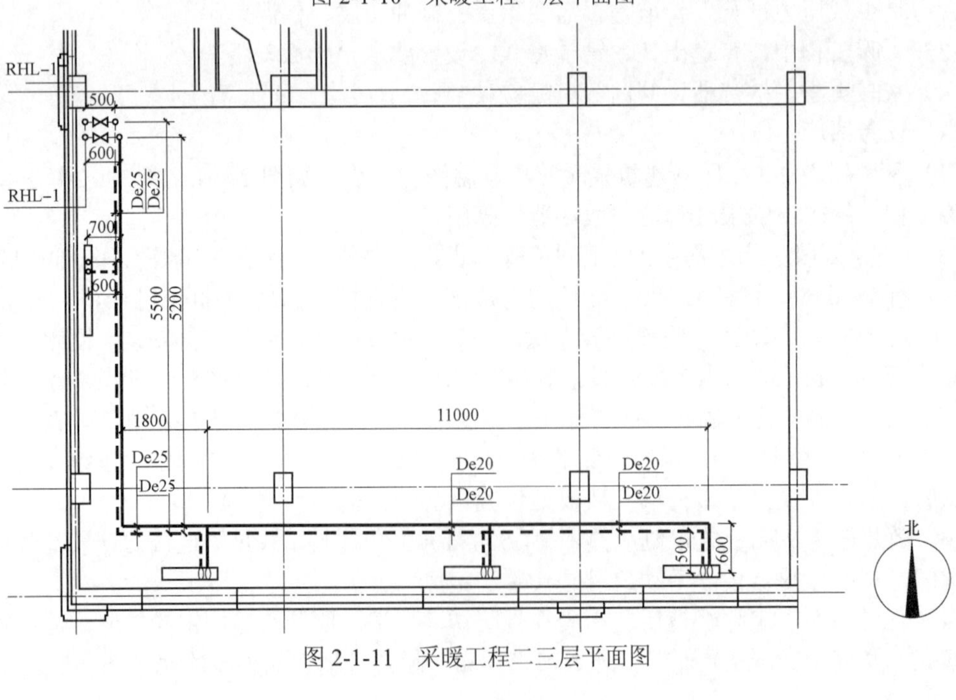

图 2-1-11 采暖工程二三层平面图

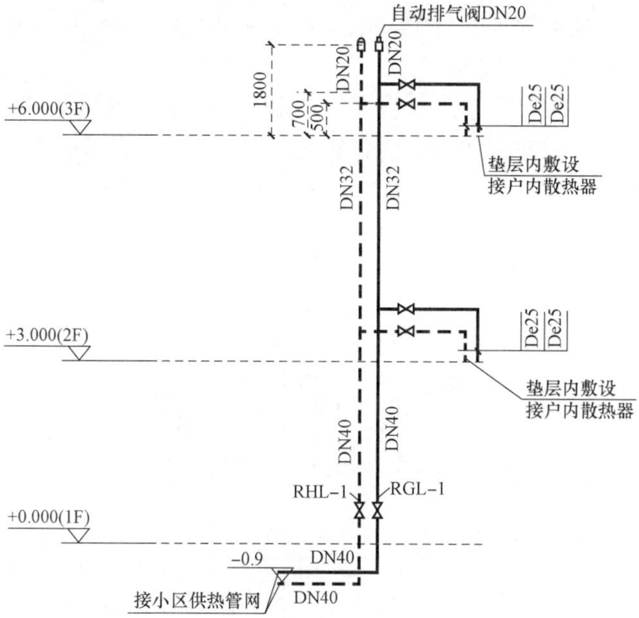

图 2-1-12　采暖工程系统图

1. 设计说明

(1) 供暖系统采用共用立管的分户独立循环系统形式。供暖供回水水平干管暗敷在地面垫层内。

(2) 供回水干管、共用立管采用内外壁热镀锌钢管，丝接。分支管及埋地暗装管道，采用聚丁烯 PB 管，使用条件级别 5，管系列为 S5，出地面散热器支管采用 PB 管，热熔连接，非热熔连接的塑料管道地面垫层内不得有接头。

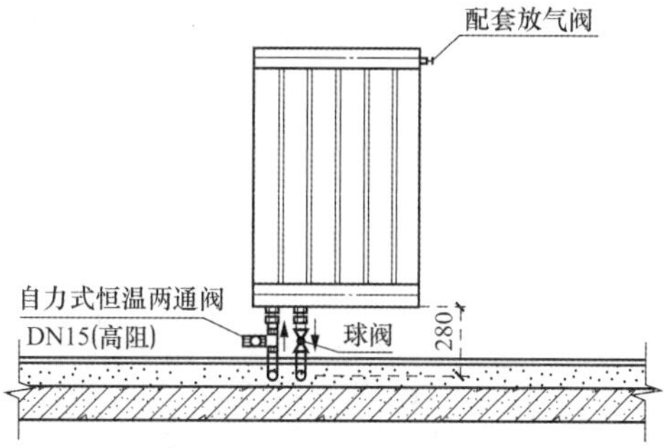

图 2-1-13　散热器安装大样图

(3) 散热器型号 SCTLZY-17-8X-1.0，进出口中心距 700mm，材质为铜铝复合。

(4) 供暖管道安装竣工后应进行水压试验；供暖系统供回水管用清水冲洗。系统冲洗完毕应充水、加热，进行试运行和调试。

(5) 管道穿外墙设刚性防水套管，穿墙壁和楼板应设置钢套管，安装在墙壁内的套管两端与饰面平，穿楼板套管上端高出地面 20～50mm，下端与板面平，套管与管道间隙用油麻填实，灰浆抹平。

(6) 图中标高以“m”计，其余以“mm”计。本案例暂不考虑保温、保护层、支架、管卡、预留孔洞、堵洞等。

2. 图纸解读

采暖供热入户管和回水管，接自小区供热管网，采用内外壁热镀锌钢管，管径 DN40，室内外界线在外墙 1.5m 处，在−0.9m 标高进入户内，立管上至二层水平干管分支处，标高分别是 3.5m（回水立管）和 3.7m（供热立管）；立管二层分支处到三层分支处，管径为 DN32；立管三层分支处以上部分，管径 DN20 接至自动排气阀。

二层和三层分支管及埋地暗装管道，采用聚丁烯 PB 管；出地面散热器支管采用 PB 管，热熔连接。管径由 De25 变为 De20。

散热器材质为铜铝复合，二三层各有四组，散热器支管安装球阀和两通阀。管道穿外墙设刚性防水套管，穿墙壁和楼板应设置钢套管。供暖管道安装竣工后应进行水压试验，进行试运行和调试。

（二）低温热水地面辐射采暖施工图识读

如图 2-1-14、图 2-1-15 所示，地暖排管平面图及分集水器安装详图识读如下。

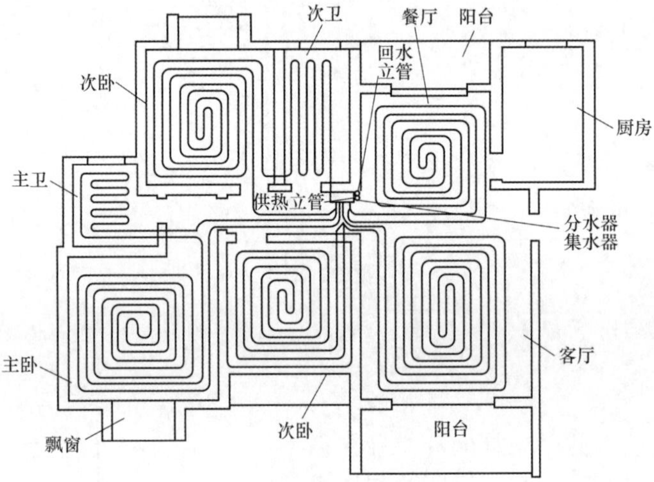

图 2-1-14　低温热水地面辐射采暖平面图

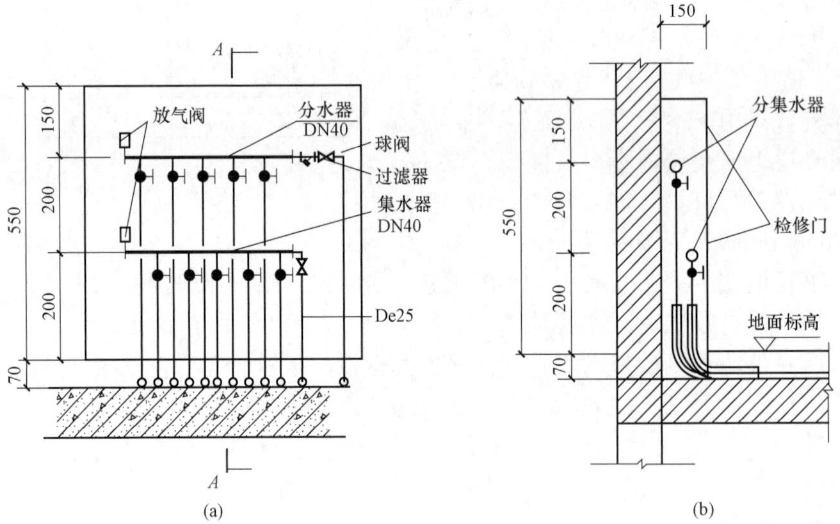

图 2-1-15　分集水器安装详图
（a）安装详图；（b）*A-A* 剖面

（1）该户型的地暖采暖房间为主卧、2 个次卧、主卫、次卫、客厅、餐厅等 7 个房间。

（2）分、集水器安置在次卫外面的走廊上。

（3）采暖回路为 5 个。

北朝向的次卧与次卫共用一个回路；主卧与主卫共用一个回路；南朝向的次卧为一个独立的回路；客厅为一个独立的回路；餐厅为一个独立的回路。

九、知识测试与能力训练

（1）室内外管道以______________为界；建筑物入口处设阀门者以______为界。

（2）低温热水供暖系统，供水温度______℃，回水温度______℃。

（3）采暖系统都是由______、________和________三个主要部分组成。

（4）室内采暖工程施工图由几部分组成？其内容有哪些？

（5）怎样识读建筑采暖工程施工图？

（6）如图 2-1-10～图 2-1-13 中所示：

1）管道材质有哪些？怎么连接？

2）管道管径有哪些？室内外管道界限在哪里？

3）立管中 DN32 管道长度是多少？

4）立管中 DN20 管道长度是多少？

（7）绘制下表常用图例（见表 2-1-3）。

表 2-1-3 常用图例

序号	名称	图例
1	方形补偿器	
2	固定支架	
3	柱塞阀	
4	自动排气阀	
5	集气阀	
6	安全阀	
7	散热器放风门	
8	自动排气阀	

任务二 建筑采暖工程施工

一、引导问题

（1）建筑采暖工程常用管材有哪些？如何连接？

（2）建筑采暖工程采用散热器品种，安装方式有哪些？

（3）建筑热水采暖工程设置排气装置的目的是什么？

（4）干管与分支干管连接时，为什么应避免使用 T 形连接？

（5）热水采暖施工中管道变径如何处理？管道连接的哪些部位使用乙字弯？

（6）建筑采暖管道安装程序（流程）是什么？

（7）安装地暖管的原则是什么？

二、任务说明

建筑采暖工程施工的主要内容，包括工程材料、安装工程施工工艺与技术，也是从事计量与计价工作必须掌握的基础知识。通过对建筑采暖工程施工内容的了解，再与计量计价的工作内容相结合，为解决计量与计价实际问题打下坚实基础。

三、任务要求

（1）熟悉建筑采暖工程材料种类、适用范围、连接方式。

（2）了解建筑采暖工程常用附件及设施设备安装。

（3）掌握建筑采暖系统施工安装程序。

四、知识链接

（一）建筑采暖系统常用管材、附件和设施设备

1. 采暖工程的管材及连接方式

（1）钢管：钢管在水暖工程施工中被广泛采用。室外采暖管道采用无缝钢管和钢板卷焊管，室内采暖管道常采用焊接钢管或镀锌钢管。

焊接钢管也称焊管，是指用钢带或钢板弯曲变形为圆形、方形等形状后再焊成的、表面有接缝的钢管。焊接钢管根据焊缝形状可分为直缝焊接钢管和螺旋焊接钢管。如图 2-2-1 所示。

钢管的连接可采用焊接、法兰连接和螺纹连接。焊接连接可靠、施工简便迅速，广泛用于管道之间及补偿器等的连接。法兰连接装卸方便，通常用在管道与设备、阀门等需要拆卸的附件连接上。对于室内采暖管道，管径 32mm 以下的钢管和阀门等附件，通常借助三通、四通、管接头等管件，进行螺纹（丝扣）连接，管径 32mm 以上的钢管和附件，通常采用焊接或法兰连接。

（2）非金属管材：非金属管材具有强度高、质量轻、韧性好、耐冲击、耐热性高、无毒、无锈蚀安装方便等特点。采暖管常用的非金属管材主要有交联聚乙烯（PE-X）管、交联铝塑复合（XPAP）管、聚丁烯（PB）管、无规共聚聚丙烯（PP-R）管等塑料管，如图 2-2-2 所示。

图 2-2-1　螺旋焊接钢管

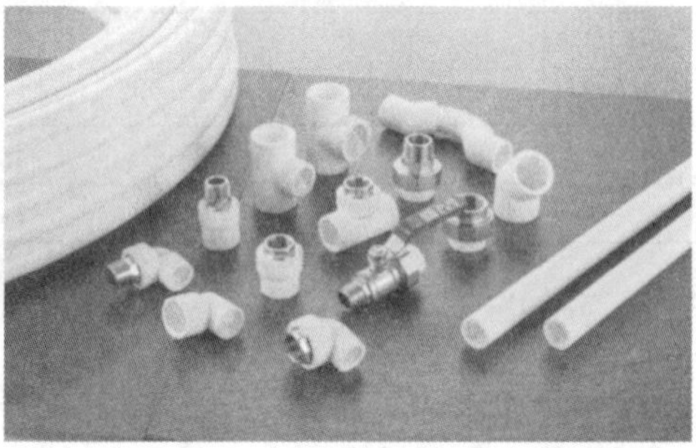

图 2-2-2　交联聚乙烯（PE-X）管

各类非金属管材、管件常采用热熔（电熔）连接、螺纹连接和卡套式连接。

2. 水泵

详见项目一任务二相关内容。

3. 散热器（暖气片）

暖气片的工作原理是用采暖水中的热量对室内空气进行加热，以达到升高室温的作用，至于升温的快慢，主要跟采暖水的温度、暖气片材质、内壁是否做了防腐工艺，以及单位面积内暖气片的片数、高度、组数等有关。

常用的散热器的结构形式有柱型、翼型、板型、管型等。散热器常用的材质为铸铁、铜铝或钢铝复合材料、钢及铝等。安装方式分为落地式和挂装，一般布置在外墙窗下。钢制散热器是目前使用最广泛的散热器，如图 2-2-3 所示。

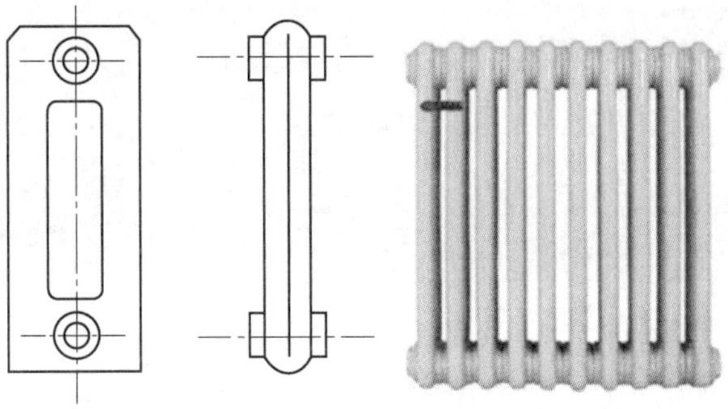

图 2-2-3　钢管柱型挂式散热器

4. 排气装置

热水采暖系统运行时若管道中的空气不及时排除，易在系统中形成气塞，阻碍水的通行。因此在系统中需安装排气装置，收集和排除空气。

（1）自动排气阀。其通常安装在供水干管的末端，依靠水对浮体的浮力通过杠杆机构传动，使排气孔自动启闭，实现自动阻水排气的功能，如图 2-2-4 所示。

（2）冷风阀。又称跑风门、手动跑风、手动排气阀等，用于排除散热器中聚集的空气。它旋紧在散热器上部专设的丝孔上，以手动方式排除空气，如图 2-2-5 所示。

图 2-2-4　自动排气阀

图 2-2-5　手动跑风

5. 分水器、集水器

低温热水辐射采暖中，当需从总管接出两个以上分支环路时，考虑各环路之间的压力平衡和流量分配及调节，宜用分水器和集水器。分水器用于供水管路上，集水器用于回水管路上。分水器、集水器一般应安装压力表和温度计，并应保温，如图 2-2-6 所示。

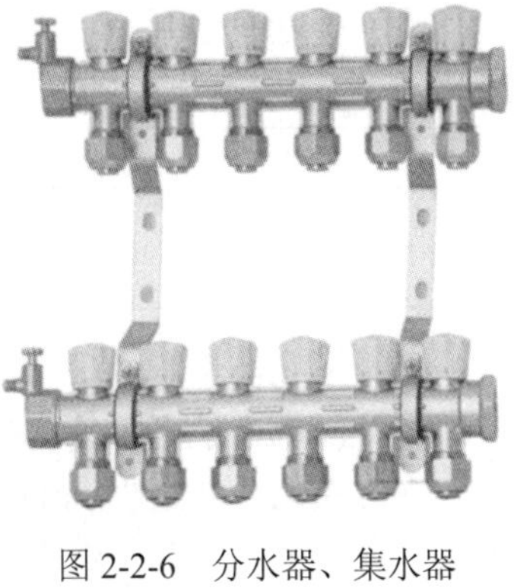

图 2-2-6　分水器、集水器

6. 补偿器

管道补偿器又称为伸缩器或伸缩节、膨胀节，主要用于补偿管道受温度变化而产生的热胀冷缩。比较常用是方形补偿器、波纹管补偿器等，如图 2-2-7 所示。

7. 温度控制装置

散热器温控阀：是一种控制散热器散热量的附件，如图 2-2-8 所示。

图 2-2-7　方形补偿器、波纹管补偿器

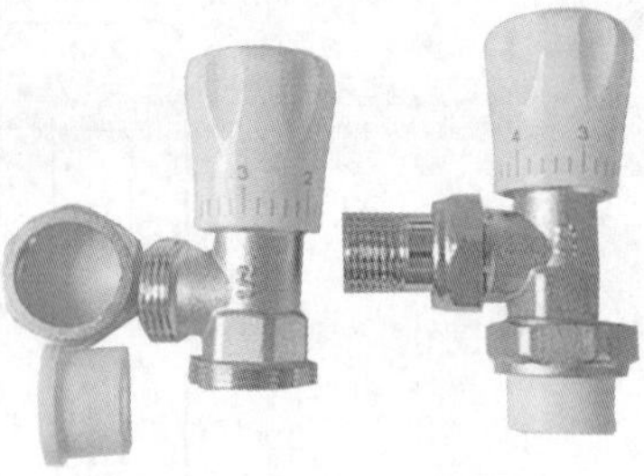

图 2-2-8　散热器温控阀

8. 阀门

各类阀门按功能可分为关断阀（蝶阀、球阀、闸阀等）、止回阀、安全阀等，如图 2-2-9 所示。详见项目一任务二，“知识链接建筑给排水常用附件及设施设备”。

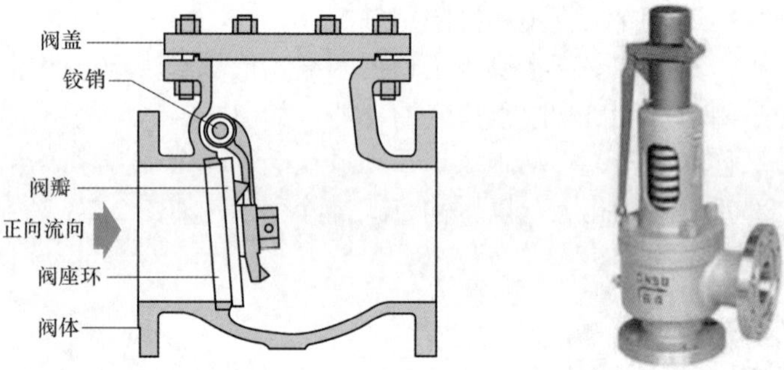

图 2-2-9　止回阀、安全阀

9. 防腐和保温材料

管道工程系统试压、冲洗结束后，应根据设计要求，对金属管道、设备进行防腐和保温。

焊接管道防腐的程序：除锈→刷防锈漆→刷面漆。管道防腐常用的油漆、适用范围等见表 2-2-1。

表 2-2-1　管道防腐常用的油漆

防腐油漆	适用范围
红丹防锈漆	地沟内保温的采暖及热水供应管道和设备
防锈漆	地沟内不保温的管道
银粉漆	室内采暖管道、给水排水管道及室内明装设备面漆
冷底子油	埋地管材的第一遍漆
沥青漆	埋地给水或排水管道的防水
调和漆	有装饰要求的管道和设备的面漆

保温应在防腐和水压试验合格后进行。对保温材料的要求是重量轻、热传导率小、隔热性能好、阻燃性能好、绝缘性高、耐腐蚀性高、施工简单、价格低廉等。

保温结构一般由保温层和保护层两部分组成。常用的保温材料有水泥膨胀珍珠岩、岩棉、矿棉、玻璃棉，保温方法有预制法、包扎法、填充式、浇灌式等。保护层的材料主要有玻璃丝布、铝箔、沥青油毡、石棉水泥、白铁皮等，如图 2-2-10 所示为铝箔岩棉管壳保温示意图。

（二）建筑采暖系统施工安装

1. 建筑采暖系统的安装

采暖系统管道为闭路循环管路，采暖系统的坡向和坡度必须严格按设计施工，以保证顺利排除系统中的空气和收回采暖回水。

图 2-2-10 铝箔岩棉管壳保温

采用焊接钢管的建筑采暖系统的安装流程：

安装准备→预留预埋、套管、钢管及支架除锈、防锈漆→干管支架制作、安装→干管下料、预制、安装→散热器安装→立管管卡、立管下料安装→支管管卡、支管下料安装→水压试验及系统冲洗→面漆及保温→封口堵洞→采暖系统辅助设备及附件安装→系统运行及调试。

（1）干管安装。室内采暖系统中，供热干管是指供热管、回水管与数根采暖立管相连接的水平管道部分，包括供热干管及回水干管两类。当供热干管安装在地沟、管廊、设备层、屋顶内时，应做保温层；而明装于顶层板下和地面时则可不做保温。不同位置的采暖干管安装时机也不同：位于地沟的干管应在已砌筑完清理好的地沟、未盖沟盖板前进行；位于顶层的干管应在结构封顶后安装；位于天棚内的干管应在封闭前进行；位于楼板下的干管应在楼板安装后进行。

1）画线定位。首先应根据施工图所要求的干管走向、位置、标高和坡度，检查预留孔洞及套管安装，挂通线弹出管子安装的坡度线。

2）管段加工预制。按施工草图进行管段的加工预制，包括断管、套丝、上零件、调直、核对好尺寸，按环路分组编号，码放整齐。

3）安装卡架。按设计要求或规定间距安装。吊卡安装时，先把吊棍按坡向、顺序依次穿在型钢上，吊环按间距位置套在管上，再把管抬起穿上螺栓拧上螺母，将管固定。安装托架上的管道时，先把管就位在托架上，把第一节管装好 U 形卡，然后安装第二节管，以后各节管均照此进行，紧固好螺栓。

4）干管就位安装。干管安装应从进户或分支路点开始，装管前要检查管腔并清理干净。在丝头处涂好铅油缠好麻，一人在末端扶平管道，一人在接口处把管相对固定对准丝扣，慢慢转动入扣，用一把管钳咬住前节管件，用另一把管钳转动管到松紧适度，对准调直时的标记，要求丝扣外露 2～3 扣，并清掉麻头，依此方法装完为止。干管与分支干管连接时，应避免使用 T 形连接，否则，当干管伸缩时有可能将直径较小的分支干管连接焊口拉断，应使用“羊角弯”连接，如图 2-2-11 所示。管道变径应根据不同的热媒选择适合的变径方式，如图 2-1-12 所示。

5）试压。干管安装完毕后，为方便进行该管段的油漆和保温应进行阶段性的管道试压，室内采暖系统的压力试验通常采用水压试验。

（2）立管安装。 立管安装一般在抹灰后，散热器安装完毕后进行。

1）预留孔洞及套管检查。核对各层预留孔洞位置是否垂直，吊线、剔眼、栽卡子。将预制好的管道按编号顺序运到安装地点。

2）管道安装：①立管穿过楼板，需要设置套管。根据《建筑给水排水及采暖工程施工质量验收规范》（GB 50242—2002）第 3.3.13 条规定：管道穿过墙壁和楼板，应设置金属或塑料套管。安装在楼板内的套管，其顶部应高出装饰地面 20mm。安装在卫生间及厨房内的套管，其顶部应高出装饰地面 50mm，底部应与楼板底面相平；安装在墙壁内的套管其两端与饰面相平。②管道连接。安装前先卸下阀门盖，有钢套管得先穿到管上，按编号从第一节开始安装。涂铅油缠麻丝将立管对准接口转动入扣，一把管钳咬住管件，一把管钳拧管，拧到松紧适度，对准调直时的标记要求，丝扣外露 2～3 扣，直到预留口平正为止，并清理干净麻头。依此顺序向上或向下安装到终点，直至全部立管安装完。③立管与干管连接。采暖干管一般布置在离墙面较远处，需要通过干、立管间的连接短管（灯叉弯）使立管能沿墙边而下，使立管能沿墙边而下，少占建筑面积，还可减少干管膨胀对支管的影响，这些连接管的连接如图 2-2-13 所示。④当立管与支管垂直交叉时，立管应设半圆形让弯绕过支管。⑤立管用管卡或托架安装在墙壁上，下端要支撑在坚固的支架上，其间距为 3～4m，管卡和支架不能妨碍主立管的胀缩。

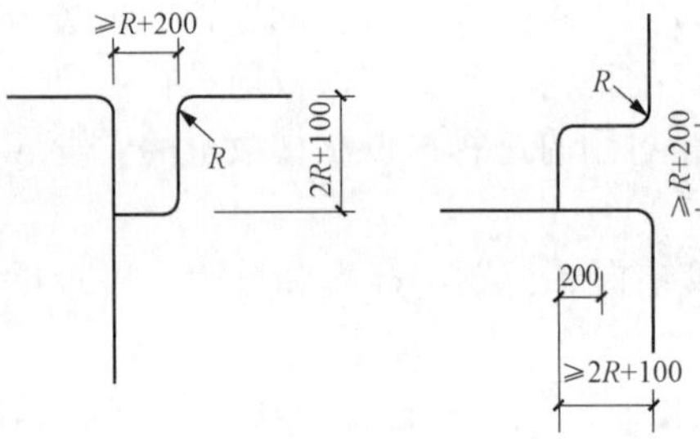

(a) (b)

图 2-2-11　干管与分支干管连接

（a）水平连接；（b）垂直连接

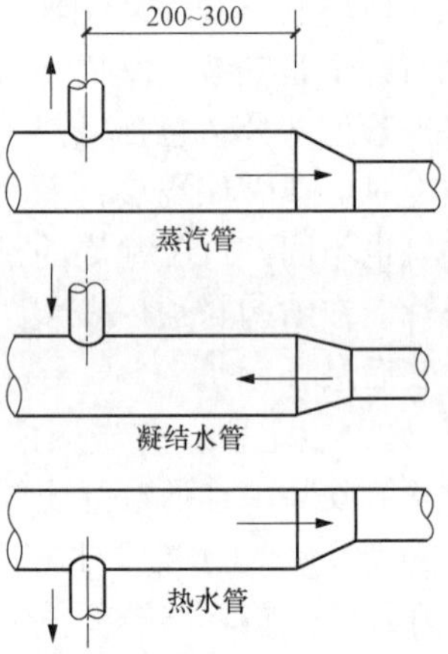

图 2-2-12　管道变径方式

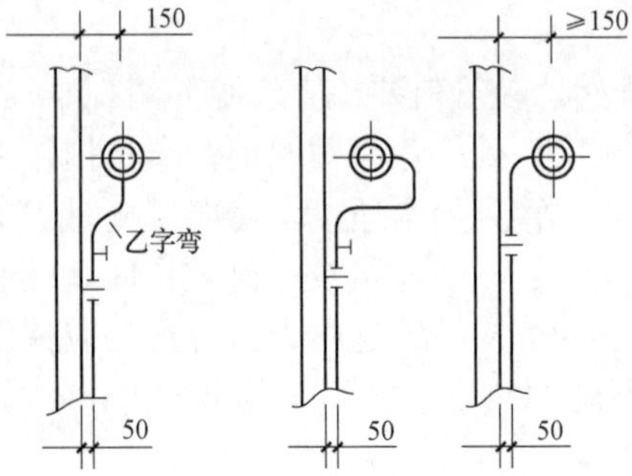

(a) (b)

图 2-2-13　立管与干管连接

（a）供暖供水管；（b）蒸汽管

（3）支管安装：

1）检查散热器安装位置及立管预留口是否正确。量出支管尺寸和灯叉弯的大小。

2）配支管，按量出支管的尺寸，减去灯叉弯的尺寸，然后断管、套丝、煨制灯叉弯和调直。将灯叉弯两头抹铅油缠麻，装好活节头，连接散热器，把麻头清洗干净。

3）用钢尺、水平尺、线坠校对支管的坡度和平行距墙尺寸，并复查立管及散热器有无移动。按设计或规定的压力进行系统试压及冲洗，合格后办理验收手续，并将水泄净。

支管安装如图 2-2-14、图 2-2-15 所示。

（4）散热器安装。散热器分为成组供应安装和散片供应现场组装。安装过程包括安装前的检查、散热器片的除锈及刷油、散热器的组对、散热器试压和散热器就位固定。如图 2-2-16 所示。

1）根据设计图纸和标准图的规定，或由施工方案、技术交底确定安装位置和高度，在墙上画出散热器的安装中心线和标高控制线。

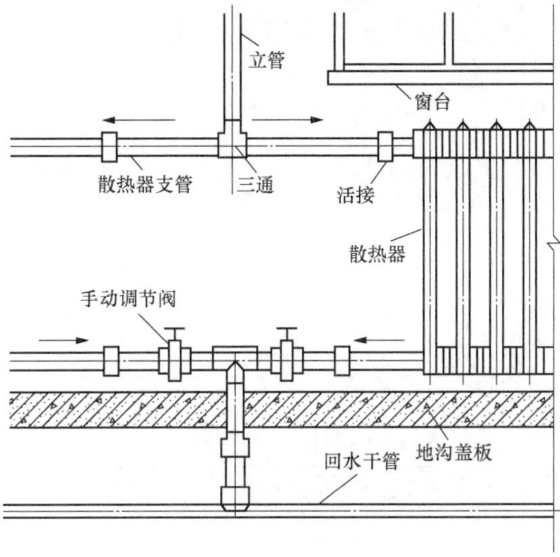

图 2-2-14　散热器支管安装

2）支架安装。散热器安装时采用的支架主要有托钩、固定卡、托架、落地架等。

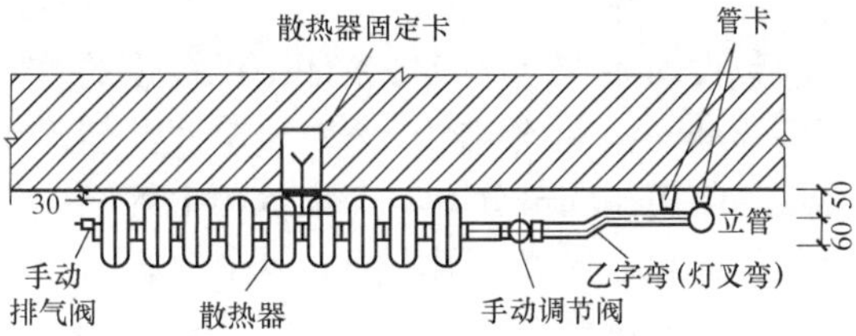

图 2-2-15　散热器支管安装平面示意图

3）散热器固定。散热器支、托架达到安装强度后方可安装散热器，带腿散热器安装不平稳时，可在腿下加垫铁找平；挂装散热器应轻轻放在托钩上，扶正、立直后将固定卡摆正拧紧。

4）散热器安装放风门。

（5）水压试验和系统调试。建筑供暖系统安装完成后应进行质量检验，质检合格且水压试验合格后，应进行系统的调试与联合运转，经调试合格后，方可进行竣工验收。

2. 低温热水地面辐射采暖系统安装

低温热水地面辐射供暖系统的施工应在土建专业已完成墙面内粉刷（不含面层），外窗、外门已安装完毕，并已将地面清理干净；厨房、卫生间做完闭水试验并经过验收；相关电气预埋等工程已完成。低温热水地面辐射供暖系统地面构造示意图如图 2-2-17 所示。

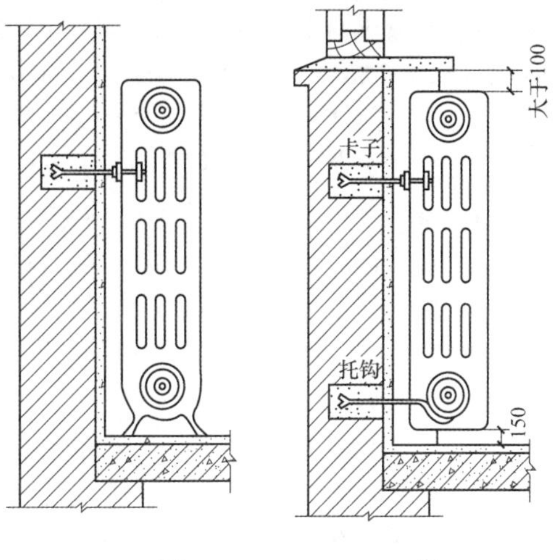

(a)　(b)

图 2-2-16　柱型散热器安装

（a）落地安装；（b）挂装

低温热水地面辐射供暖系统应按铺设保温板→安装加热管→系统试压→回填豆石混凝土→安装分水器和集水器→系统调试初次启动的程序进行施工。

（1）铺设保温板。保温板铺设前，应按设计图中的房间面积大小和管路的分布状况下料，然后将保温板按从里向外的顺序铺设在水泥砂浆找平层上，使保温板带有铝箔的一面向上，平整铺设，其接缝应严密，不得起鼓。保温板的接缝应严密、对齐并用专用胶带纸封贴牢固。地面辐射供暖系统绝热层采用聚苯乙烯保温板时，其厚度为 20～40mm。

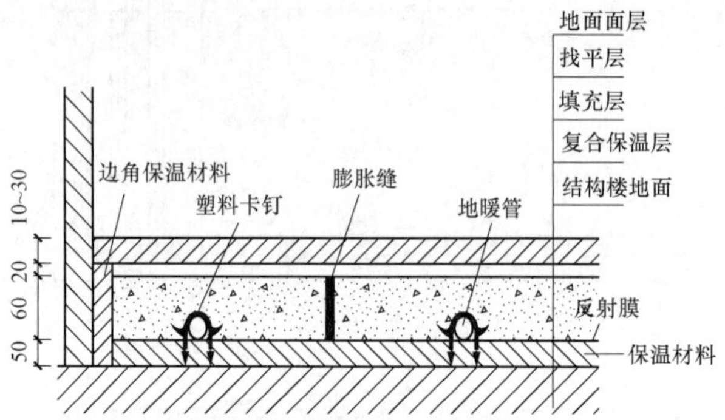

图 2-2-17 地暖系统地面构造示意图

（2）安装加热管。加热管的布置应本着保证地面温度均匀的原则进行，宜将高温管段优先布置于外窗、外墙侧以使室内温度尽可能地分布均匀。

敷设加热管时，应按设计图纸标定的管间距和走向敷设，管间距应大于 100mm 小于或等于 300mm，在分水器、集水器附近，当管间距小于 100mm 时，应在加热管外部设置柔性套管。连接在同一分水器、集水器上的同一管径的各回路，其加热管的长度宜接近。地面固定的设备和卫生器具下不应布置加热管。

加热管应用专用管卡固定，不得出现“死折”，一般直管段上固定点的间距不应大于 500mm，弯曲管段不应大于 250mm。在施工过程中严禁人员踩踏加热管。埋设于填充层的加热管不应有接头。

（3）系统试压。加热盘管安装完毕后，应先进行水压试验，然后才能进行混凝土面层的施工。

（4）回填豆石混凝土。试压合格后，应立即回填豆石混凝土，混凝土的强度不低于 C15，豆石粒径 5～12mm。混凝土应采用人工进行捣固密实，严禁采用机械振捣，严禁踩踏管路。在混凝土填充施工时，应保证加热管内的水压不低于 0.6MPa。

（5）安装分水器和集水器。水平安装时，分水器安装在上，集水器安装在下，中心距为 200mm，集水器中心距地面应不小于 300mm。加热管始末端出地面至连接配件的管段，应设置在硬质套管内，然后与分（集）水器进行连接。在分水器之前的供水管上顺水流方向应安装阀门、过滤器、热计量装置、阀门及泄水管，在集水器之后的回水管上应安装泄水阀及调节阀（或平衡阀）。每个供、回水环路上均应安装可关断阀门。分水器、集水器上均应设置手动或自动排气阀。

（6）系统调试与初次启动。系统施工完成且混凝土填充层养护期满后应进行冲洗，冲洗合格后，再次进行水压试验。水压试验应以每组分水器、集水器为单位，逐回路进行。

五、任务分析

（1）建筑采暖工程中，管道选用什么材质？采用什么连接方式？采用什么形式的管件和阀门？供热设备选用什么型号？

（2）建筑采暖工程中，明装采暖管道如何安装？地暖管道如何安装？

（3）建筑采暖管道安装完毕，需要做哪些试验以保证安装质量？

六、任务实施

参照本项目“任务一”中某办公楼采暖工程系统图，如图 2-1-1 所示。

（1）结合案例图纸说明，采暖管道采用焊接钢管，DN80 连接采用电弧焊，DN≤25 采用螺纹连接，未标注支管管径为 DN20。DN80 法兰阀门，采用平焊法兰连接，DN≤25 阀门采用螺纹连接。地下管道均在地沟内支架（角钢∠50×50×5）敷设；地上管道明装安装，供水干管沿支架（角钢∠50×50×5）敷设，立、支管管卡安装。散热器为成品钢制板式散热器（H500×1000），挂装。

（2）本项目为明装采暖管道，管道安装程序，参见本项目“知识链接”中“建筑采暖系统的安装”相关内容。

（3）系统安装完毕，做水压试验，试验压力为 0.65MPa。供、回水管用清水冲洗，冲洗完毕应冲水、加热，进行试运行和调试。

七、任务总结

通过上述任务的学习，学到哪些知识？还存在哪些疑问？

八、任务拓展

浅谈地暖与暖气片的区别

地暖，顾名思义，就是通过地板下密集排列的管道发热的系统，一般也称为地板低温辐射系统。所以它有两个关键词，一是地板，二是辐射。这两个关键词决定了热量是以辐射方式从地下往上散热的，这种散热方式最适合我们感受舒适性的要求。因此，地暖是目前采暖系统中，舒适性最高的一种采暖方式。

暖气片，有些地区也称为壁暖，它和水地暖一样，都属于水暖系统。从安装方式来讲，暖气片分为明装和暗装两种。这里要注意一下，明装和暗装，是指给暖气片供应热水的管路安装方式，而不是暖气片本身，因为发热需要，暖气片都是需要完整露出来的。暖气片和地暖，发热方式有所不同。地暖属于低温辐射散热，所以地暖属于低温水系统，地暖盘管里面的热水温度一般低于 55℃。暖气片则属于高温水系统，管道里面水的温度一般在 70℃左右。暖气片也分很多种类，不同的暖气片类型，散热方式也不相同。暖气片存水量大，水温更高，主要以辐射方式散热。空气从暖气片底部进入暖气片内部，然后被加热，从暖气片上部流出，再通过对流方式对全屋进行加热。

对流散热的效率要远高于辐射散热，因此暖气片的发热速度要远高于地暖，一般家庭使用环境下，一套地暖初始启动，可能会需要 8～10h，房间才能进入比较舒适的设定温度状态，而暖气片一般半个小时左右，房间就升温明显了。但任何事情都有两面性，发热快的负面作用就是温度变化快而频繁，所以暖气片的舒适性要低于地暖。

九、知识测试与能力训练

（1）对于室内采暖管道，管径 32mm 以下的钢管和阀门等附件，采用________连接，管径 32mm 以上的钢管和附件，采用________连接。

（2）所有的采暖系统都是由________、________和________三个主要部分组成。

（3）地暖的地面结构从下向上依次为________、________、________、________和________。

（4）散热器安装方式主要有________和________。

（5）建筑热水采暖工程设置排气装置的目的是________。

（6）干管与分支干管连接时，应避免使用T形连接，而应采用________。

（7）热水采暖管道连接的________和________部位使用乙字弯。

（8）建筑采暖工程常用管材有哪些？如何连接？

（9）建筑集中采暖管道安装程序（流程）是什么？

（10）安装地暖管的原则是什么？

（11）建筑供暖系统安装完成后，需要做哪些试验和调试才能投入使用？

（12）热水采暖施工中管道变径如何处理？

（13）管道补偿器的作用是什么？有哪些类型？

（14）散热器一般布置在哪个位置？

（15）管道穿过墙壁和楼板，设置套管有何区别？

任务三　建筑采暖工程定额计价

一、引导问题

（1）建筑采暖工程与建筑给排水管道定额计价有哪些相同点？有哪些不同点？

（2）建筑采暖工程定额计价，需要使用哪些定额？

（3）方形补偿器定额计价如何处理？

（4）铸铁散热器单片供应与成组供应，定额计价有何区别？

（5）手动放气阀如随散热器配套供应，是否计取相应安装费？

二、任务说明

以项目二，任务一为案例，针对某办公楼采暖工程，采用定额计价的方式，编制施工图预算，确定工程造价。

三、任务要求

结合案例施工图资料，根据《安装定额》（《价目表》）第十册和第十二册（附录2-2、附录2-3、附录3-2、附录3-3）、《费用标准》（本教材附录1）、主要材料价格等，完成定额计价（施工图预算）的编制工作，确定工程造价。

四、知识链接

《安装定额》第十册采暖工程“工程量计算规则”主要内容包括以下几部分。

（一）采暖管道（031001）

1. 章说明

（1）本章适用于室内外采暖管道的安装，包括镀锌钢管、钢管、塑料管、直埋式预制保温管以及室外管道碰头等项目。

（2）管道的界限划分：室内外管道以建筑物外墙皮1.5m为界；建筑物入口处设阀门者以阀门为界，室外设有采暖入口装置者以入口装置循环管三通为界。

（3）室外管道安装不分地上与地下，均执行同一子目。

（4）有关说明：

1）管道安装项目中，均包括相应管件安装、水压试验及水冲洗工作内容。各种管件数量系综合取定，执行定额时，成品管件数量可依据设计文件及施工方案或参照本册定额附录“管道管件数量取定表”计算，定额中其他消耗量均不作调整。

2）钢管焊接安装项目中均综合考虑了成品管件和现场煨制弯管、摔制大小头、挖眼三通。

3）管道安装项目中，除室内直埋塑料管道中已包括管卡安装外，其他管道项目均不包括管道支架、管卡、托钩等制作安装以及管道穿墙、楼板套管制作安装、预留孔洞、堵洞、打洞、凿槽等工作内容，发生时，应按本册定额第十一章相应项目另行计算。

4）镀锌钢管（螺纹连接）项目也适用于焊接钢管的螺纹连接。

5）地板辐射采暖系统管道执行本册定额第七章相应项目。

2. 工程量计算规则

（1）各类管道安装按室内外、材质、连接形式、规格分别列项，以“10m”为计量单位。定额中塑料管按公称外径表示，其他管道均按公称直径表示。

（2）各类管道安装工程量，均按设计管道中心线长度，以“10m”为计量单位，不扣除阀门、管件、附件所占长度。

（3）方形补偿器所占长度计入管道安装工程量。方形补偿器制作安装应执行本册定额第五章相应项目。

（4）与分集水器进出口连接的管道工程量，应计算至分集水器中心线位置。

（二）管道附件（031003）

1. 章说明

（1）本章包括螺纹阀门、法兰阀门、塑料阀门、沟槽阀门、法兰、减压器、疏水器、除污器、热量表倒流防止器、水锤消除器、补偿器、软接头（软管）等安装。

（2）阀门安装均综合考虑了标准规范要求的强度及严密性试验工作内容。

（3）安全阀安装后进行压力调整的，其人工乘以系数 2.0。螺纹三通阀安装按螺纹阀门安装项目乘以系数 1.3。

（4）法兰阀门、法兰式附件安装项目均不包括法兰安装，应另行套用相应法兰安装项目。

2. 工程量计算规则

（1）各种阀门、补偿器、软接头、普通水表、IC 卡水表、水锤消除器、塑料排水管消声器安装，均按照不同连接方式、公称直径，以“个”为计量单位。

（2）减压器、疏水器、水表、倒流防止器、热量表组成安装，按照不同组成结构、连接方式、公称直径，以“组”为计量单位。减压器安装按高压侧的直径计算。

（3）法兰均区分不同公称直径，以“副”为计量单位。承插盘法兰短管按照不同连接方式、公称直径，以“副”为计量单位。

（4）浮标液面计、浮漂水位标尺区分不同的型号，以“组”为计量单位。

（三）供暖器具（031005）

1. 章说明

（1）本章包括铸铁散热器安装，钢制散热器及其他成品散热器安装，光排管散热器制作安装，暖风机安装，地板辐射采暖，热媒集配装置安装。

（2）散热器安装项目系参考《国家建筑标准设计图集》10K509、10R504 编制。除另有说明外，各型散热器均包括散热器成品支托架（钩、卡）安装和安装前的水压试验以及系统水压试验。

（3）各型散热器不分明装、暗装，均按材质、类型执行同一定额子目。

（4）铸铁散热器按柱型（柱翼型）编制，区分带足、不带足两种安装方式。成组铸铁散热器、光排管散热器如发生现场进行除锈刷漆时，执行本定额第十二册《刷油、防腐蚀、绝热工程》相应项目。

（5）钢制板式散热器安装不论是否带对流片，均按安装形式和规格执行同一项目。钢制卫浴散热器执行钢制单板板式散热器安装项目。

（6）手动放气阀的安装执行本册第五章相应项目。如随散热器已配套安装就位时，不得重复计算。

2. 工程量计算规则

（1）铸铁散热器安装分落地安装、挂式安装。铸铁散热器组对安装以“10片”为计量单位；成组铸铁散热器安装按每组片数以“组”为计量单位。

（2）钢制柱式散热器安装按每组片数，以“组”为计量单位；闭式散热器安装以“片”为计量单位；其他成品散热器安装以“组”为计量单位。

（3）地板辐射采暖管道区分管道外径，按设计图示中心线长度计算，以“10m”为计量单位。保护层（铝箔）、隔热板、钢丝网按设计图示尺寸计算实际铺设面积，以“$10m^2$”为计量单位。边界保温带按设计图示长度以10m为计量单位。

（4）热媒集配装置安装区分带箱、不带箱，按分支管环路数以“组”为计量单位。

（四）支架及其他（031002）

参照本书项目一“建筑给排水工程”相关内容执行。

（五）除锈、刷油、防腐蚀、绝热工程

参照本书项目一“建筑给排水工程”相关内容执行。

五、任务分析

（1）定额计价的编制依据，主要包括施工图说、《安装定额》（《价目表》）第十册、主要材料价格和《费用标准》等。

（2）室外管道安装不分地上与地下，均执行同一子目。管道安装项目中，均包括相应管件安装、水压试验及水冲洗工作内容。

（3）管道安装项目中，除室内直埋塑料管道中已包括管卡安装外，其他管道项目均不包括管道支架、管卡、托钩等制作安装以及管道穿墙、楼板套管制作安装、预留孔洞、堵洞、打洞、凿槽等工作内容，发生时，应按《安装定额》第十一章相应项目另行计算。

（4）散热器安装除另有说明外，各型号散热器均包括散热器成品支托架（钩、卡）安装和安装前的水压试验及系统水压试验。各型号散热器不分明装、暗装，均按材质、类型执行同一定额子目。铸铁散热器按柱型（柱翼型）编制，区分带足、不带足两种安装方式。成组铸铁散热器、光排管散热器如发生现场进行除锈刷漆时，执行《安装定额》第十二册《刷油、防腐蚀、绝热工程》相应项目。

采暖工程定额计价

六、任务实施

本项目“任务一”案例，某办公楼采暖工程“定额计价”编制如下：

（一）工程量计算（算量）

根据任务一案例图纸，结合《安装定额》的第十册附录2-2和第十二册（附录 2-3）的“工程量计算规则”进行计算。计算顺序按定额章节顺序，管道按管径由大到小的顺序计算，如表2-3-1所示。

表 2-3-1　　工程量计算表（算量表）

序号	项目名称	单位	计算公式	工程数量（地沟）
1	焊接钢管焊接 DN80	m	[1.4（阀门到外墙）×2（供、回水管）]+[0.7（外墙到立管）×2（供、回水管）]+0.6（供热立管地下部分）+8.0（供热立管自地面至标高 8.0m 处）+[4.0+6.0(供热水平干管)]+[4.0+6.0(回水水平干管)]	32.8[14.8（地下管道）]
2	焊接钢管丝接 DN25	m	8.0（供热立管）+0.8（供热立管地下部分）-0.5（散热器进出口间距）×2（2 组散热器）	7.8[0.8（地下管道）]
3	焊接钢管丝接 DN20	m	[8.3-8.0（自动排气阀立管）]+8.0（供热立管）+0.8（供热立管地下部分）–0.5（散热器进出口间距）+[2.24–0.5 散热器支管]×12	29.48[0.8（地下管道）]
4	板式散热器 H500×1000	组		6
5	法兰阀 DN80	个		2
6	螺纹阀 DN25	个		2
7	螺纹阀 DN20	个		4
8	自动排气阀 DN20	个		1
9	手动放风阀 ∮10	个		6
10	焊接法兰 DN80	副		2
11	管道支架制作安装	kg	14.8m（地下管道）×0.62kg/m（附录）+（4.0+6.0）m（供热水平干管）×0.45kg/m（附录）	13.68
12	管卡 DN80	个	8（立管）×1.67 个/10m（附录）	1.34≈1
13	管卡 DN25	个	7.8（立管）×2.86 个/10m（附录）	2.23≈2
14	管卡 DN20	个	29.48（立支管）×3.33 个/10m（附录）	9.82≈10
15	一般钢套管 DN80	个		2
16	一般钢套管 DN25	个		2
17	一般钢套管 DN20	个		2
18	楼板预留孔洞 DN50 以内	个		4
19	楼板预留孔洞 DN80 以内	个		2
20	人工除轻锈	m^2	32.8×27.79/100（附录）+7.8×10.52/100（附录）+29.48×8.4/100（附录）	12.41
21	管道刷红丹防锈漆	m^2	32.8×27.79/100+7.8×10.52/100+29.48×8.4/100	12.41
22	管道刷银粉漆两遍	m^2	18×27.79/100+7×10.52/100+28.68×8.4/100	8.16
23	管道岩棉保温（δ=30mm）	m^3	14.8×1.16/100+0.8×0.63/100+0.8×0.56/100	0.18
24	玻璃丝布保护层	m^3	14.8×50.15/100+0.8×32.88/100+0.8×30.77/100	7.93
25	玻璃丝布外冷底子油	m^3	14.8×50.15/100+0.8×32.88/100+0.8×30.77/100	7.93

注 1．带下划线数字，例如：0.8 为地面以下管道，标注的目的是便于计算保温、保护层数量。

2．除锈、刷油、保温及保护层数量的计算参照《安装定额》第十二册附录或本教材附录 6“管道工程绝热、刷油工程量计算表”。例如 DN80 钢管，表面积 27.79m^2/100m。

3．支架计算《安装定额》第十册附录或参照本教材附录 8,DN80 保温管 0.62kg/m；不保温管 0.45kg/m。

4．管卡计算《安装定额》第十册附录或参照本教材附录 7，DN80 不保温管 1.67 个/10m。

附录3-2《山东省安装工程价目表》第十册 给排水、采暖工程 节选

附录3-3《山东省安装工程价目表》第十二册 刷油、防腐蚀、绝热工程 节选

（二）计算分部分项工程费（套定额）

根据计算的工程量，套用《价目表》第十册（附录3-2）和第十二册（附录3-3）以及主要材料价格（见表2-1-1），计算分部分项工程费。如表2-3-2所示。填表顺序一般为：

（1）先结合《价目表》及“算量表”，填写项目名称；

（2）依据项目名称、《价目表》填写定额编号、定额单位；

（3）工程数量根据“算量表”及定额单位进行换算；

（4）单价和人工费来自《价目表》，主材费根据主材单价和《安装定额》中的材料消耗量计算；

（5）工程数量分别乘以单价、人工费、主材费得到合计中的合价、人工费、主材费。

表2-3-2 安装工程预（结）算书

工程名称：某办公楼采暖工程 共1页 第1页

序号	定额编号	项目名称	单位	数量	增值税（一般计税）			合计		
					单价	人工费	主材费	合价	人工费	主材费
1	10-2-40	焊管焊接DN80	10m	3.28	332.45	266.15	150.90	1090.44	872.97	494.95
		管件DN80	个	3.61			20.00			72.16
2	10-2-14	焊管丝接DN25	10m	0.78	223.55	213.31	77.60	174.37	166.38	60.53
		管件DN25	个	9.60			5.00			48.01
3	10-2-13	焊管丝接DN20	10m	2.95	183.88	178.09	48.50	542.45	525.37	143.08
		管件DN20	个	36.99			4.00			147.97
4	10-5-41	法兰阀DN80	个	2.00	66.98	45.32	250.00	133.96	90.64	500.00
5	10-5-3	螺纹阀DN25	个	2.00	29.35	11.33	30.30	58.70	22.66	60.60
6	10-5-2	螺纹阀DN20	个	4.00	24.97	10.3	25.25	99.88	41.20	101.00
7	10-5-141	法兰焊接DN80	副	2.00	67.94	42.23	50.00	135.88	84.46	100.00
8	10-5-29	自动排气阀DN20	个	1.00	23.25	13.39	40.00	23.25	13.39	40.00
9	10-5-31	手动跑风∮10	个	6.00	3.73	3.09	1.52	22.38	18.54	9.09
10	10-7-25	板式散热器H500×1000	组	6.00	27.48	26.16	300.00	164.88	156.96	1800.00
11	10-11-1	管道支架制作（5kg以内）	100kg	0.14	824.48	578.76	525.00	115.43	81.03	73.50
12	10-11-6	管道支架安装	100kg	0.14	564.85	311.68	0.00	79.08	43.64	0.00
13	10-11-15	管卡DN80	个	1.0	2.2	1.75	10.50	2.20	1.75	10.50
14	10-11-12	管卡DN25	个	2.0	1.62	1.24	4.20	3.24	2.48	8.40
15	10-11-11	管卡DN20	个	10.0	1.51	1.13	3.15	15.10	11.30	31.50
16	10-11-29	一般钢套管DN80	个	2.00	43.78	25.34	4.77	87.56	50.68	9.54
17	10-11-26	一般钢套管DN25	个	2.00	13.31	9.99	2.54	26.62	19.98	5.09

续表

序号	定额编号	项目名称	单位	数量	增值税（一般计税）			合计		
					单价	人工费	主材费	合价	人工费	主材费
18	10-11-25	一般钢套管 DN20	个	2.00	11.27	8.76	1.59	22.54	17.52	3.18
19	10-11-179	楼板预留孔洞 DN80 以内	10 个	0.20	69.49	56.65		13.90	11.33	0.00
20	10-11-177	楼板预留孔洞 DN50 以内	10 个	0.40	53.45	44.29		21.38	17.72	0.00
21		第八册小计						**2833.23**	**2249.99**	**3719.09**
22	12-1-1	人工除轻锈	$10m^2$	1.24	34.26	31.21	0.00	42.48	38.70	0.00
23	12-2-1	管道刷红丹防锈漆一遍	$10m^2$	1.24	18.72	17.82	0.00	23.21	22.10	0.00
24	12-2-22	管道刷银粉漆第一遍	$10m^2$	0.82	22.85	21.53	0.00	18.74	17.65	0.00
25	12-2-23	管道刷银粉漆增一遍	$10m^2$	0.82	21.58	20.7		17.70	16.97	0.00
26	12-4-21	管道岩棉管壳保温	m^3	0.18	276.61	238.75	515.00	49.79	42.98	92.70
27	12-4-135	玻璃丝布保护层	$10m^2$	0.79	37.44	37.18	140.00	29.58	29.37	110.60
28	12-2-184	玻璃丝布外冷底子油	$10m^2$	0.79	113.31	78.9	0.00	89.51	62.33	0.00
29		第十一册小计						**271.01**	**230.10**	**203.30**
30		分部分项工程费	2833.23+3719.09+271.01+203.30=7026.63					7026.63	2480.09	

注 DN80 管件来自定额损耗，数量：3.28×1.1=3.61；DN25 管件 0.78×12.31=9.6；DN20 管件 2.95×12.54=36.99。

（三）计算安装工程费用（取费）

根据《费用标准》（本教材附录 1）相关程序及民用安装工程各项费率，计取各类费用。其中单价措施费中的脚手架搭拆费，根据《安装定额》第十册定额说明中规定，按照定额人工费 5%计算，人工费占 35%，见表 2-3-3。

表 2-3-3　　定额计价费用计算

项目名称：某办公楼采暖工程

序号	费用名称	计算方法	金额（元）
一	分部分项工程费	详“套定额”分部分项工程合价	7026.63
	计费基础 JD1	详“套定额”分部分项工程“合计人工费”	2480.09
二	措施项目费	2.1+2.2	585.30
	2.1 单价措施费		372.01
	1.脚手架搭拆费	2480.09×5%	124.00
	其中：人工费	124.00×35%	43.40
	2.采暖工程系统调整费	2480.09×10%	248.01
	其中：人工费	248.01×35%	86.80
	2.2 总价措施费	1+2+3+4	213.29
	1.夜间施工费	2480.09×2.50%	62.00
	2.二次搬运费	2480.09×2.10%	52.08
	3.冬雨季施工增加费	2480.09×2.80%	69.44
	4.已完工程及设备保护费	2480.09×1.20%	29.76
	计费基础 JD2	43.40+86.80+62.00×50%+52.08×40%+69.44×40%+29.76×25%	217.26

续表

<table>
<tr><th>序号</th><th>费用名称</th><th>计算方法</th><th>金额（元）</th></tr>
<tr><td rowspan="9">三</td><td>其他项目费</td><td>3.1+3.3+⋯+3.8</td><td></td></tr>
<tr><td>3.1 暂列金额</td><td rowspan="8">按相应规定计算</td><td></td></tr>
<tr><td>3.2 专业工程暂估价</td><td></td></tr>
<tr><td>3.3 特殊项目暂估价</td><td></td></tr>
<tr><td>3.4 计日工</td><td></td></tr>
<tr><td>3.5 采购保管费</td><td></td></tr>
<tr><td>3.6 其他检验试验费</td><td></td></tr>
<tr><td>3.7 总承包服务费</td><td></td></tr>
<tr><td>3.8 其他</td><td></td></tr>
<tr><td>四</td><td>企业管理费</td><td>（2480.09+217.26）×55%</td><td>1483.54</td></tr>
<tr><td>五</td><td>利润</td><td>（2480.09+217.26）×32%</td><td>863.15</td></tr>
<tr><td rowspan="6">六</td><td>规费</td><td>6.1+6.2+6.3+6.4+6.5</td><td>707.56</td></tr>
<tr><td>6.1 安全文明施工费</td><td>（7026.63+585.30+1483.54+863.15）×4.98%</td><td>495.94</td></tr>
<tr><td>6.2 社会保险费</td><td>（7026.63+585.30+1483.54+863.15）×1.52%</td><td>151.37</td></tr>
<tr><td>6.3 住房公积金</td><td>（7026.63+585.30+1483.54+863.15）×0.22%</td><td>21.91</td></tr>
<tr><td>6.4 工程排污费</td><td>（7026.63+585.30+1483.54+863.15）×0.28%</td><td>27.88</td></tr>
<tr><td>6.5 建设项目工伤保险</td><td>（7026.63+585.30+1483.54+863.15）×0.105%</td><td>10.46</td></tr>
<tr><td>七</td><td>设备费</td><td>∑（设备单价×设备工程量）</td><td></td></tr>
<tr><td>八</td><td>税金</td><td>（7026.63+585.30+1483.54+863.15+724.99）×9%</td><td>959.96</td></tr>
<tr><td>九</td><td>工程费用合计</td><td>7026.63+585.30+1483.54+863.15+724.99+1175.20</td><td>11626.14</td></tr>
</table>

七、任务总结

通过上述任务的学习，学到哪些知识？还存在哪些疑问？

八、任务拓展

地板辐射采暖管道长度的计算。

定额规定：地板辐射采暖管道区分管道外径，按设计图示中心线长度计算，以“10m”为计量单位。对于在地板内铺设的地暖管长度如何计算？

（1）精确计算需在电子版图纸上分段量取。

（2）若要粗略计算，可根据铺设的面积除以管道的间距就是管子长度。房间的面积 s 等于房间长度 a 乘以宽度 b，地暖管间距是 150mm，则地暖管用量长度 L 等于 a 除以 150 乘以 b，等于 s 除以 150。例如铺设面积是 $70m^2$，管道间距是 0.15m，那么就是 70/0.15=467m。

九、知识测试与能力训练

（1）焊接钢管的螺纹连接，定额计价套用________。

（2）建筑采暖工程定额计价，需要使用________册定额和________册定额。

（3）方形补偿器所占长度________管道安装工程量。方形补偿器制作安装________相应项目。

（4）与分集水器进出口连接的管道工程量，应计算至__________。

（5）铸铁散热器组对安装以_____为计量单位；成组铸铁散热器安装按为计量单位计算。

（6）手动放气阀如随散热器已配套安装就位时________。

（7）本项目任务一“任务拓展”中某项目配套采暖工程，如图 2-1-10～图 2-1-13 所示。定额计价工程量计算，填入表 2-3-4。本案例暂不考虑管卡、支架、堵洞以及除锈、刷油等内容。

采暖工程量计算表

表 2-3-4　　工程量计算表

工程名称：项目配套采暖工程

序号	项目名称	计量单位	工程量	工程量计算过程
1				
2				
3				
4				
5				
6				
7				
8				
9				
10				
11				
12				
13				
14				
15				
16				
17				
18				

任务四　编制建筑采暖工程工程量清单

一、引导问题

参照“项目一，任务四”中“引导问题”相关内容。

二、任务说明

以本项目任务一为案例，针对某办公楼采暖工程，作为招标人，编制工程量清单，为编制招标控制价或投标人清单报价做准备。

三、任务要求

通过对建筑采暖工程清单的编制训练，掌握建筑采暖工程工程量清单的编制内容和编制方法。通过《计量规范》中的工程量计算规则的学习，培养学生遵守行业标准、实事求是的品格。通过清单编制的计算训练，培养学生的细致耐心的品格。

四、知识链接

参照本教材“项目一，任务四”中的工程量清单概述和《计量规范》“工程量计算规则”。

建筑采暖工程量清单“工程量计算规则”，详见《计量规范》附录 K 给排水、采暖工程（附录 5-2）、附录 M 刷油、防腐蚀、绝热工程（附录 5-3）、附录 N 措施项目（附录 5-4）。

五、任务分析

参照“项目一，任务四”中《计量规范》“工程计算规则”任务分析相关内容。

六、任务实施

本项目“任务一”案例，作为招标人，编制某办公楼采暖工程工程量清单。工程量清单编制使用的表格包括：《计价规范》（附录 4）的封-1、扉-1、表-01、表-08、表-11、表-12（含表-12-1～表-12-5）、表-13、表-20、表-21（扫码获取）。

附录5-2《通用安装工程工程量计算规范》GB 50586—2013 附录K 给排水、采暖工程节选

附录5-3《通用安装工程工程量计算规范》GB 50586—2013 附录M 刷油、防腐蚀、绝热节选

附录5-4《通用安装工程工程量计算规范》GB 50586—2013 附录N措施项目节选

采暖工程量清单编制

1. 封面（《计价规范》附录 B 封-1）（见表 2-4-1）

表 2-4-1

某办公楼采暖工程

招标工程量清单

招　标　人：　某单位

（单位盖章）

造价咨询人：　某造价咨询公司

（单位盖章）

××××年××月××日

2. 扉页（《计价规范》附录C扉-1）（见表2-4-2）

表2-4-2

某办公楼采暖工程

招标工程量清单

招标人：某单位
（单位盖章）

工程造价
咨询人：某造价咨询公司
（单位资质专用章）

法定代表人
或其授权人：××
（签字或盖章）

法定代表人
或其授权人：××
（签字或盖章）

编制人：××
（造价人员签字盖专用章）

复核人：××
（造价工程师签字盖专用章）

编制时间：××××年 ××月××日

复核时间：××××年××月××日

3. 总说明（见表2-4-3）

表2-4-3 总说明

工程名称：某办公楼采暖工程 第1页 共1页

1. 工程概况：某办公楼建设面积1500m^2、二层砖混结构、采暖工程安装计划工期45日历天、施工现场已做好三通一平等，已具备开工条件。

2. 工程招标和专业工程发包范围：图纸范围内采暖工程全部内容。

3. 工程量清单编制依据：《建设工程工程量清单计价规范》（GB 50500—2013）、《通用安装工程工程量计算规范》（GB 50856—2013）、施工图说、工程所在地建设主管部门的相关规定等。

4. 工程质量、材料、施工等的特殊要求：质量达到合格标准；所有材料甲订乙供；施工中做到安全文明施工

4. 分部分项工程和单价措施项目清单表

各分部分项工程工程量计算可参见本项目“任务三”表2-3-1“工程量计算表”。分部分项工程和单价措施项目清单表详见表2-4-4。

表2-4-4 分部分项工程和单价措施项目清单表

工程名称：某办公楼采暖工程

序号	项目编码	项目名称	项目特征描述	计量单位	工程量
1	031001002001	钢管	室内采暖工程，焊接钢管DN80，焊接，水压试验	m	32.8
2	031001002002	钢管	室内采暖工程，焊接钢管DN25，螺纹连接，水压试验	m	7.8
3	031001002003	钢管	室内采暖工程，焊接钢管DN20，螺纹连接，水压试验	m	29.48
4	031002001001	管道支架	角钢∠50×50×5，一般活动支架	kg	13.68

续表

序号	项目编码	项目名称	项目特征描述	计量单位	工程量
5	031002001002	管卡	钢制管卡，DN80	套	5
6	031002001003	管卡	钢制管卡，DN25	套	1
7	031002001004	管卡	钢制管卡，DN20	套	10
8	031002003001	套管	套管，焊接钢管，DN80，除锈刷油	个	2
9	031002003002	套管	套管，焊接钢管，DN25，除锈刷油	个	2
10	031002003003	套管	套管，焊接钢管，DN20，除锈刷油	个	2
11	031003003001	焊接法兰阀门	钢制法兰阀 DN80，法兰连接	个	2
12	031003001001	螺纹阀门	钢制螺纹阀，DN25，螺纹连接	个	2
13	031003001002	螺纹阀门	钢制螺纹阀，DN20，螺纹连接	个	4
14	031003001003	自动排气阀	钢制自动排气阀，DN20，螺纹连接	个	1
15	031003011001	法兰	钢制法兰，DN80，焊接	副	2
16	031005002001	钢制散热器	钢制板式散热器，H500×1000，成品，挂装	组	6
17	031009001001	采暖工程系统调试	上供下回，采暖工程	系统	1
18	031201001001	管道刷油	除轻锈，刷红丹防锈漆一遍	m^2	12.41
19	031201001002	管道刷油	银粉漆二遍	m^2	8.16
20	031201006001	布面刷油	玻璃丝布，冷底子油一遍	m^2	7.93
21	031208002001	管道保温	岩棉管壳，δ=30mm，管径 DN80,DN25,DN20	m^3	0.18
22	031208007001	保护层	玻璃丝布，一层，管道	m^2	7.93

5. 总价措施项目清单表（见表 2-4-5）

总价措施项目参照《计量规范》附录 N 的规定及《费用标准》确定。脚手架搭拆费属于单价措施费，由于其计算方法与总价措施费类似，故列于总价措施项目清单表中。

表 2-4-5 总价措施项目清单表

工程名称：某办公楼采暖工程　　标段：　　第 1 页　共 1 页

序号	项目编码	项目名称	计算基础	费率（%）	金额（元）	调整费率（%）	调整后金额（元）	备注
1	031302002001	夜间施工费						
2	031302004001	二次搬运费						
3	031302005001	冬雨季施工增加费						
4	031302006001	已完工程及设备保护费						
5	031301017001	脚手架搭拆费						
		合计						

编制人（造价人员）：　　复核人（造价工程师）：

6. 其他项目清单汇总表（见表 2-4-6）

其他项目清单参照《计价规范》《计量规范》确定。

表 2-4-6 **其他项目清单汇总表**

工程名称：某办公楼采暖工程 标段： 第 1 页 共 1 页

序号	项目名称	金额（元）	结算金额（元）	备注
1	暂列金额			
2	暂估价			
2.1	材料暂估价			
2.2	专业工程暂估价			
3	计日工			
4	总承包服务费			
合计				

注 材料（工程设备）暂估单价进入清单项目综合单价，此处不汇总。

7. 材料暂估单价表（见表 2-4-7）

本项目材料暂估单价表可参见表 2-1-1，主要材料（主材）价格相关数据。

表 2-4-7 **材料（工程设备）暂估单价及调整表**

工程名称：某办公楼采暖工程 标段： 第 页 共 页

序号	材料（工程设备）名称、规格、型号	计量单位	数量		暂估（元）		确认（元）		差额±（元）		备注
			暂估	确认	单价	合价	单价	合价	单价	合价	
1	焊接钢管 DN125	m			30.00						
2	焊接钢管 DN80	m			15.00						
3	焊接钢管 DN50	m			12.00						
4	焊接钢管 DN32	m			10.00						
5	焊接钢管 DN25	m			8.00						
6	焊接钢管 DN20	m			5.00						
7	钢制板式散热器 H500×1000	组			300.00						
8	自动排气阀 DN20	个			40.00						
9	手动放风阀 ∮10	个			1.50						
10	管件 DN80	个			20.00						
11	管件 DN25	个			5.00						
12	管件 DN20	个			4.00						
13	法兰阀 DN80	个			250.00						
14	螺纹阀 DN25	个			30.00						
15	螺纹阀 DN20	个			25.00						
16	平焊法兰 DN80	片			25.00						
17	岩棉管壳，厚 30mm	m^3			500.00						
18	玻璃丝布	m^3			10.00						
19	角钢∠50×5	kg			5.00						
20	管卡 DN80	个			10.00						

续表

序号	材料（工程设备）名称、规格、型号	计量单位	数量		暂估（元）		确认（元）		差额±（元）		备注
			暂估	确认	单价	合价	单价	合价	单价	合价	
21	管卡 DN25	个			4.00						
22	管卡 DN20	个			3.00						
23	醇酸防锈漆	kg			10.00						
24	银粉漆	kg			12.00						
合计											

注　此表由招标人填写“暂估单价”，并在备注栏说明暂估价的材料、工程设备拟用在哪些清单项目上，投标人应将上述材料、工程设备暂估单价计入工程量清单综合单价报价中。

8. 规费、税金项目计价表（见表 2-4-8）

规费、税金项目按《计价规范》及当地《费用标准》执行。

表 2-4-8　　规费、税金项目计价表

工程名称：某办公楼采暖工程　　标段：　　第 1 页　共 1 页

序号	项目名称	计算基础	计算基数	计算费率（%）	金额（元）
1	规费				
1.1	安全文明施工费				
1.1.1	环境保护费				
1.1.2	文明施工费				
1.1.3	临时设施费				
1.1.4	安全施工费				
1.2	工程排污费				
1.3	社会保障费				
1.4	住房公积金				
1.5	危险作业意外伤害保险				
2	税金				
合计					

编制人（造价人员）：　　复核人（造价工程师）：

七、任务总结

通过上述任务的学习，学到哪些知识？还存在哪些疑问？

八、任务拓展

一般计税方法和简易计税方法的区别：

增值税的计税方法，包括一般计税方法、简易计税方法。

一般计税方法指的是计算一般纳税人发生应税行为的应纳税额，是指当期销项税额抵扣当期进项税额后的余额。应纳税额计算公式：应纳税额=当期销项税额－当期进项税额。当期销项税额小于当期进项税额不足抵扣时，其不足部分可以结转下期继续抵扣。一般计税方法适用范围是一般纳税人。

简易计税方法又称简易征收，即简易征税办法，是增值税一般纳税人，因行业的特殊性，无法取得原材料或货物的增值税进项发票，所以按照进销项的方法核算增值税应纳税额后税负过高，因此对特殊的行业采取按照简易征收率征收增值税。小规模纳税人发生应税销售行为适用简易计税方法计税。

1. 计算公式

（1）一般计税方法：

当期应纳税额=当期销项税额－当期准予抵扣的进项税额

当期销项税额=不含增值税销售额×适用税率=含增值税销售额÷（1+适用税率）×适用税率

（2）简易计税方法：

当期应纳税额=不含税销售额×征收率=含税销售额÷（1+征收率）×征收率

2. 税率

简易计税办法使用的税率一般以3%；一般计税方法使用的税率根据使用情形涉及不同税率。

3. 抵扣

适用简易计税方法，不得抵扣进项税额；采用一般计税方法的通常可以抵扣进项税额。

4. 开具专票

适用按 3%简易计税办法计算缴纳增值税的项目，小规模纳税人可向税务机关申请代开增值税专用发票；而采用一般计税方法的一般纳税人通常可以开具增值税专用发票。

九、知识测试与能力训练

（1）工程量清单的编制依据采用________规范和________规范。

（2）分部分项工程及单价措施费中的项目编码包括________数字。

（3）分部分项工程及单价措施费中的项目特征描述根据________和________填写。

（4）分部分项工程工程量清单的编制过程是怎样的？

分部分项工程量清单表

某项目配套采暖工程，如图 2-1-10～图 2-1-13 所示，采用铜铝复合散热器，型号 SCTLZY-17-8X-1.0，进出口中心距 700mm。根据《计量规范》的工程量计算规则，算出管道安装工程量为 8 组。试编制工程量清单填入表 2-4-9。

表 2-4-9　　分部分项工程和单价措施项目清单表

工程名称：项目配套采暖工程

序号	项目编码	项目名称	项目特征	计量单位	工程量	金额（元）		
						综合单价	合价	其中暂估价

任务五　建筑采暖工程工程量清单计价

一、引导问题

参照“项目一，任务五”中“引导问题”相关内容。

二、任务说明

根据工程量清单及招标文件要求，以招标人的身份，编制招标控制价或以投标人身份编制工程量清单报价文件。

采暖工程工程量清单计价

三、任务要求

根据本项目“任务四”案例“某办公楼采暖工程工程量清单”内容，编制招标控制价文件，确定招标控制价。主要应掌握工程量清单计价的编制内容，工程量清单计价的编制方法和综合单价分析表的填报。

四、知识链接

参照项目一，任务五，“知识链接”相关“安装工程清单计价”相关内容。

五、任务分析

参照“项目一，任务五”中“任务分析”相关内容。

六、任务实施

根据本项目“任务四”描述的“某办公楼采暖工程工程量清单”内容及招标文件要求，招标人编制招标控制价或投标人编制工程量清单计价文件。以下按计价编制顺序编排。

计价完成后，装订顺序按《计价规范》（附录4）要求。

（一）总说明（见表2-5-1）

参考《计价规范》附录D表-01。

表2-5-1 总 说 明

工程名称：某办公楼采暖工程 第1页 共1页

1．工程概况：某办公楼建设面积1500m^2、二层砖混结构、采暖工程安装计划工期45日历天、施工现场已做好三通一平等，已具备开工条件。
2．工程招标和专业工程发包范围：图纸范围内采暖工程全部内容。
3．工程量清单计价编制依据：工程量清单、《建设工程工程量清单计价规范》（GB 50500—2013）、《通用安装工程工程量计算规范》（GB 50856—2013）、施工图说、工程所在地建设主管部门的相关规定等。
4．工程质量、材料、施工等的特殊要求：质量达到合格标准；所有材料乙供；施工中做到安全文明施工。
5．本工程管理费费率按55%，利润率按32%计取；规费费率及税金税率为不可竞争费，执行当地规定。人工单价按103元/工日执行（鲁建标字〔2017〕1号文规定）。有关主材价格按暂估价计入

（二）工程量清单综合单价分析表（见表2-5-2～表2-5-23）

（1）表中工程名称、项目编码、项目名称、计量单位均来自工程量清单“分部分项工程和单价措施项目清单表”。

（2）清单综合单价组成明细中“定额名称”依据工程量清单“分部分项工程和单价措施项目清单”中的项目特征描述，参考《安装定额》填写。定额编号、定额单位、单价中的人工费、材料费、机械费参考《价目表》填写。单价中的管理费、利润，依据“总说明”中选取的管理费率、利润率，以“单价人工费”为基础计算。

（3）实体项目“数量”来自工程量清单“分部分项工程和单价措施项目清单”，需根据定额单位换算或按“清单单位含量”计入；若有附属项目“数量”根据图说及《安装定额》“工程量计算规则”计算。

（4）材料费明细中的“主要材料”来自参考定额的各未计价材料（主材），材料数量包括定额损耗。工程量清单中列出材料暂估单价的填入“暂估单价”表格中；未列出暂估单价的材料单价由投标方竞价填报，填入“单价”表格。

（5）将“小计”中的人工费、材料费、机械费、管理费、利润以及“未计价材料费”相加，除以本项目工程量清单数量即为“清单项目综合单价”。

表 2-5-2

工程量清单综合单价分析表（一）

工程名称：某办公楼采暖工程　　　　标段：　　　　第 1 页　共 22 页

项目编码	031001002001		项目名称		钢管				计量单位			m	
清单综合单价组成明细													
定额编号	定额名称	定额单位	数量	单价					合价				
				人工费	材料费	机械费	管理费	利润	人工费	材料费	机械费	管理费	利润
10-2-40	焊接钢管焊接 DN80	10m	3.28	266.15	22.44	43.86	146.38	85.17	872.97	73.60	143.86	480.13	279.35
人工单价		小计							**872.97**	**73.60**	**143.86**	**480.13**	**279.35**
103 元/工日		未计价材料费							567.77				
清单项目综合单价									**73.71**				
材料费明细	主要材料名称、规格、型号					单位	数量		单价（元）	合价（元）	暂估单价（元）		暂估合价（元）
	焊接钢管 DN80					m	33.00				15		494.95
	焊接钢管管件 DN80					个	3.64				20		72.82
	其他材料费												73.60
	材料费小计												641.37

注　1．主要材料数量：根据清单数量乘以定额损耗：焊接钢管 DN80,33.00=3.28×10.06;焊接钢管件 DN80，3.64=3.25×1.11。

2．单价中管理费：146.38=266.15×55%，利润：85.17=266.15×32%。

3．综合单价：（872.97+73.60+143.86+480.13+279.35+677.77）/32.8=73.71。

表 2-5-3

工程量清单综合单价分析表（二）

工程名称：某办公楼采暖工程　　　　标段：　　　　第 2 页　共 22 页

项目编码	031001002002		项目名称		钢管				计量单位			m	
清单综合单价组成明细													
定额编号	定额名称	定额单位	数量	单价					合价				
				人工费	材料费	机械费	管理费	利润	人工费	材料费	机械费	管理费	利润
10-2-14	焊接钢管丝接 DN25	10m	0.78	213.31	5.19	5.05	117.32	68.26	166.38	4.05	3.94	91.51	53.24
人工单价		小计							**166.38**	**4.05**	**3.94**	**91.51**	**53.24**
103 元/工日		未计价材料费							108.54				
清单项目综合单价									**54.83**				
材料费明细	主要材料名称、规格、型号					单位	数量		单价（元）	合价（元）	暂估单价（元）		暂估合价（元）
	焊接钢管 DN25					m	7.57				8		60.53
	焊接钢管管件 DN25					个	9.60				5		48.01
	其他材料费												4.05
	材料费小计												112.59

表 2-5-4

工程量清单综合单价分析表（三）

工程名称：某办公楼采暖工程　　标段：　　第 3 页　共 22 页

项目编码	031001002003			项目名称	钢管					计量单位	m		
清单综合单价组成明细													
定额编号	定额名称	定额单位	数量	单价					合价				
				人工费	材料费	机械费	管理费	利润	人工费	材料费	机械费	管理费	利润
10-2-13	焊接钢管丝接 DN20	10m	2.95	178.09	3.77	2.02	97.95	56.99	525.37	11.12	5.96	288.95	168.12
人工单价		小计							**525.37**	**11.12**	**5.96**	**288.95**	**168.12**
103 元/工日		未计价材料费							291.05				
清单项目综合单价									43.75				
材料费明细	主要材料名称、规格、型号				单位		数量		单价（元）	合价（元）	暂估单价（元）	暂估合价（元）	
	焊接钢管 DN20				m		28.62				5	143.08	
	焊接钢管管件 DN20				个		36.99				4	147.97	
	其他材料费											11.12	
	材料费小计											302.17	

表 2-5-5

工程量清单综合单价分析表（四）

工程名称：某办公楼采暖工程　　标段：　　第 4 页　共 22 页

项目编码	031002001001			项目名称	管道支架					计量单位	kg		
清单综合单价组成明细													
定额编号	定额名称	定额单位	数量	单价					合价				
				人工费	材料费	机械费	管理费	利润	人工费	材料费	机械费	管理费	利润
10-11-1	管道支架制作	100kg	0.14	578.76	59.54	186.18	318.32	185.20	81.03	8.34	26.07	44.56	25.93
10-11-6	管道支架安装	100kg	0.14	311.68	134.81	118.36	171.42	99.74	43.64	18.87	16.57	24.00	13.96
人工单价		小计							**81.03**	**8.34**	**26.07**	**44.56**	**25.93**
103 元/工日		未计价材料费							73.50				
清单项目综合单价									18.53				
材料费明细	主要材料名称、规格、型号				单位		数量		单价（元）	合价（元）	暂估单价（元）	暂估合价（元）	
	角钢∠50×50×5				kg		14.70				5	73.50	
	其他材料费											8.34	
	材料费小计											81.84	

表 2-5-6

工程量清单综合单价分析表（五）

工程名称：某办公楼采暖工程　　标段：　　第 5 页　共 22 页

<table>
<tr><td colspan="2">项目编码</td><td colspan="2">031002001002</td><td colspan="2">项目名称</td><td colspan="5">钢管</td><td colspan="2">计量单位</td><td>m</td></tr>
<tr><td colspan="14">清单综合单价组成明细</td></tr>
<tr><td rowspan="2">定额编号</td><td rowspan="2">定额名称</td><td rowspan="2">定额单位</td><td rowspan="2">数量</td><td colspan="5">单价</td><td colspan="5">合价</td></tr>
<tr><td>人工费</td><td>材料费</td><td>机械费</td><td>管理费</td><td>利润</td><td>人工费</td><td>材料费</td><td>机械费</td><td>管理费</td><td>利润</td></tr>
<tr><td>10-11-15</td><td>管卡 DN80</td><td>个</td><td>1</td><td>1.75</td><td>0.45</td><td></td><td>0.96</td><td>0.56</td><td>1.75</td><td>0.45</td><td>0.00</td><td>0.96</td><td>0.56</td></tr>
<tr><td colspan="2">人工单价</td><td colspan="7">小计</td><td>1.75</td><td>0.45</td><td>0.00</td><td>0.96</td><td>0.56</td></tr>
<tr><td colspan="2">103 元/工日</td><td colspan="7">未计价材料费</td><td colspan="5">10.50</td></tr>
<tr><td colspan="9">清单项目综合单价</td><td colspan="5">14.22</td></tr>
<tr><td rowspan="4">材料费明细</td><td colspan="4">主要材料名称、规格、型号</td><td colspan="2">单位</td><td colspan="2">数量</td><td>单价（元）</td><td>合价（元）</td><td colspan="2">暂估单价（元）</td><td>暂估合价（元）</td></tr>
<tr><td colspan="4">管卡 DN80</td><td colspan="2">个</td><td colspan="2">1.05</td><td></td><td></td><td colspan="2">10</td><td>10.50</td></tr>
<tr><td colspan="8">其他材料费</td><td></td><td></td><td colspan="2"></td><td>0.45</td></tr>
<tr><td colspan="8">材料费小计</td><td></td><td></td><td colspan="2"></td><td>10.95</td></tr>
</table>

表 2-5-7

工程量清单综合单价分析表（六）

工程名称：某办公楼采暖工程　　标段：　　第 6 页　共 22 页

<table>
<tr><td colspan="2">项目编码</td><td colspan="2">031002001003</td><td colspan="2">项目名称</td><td colspan="5">钢管</td><td colspan="2">计量单位</td><td>m</td></tr>
<tr><td colspan="14">清单综合单价组成明细</td></tr>
<tr><td rowspan="2">定额编号</td><td rowspan="2">定额名称</td><td rowspan="2">定额单位</td><td rowspan="2">数量</td><td colspan="5">单价</td><td colspan="5">合价</td></tr>
<tr><td>人工费</td><td>材料费</td><td>机械费</td><td>管理费</td><td>利润</td><td>人工费</td><td>材料费</td><td>机械费</td><td>管理费</td><td>利润</td></tr>
<tr><td>10-11-12</td><td>管卡 DN25</td><td>个</td><td>2</td><td>1.24</td><td>0.38</td><td></td><td>0.68</td><td>0.40</td><td>2.48</td><td>0.76</td><td>0.00</td><td>1.36</td><td>0.79</td></tr>
<tr><td colspan="2">人工单价</td><td colspan="7">小计</td><td>2.48</td><td>0.76</td><td>0.00</td><td>1.36</td><td>0.79</td></tr>
<tr><td colspan="2">103 元/工日</td><td colspan="7">未计价材料费</td><td colspan="5">8.40</td></tr>
<tr><td colspan="9">清单项目综合单价</td><td colspan="5">6.90</td></tr>
<tr><td rowspan="4">材料费明细</td><td colspan="4">主要材料名称、规格、型号</td><td colspan="2">单位</td><td colspan="2">数量</td><td>单价（元）</td><td>合价（元）</td><td colspan="2">暂估单价（元）</td><td>暂估合价（元）</td></tr>
<tr><td colspan="4">管卡 DN25</td><td colspan="2">个</td><td colspan="2">2.10</td><td></td><td></td><td colspan="2">4</td><td>8.40</td></tr>
<tr><td colspan="8">其他材料费</td><td></td><td></td><td colspan="2"></td><td>0.76</td></tr>
<tr><td colspan="8">材料费小计</td><td></td><td></td><td colspan="2"></td><td>9.16</td></tr>
</table>

表 2-5-8

工程量清单综合单价分析表（七）

工程名称：某办公楼采暖工程　　标段：　　第 7 页　共 22 页

项目编码		031002001004		项目名称		钢管				计量单位		m	
清单综合单价组成明细													
定额编号	定额名称	定额单位	数量	单价					合价				
				人工费	材料费	机械费	管理费	利润	人工费	材料费	机械费	管理费	利润
10-11-11	管卡 DN20	个	2	1.13	0.38		0.62	0.36	2.26	0.76	0.00	1.24	0.72
人工单价		小计							**2.26**	**0.76**	**0.00**	**1.24**	**0.72**
103 元/工日		未计价材料费							6.30				
清单项目综合单价									5.64				
材料费明细	主要材料名称、规格、型号				单位		数量		单价（元）	合价（元）		暂估单价（元）	暂估合价（元）
	管卡 DN20				个		2.10					3	6.30
	其他材料费												0.76
	材料费小计												7.06

表 2-5-9

工程量清单综合单价分析表（八）

工程名称：某办公楼采暖工程　　标段：　　第 8 页　共 22 页

项目编码		031002003001		项目名称		套管				计量单位		个	
清单综合单价组成明细													
定额编号	定额名称	定额单位	数量	单价					合价				
				人工费	材料费	机械费	管理费	利润	人工费	材料费	机械费	管理费	利润
10-11-29	一般钢套管 DN80	个	2	25.34	17.42	1.02	13.94	8.11	50.68	34.84	2.04	27.87	16.22
10-11-179	预留洞口 DN80	10 个	0.2	56.65	12.01	0.83	31.16	18.13	11.33	2.40	0.17	6.23	3.63
人工单价		小计							**62.01**	**37.24**	**2.21**	**34.11**	**19.84**
103 元/工日		未计价材料费							19.08				
清单项目综合单价									87.24				
材料费明细	主要材料名称、规格、型号				单位		数量		单价（元）	合价（元）		暂估单价（元）	暂估合价（元）
	焊接钢管 DN125				m		0.64					30	19.08
	其他材料费												37.24
	材料费小计												56.32

表 2-5-10

工程量清单综合单价分析表（九）

工程名称：某办公楼采暖工程　　　　标段：　　　　第 9 页　共 22 页

项目编码	031002003002	项目名称	套管	计量单位	个

清单综合单价组成明细

定额编号	定额名称	定额单位	数量	单价					合价				
				人工费	材料费	机械费	管理费	利润	人工费	材料费	机械费	管理费	利润
10-11-26	一般钢套管 DN25	个	2	9.99	2.58	0.74	5.49	3.20	19.98	5.16	1.48	10.99	6.39
10-11-177	预留洞口 DN25	10 个	0.2	44.29	8.6	0.56	24.36	14.17	8.86	1.72	0.11	4.87	2.83
人工单价		小计							**28.84**	**6.88**	**1.59**	**15.86**	**9.23**
103 元/工日		未计价材料费							7.63				
清单项目综合单价									13.01				

材料费明细	主要材料名称、规格、型号	单位	数量	单价（元）	合价（元）	暂估单价（元）	暂估合价（元）
	焊接钢管 DN50	m	0.64			12	7.63
	其他材料费						1.72
	材料费小计						9.35

表 2-5-11

工程量清单综合单价分析表（十）

工程名称：某办公楼采暖工程　　　　标段：　　　　第 10 页　共 22 页

项目编码	031002003003	项目名称	套管	计量单位	个

清单综合单价组成明细

定额编号	定额名称	定额单位	数量	单价					合价				
				人工费	材料费	机械费	管理费	利润	人工费	材料费	机械费	管理费	利润
10-11-25	一般钢套管 DN20	个	2	8.76	1.86	0.65	4.82	2.80	17.52	3.72	1.30	9.64	5.61
10-11-177	预留洞口 DN20	10 个	0.2	44.29	8.6	0.56	24.36	14.17	8.86	1.72	0.11	4.87	2.83
人工单价		小计							**26.38**	**5.44**	**1.41**	**14.51**	**8.44**
103 元/工日		未计价材料费							6.36				
清单项目综合单价									12.38				

材料费明细	主要材料名称、规格、型号	单位	数量	单价（元）	合价（元）	暂估单价（元）	暂估合价（元）
	焊接钢管 DN32	m	0.64			10	6.36
	其他材料费						1.72
	材料费小计						8.08

表 2-5-12

工程量清单综合单价分析表（十一）

工程名称：某办公楼采暖工程　　标段：　　第 11 页　共 22 页

项目编码		031003003001		项目名称		焊接法兰阀门				计量单位		个	
清单综合单价组成明细													
定额编号	定额名称	定额单位	数量	单价					合价				
				人工费	材料费	机械费	管理费	利润	人工费	材料费	机械费	管理费	利润
10-5-41	焊接法兰阀门 DN80	个	2	45.32	19.55	2.11	24.93	14.50	90.64	39.10	4.22	49.85	29.00
人工单价		小计							**90.64**	**39.10**	**4.22**	**49.85**	**29.00**
103 元/工日		未计价材料费							500.00				
清单项目综合单价									356.41				
材料费明细	主要材料名称、规格、型号				单位		数量		单价（元）	合价（元）	暂估单价（元）	暂估合价（元）	
	焊接法兰阀门 DN80				个		2.00				250	500.00	
	其他材料费											39.10	
	材料费小计											539.10	

表 2-5-13

工程量清单综合单价分析表（十二）

工程名称：某办公楼采暖工程　　标段：　　第 12 页　共 22 页

项目编码		031003001001		项目名称		螺纹阀门				计量单位		个	
清单综合单价组成明细													
定额编号	定额名称	定额单位	数量	单价					合价				
				人工费	材料费	机械费	管理费	利润	人工费	材料费	机械费	管理费	利润
10-5-3	螺纹阀门 DN25	个	2	11.33	16.88	1.14	6.23	3.63	22.66	33.76	2.28	12.46	7.25
人工单价		小计							**22.66**	**33.76**	**2.28**	**12.46**	**7.25**
103 元/工日		未计价材料费							60.60				
清单项目综合单价									69.51				
材料费明细	主要材料名称、规格、型号				单位		数量		单价（元）	合价（元）	暂估单价（元）	暂估合价（元）	
	螺纹阀门 DN25				个		2.02				30	60.60	
	其他材料费											33.76	
	材料费小计											94.36	

表 2-5-14

工程量清单综合单价分析表（十三）

工程名称：某办公楼采暖工程　　　　标段：　　　　第 13 页　共 22 页

项目编码	031003001002		项目名称	螺纹阀门					计量单位		个		
清单综合单价组成明细													
定额编号	定额名称	定额单位	数量	单价					合价				
				人工费	材料费	机械费	管理费	利润	人工费	材料费	机械费	管理费	利润
10-5-2	螺纹阀门 DN20	个	4	10.3	13.8	0.87	5.67	3.30	41.20	55.20	3.48	22.66	13.18
人工单价		小计							**41.20**	**55.20**	**3.48**	**22.66**	**13.18**
103 元/工日		未计价材料费							101.00				
清单项目综合单价									59.18				

材料费明细	主要材料名称、规格、型号	单位	数量	单价（元）	合价（元）	暂估单价（元）	暂估合价（元）
	螺纹阀门 DN20	个	4.04			25	101.00
	其他材料费						55.20
	材料费小计						156.20

表 2-5-15

工程量清单综合单价分析表（十四）

工程名称：某办公楼采暖工程　　　　标段：　　　　第 14 页　共 22 页

项目编码	031003001003		项目名称	螺纹阀门					计量单位		个		
清单综合单价组成明细													
定额编号	定额名称	定额单位	数量	单价					合价				
				人工费	材料费	机械费	管理费	利润	人工费	材料费	机械费	管理费	利润
10-5-2	自动排气阀 DN20	个	1	10.3	13.8	0.87	5.67	3.30	10.30	13.80	0.87	5.67	3.30
人工单价		小计							**10.30**	**13.80**	**0.87**	**5.67**	**3.30**
103 元/工日		未计价材料费							40.40				
清单项目综合单价									74.33				

材料费明细	主要材料名称、规格、型号	单位	数量	单价（元）	合价（元）	暂估单价（元）	暂估合价（元）
	螺纹阀门 DN20	个	1.01			40	40.40
	其他材料费						13.80
	材料费小计						54.20

表 2-5-16

工程量清单综合单价分析表（十五）

工程名称：某办公楼采暖工程　　　　标段：　　　　第 15 页　共 22 页

项目编码		031003011001		项目名称		法兰				计量单位		副	
清单综合单价组成明细													
定额编号	定额名称	定额单位	数量	单价					合价				
				人工费	材料费	机械费	管理费	利润	人工费	材料费	机械费	管理费	利润
10-5-141	碳钢平焊法兰 DN80	副	2	42.23	17.84	7.87	23.23	13.51	84.46	35.68	15.74	46.45	27.03
人工单价		小计							**84.46**	**35.68**	**15.74**	**46.45**	**27.03**
103 元/工日		未计价材料费							100.00				
清单项目综合单价									154.68				
材料费明细	主要材料名称、规格、型号					单位	数量		单价（元）	合价（元）	暂估单价（元）	暂估合价（元）	
	碳钢平焊法兰 DN80					片	4.00				25	100.00	
	其他材料费											35.68	
	材料费小计											135.68	

表 2-5-17

工程量清单综合单价分析表（十六）

工程名称：某办公楼采暖工程　　　　标段：　　　　第 16 页　共 22 页

项目编码		031005002001		项目名称		钢制散热器				计量单位		组	
清单综合单价组成明细													
定额编号	定额名称	定额单位	数量	单价					合价				
				人工费	材料费	机械费	管理费	利润	人工费	材料费	机械费	管理费	利润
10-7-25	钢制板式散热器	组	6	26.16	1.13	0.19	14.39	8.37	156.96	6.78	1.14	86.33	50.23
人工单价		小计							**156.96**	**6.78**	**1.14**	**86.33**	**50.23**
103 元/工日		未计价材料费							1800.00				
清单项目综合单价									350.24				
材料费明细	主要材料名称、规格、型号					单位	数量		单价（元）	合价（元）	暂估单价（元）	暂估合价（元）	
	钢制板式散热器					组	6.00				300	1800.00	
	其他材料费											6.78	
	材料费小计											1806.78	

表 2-5-18

工程量清单综合单价分析表（十七）

工程名称：某办公楼采暖工程　　标段：　　第 17 页　共 22 页

项目编码	031009001001	项目名称	采暖工程系统调试					计量单位		系统			
清单综合单价组成明细													
定额编号	定额名称	定额单位	数量	单价					合价				
				人工费	材料费	机械费	管理费	利润	人工费	材料费	机械费	管理费	利润
	采暖工程系统调试	系统	1	76.15	141.42	0	41.88	24.37	76.15	141.42	0.00	41.88	24.37
人工单价	小计								**76.15**	**141.42**	**0.00**	**41.88**	**24.37**
103 元/工日	未计价材料费								0.00				
清单项目综合单价									283.82				
材料费明细	主要材料名称、规格、型号			单位	数量	单价（元）	合价（元）	暂估单价（元）	暂估合价（元）				
	其他材料费								141.42				
	材料费小计								141.42				

注　单价人工费：按采暖系统工程人工费（第 1 页至第 13 页各表中小计人工费之和）的 10%计算，其中人工费占 35%。材料费按占 65%计算。

表 2-5-19

工程量清单综合单价分析表（十八）

工程名称：某办公楼采暖工程　　标段：　　第 18 页　共 22 页

项目编码	031201001001	项目名称	管道刷油					计量单位		m^2			
清单综合单价组成明细													
定额编号	定额名称	定额单位	数量	单价					合价				
				人工费	材料费	机械费	管理费	利润	人工费	材料费	机械费	管理费	利润
12-1-1	管道除轻锈	$10m^2$	1.24	31.21	3.05		17.17	9.99	38.70	3.78	0.00	21.29	12.38
12-2-1	管道刷防锈漆	$10m^2$	1.24	17.82	0.9		9.80	5.70	22.10	1.12	0.00	12.15	7.07
人工单价	小计								**38.70**	**3.78**	**0.00**	**21.29**	**12.38**
103 元/工日	未计价材料费								18.23				
清单项目综合单价									7.61				
材料费明细	主要材料名称、规格、型号			单位	数量	单价（元）	合价（元）	暂估单价（元）	暂估合价（元）				
	醇酸防锈漆			kg	1.82			10	18.23				
	其他材料费								3.78				
	材料费小计								22.01				

表 2-5-20

工程量清单综合单价分析表（十九）

工程名称：某办公楼采暖工程　　标段：　　第 19 页　共 22 页

项目编码	031201001002	项目名称	管道刷油	计量单位	m^2

清单综合单价组成明细													
定额编号	定额名称	定额单位	数量	单价					合价				
				人工费	材料费	机械费	管理费	利润	人工费	材料费	机械费	管理费	利润
12-2-22	管道刷银粉漆第一遍	$10m^2$	0.82	21.53	1.32		11.84	6.89	17.65	1.08	0.00	9.71	5.65
12-2-23	管道刷银粉漆增一遍	$10m^2$	0.82	20.7	0.88		11.39	6.62	16.97	0.72	0.00	9.34	5.43
人工单价		小计							**17.65**	**1.08**	**0.00**	**9.71**	**5.65**
103 元/工日		未计价材料费							12.79				
清单项目综合单价									5.72				

材料费明细	主要材料名称、规格、型号	单位	数量	单价（元）	合价（元）	暂估单价（元）	暂估合价（元）
	银粉漆	kg	0.55			12	6.59
	银粉漆	kg	0.52			12	6.20
	其他材料费						1.08
	材料费小计						13.87

表 2-5-21

工程量清单综合单价分析表（二十）

工程名称：某办公楼采暖工程　　标段：　　第 20 页　共 22 页

项目编码	031201006001	项目名称	布面刷油	计量单位	m^2

清单综合单价组成明细													
定额编号	定额名称	定额单位	数量	单价					合价				
				人工费	材料费	机械费	管理费	利润	人工费	材料费	机械费	管理费	利润
12-2-184	玻璃丝布刷冷底子油	$10m^2$	0.79	78.9	34.41		43.40	25.25	62.33	27.18	0.00	34.28	19.95
人工单价		小计							**62.33**	**27.18**	**0.00**	**34.28**	**19.95**
103 元/工日		未计价材料费							0.00				
清单项目综合单价									18.20				

材料费明细	主要材料名称、规格、型号	单位	数量	单价（元）	合价（元）	暂估单价（元）	暂估合价（元）
	其他材料费						27.18
	材料费小计						27.18

表 2-5-22

工程量清单综合单价分析表（二十一）

工程名称：某办公楼采暖工程　　　　标段：　　　　第 21 页　共 22 页

<table>
<tr><td colspan="2">项目编码</td><td colspan="2">031208002001</td><td colspan="2">项目名称</td><td colspan="4">管道保温</td><td colspan="2">计量单位</td><td colspan="2">m^3</td></tr>
<tr><td colspan="14">清单综合单价组成明细</td></tr>
<tr><td rowspan="2">定额编号</td><td rowspan="2">定额名称</td><td rowspan="2">定额单位</td><td rowspan="2">数量</td><td colspan="5">单价</td><td colspan="5">合价</td></tr>
<tr><td>人工费</td><td>材料费</td><td>机械费</td><td>管理费</td><td>利润</td><td>人工费</td><td>材料费</td><td>机械费</td><td>管理费</td><td>利润</td></tr>
<tr><td>12-4-21</td><td>管道岩棉管壳保温</td><td>m^3</td><td>0.18</td><td>78.9</td><td>34.41</td><td></td><td>43.40</td><td>25.25</td><td>14.20</td><td>6.19</td><td>0.00</td><td>7.81</td><td>4.54</td></tr>
<tr><td colspan="2">人工单价</td><td colspan="7">小计</td><td>14.20</td><td>6.19</td><td>0.00</td><td>7.81</td><td>4.54</td></tr>
<tr><td colspan="2">103 元/工日</td><td colspan="7">未计价材料费</td><td colspan="5">92.70</td></tr>
<tr><td colspan="9">清单项目综合单价</td><td colspan="5">696.95</td></tr>
<tr><td rowspan="4">材料费明细</td><td colspan="5">主要材料名称、规格、型号</td><td>单位</td><td colspan="2">数量</td><td>单价（元）</td><td>合价（元）</td><td colspan="2">暂估单价（元）</td><td>暂估合价（元）</td></tr>
<tr><td colspan="5">岩棉管壳</td><td>m^3</td><td colspan="2">0.19</td><td></td><td></td><td colspan="2">500</td><td>92.70</td></tr>
<tr><td colspan="8">其他材料费</td><td></td><td></td><td colspan="2"></td><td>6.19</td></tr>
<tr><td colspan="8">材料费小计</td><td></td><td></td><td colspan="2"></td><td>98.89</td></tr>
</table>

表 2-5-23

工程量清单综合单价分析表（二十二）

工程名称：某办公楼采暖工程　　　　标段：　　　　第 22 页　共 22 页

<table>
<tr><td colspan="2">项目编码</td><td colspan="2">031208007001</td><td colspan="2">项目名称</td><td colspan="4">保护层</td><td colspan="2">计量单位</td><td colspan="2">m^2</td></tr>
<tr><td colspan="14">清单综合单价组成明细</td></tr>
<tr><td rowspan="2">定额编号</td><td rowspan="2">定额名称</td><td rowspan="2">定额单位</td><td rowspan="2">数量</td><td colspan="5">单价</td><td colspan="5">合价</td></tr>
<tr><td>人工费</td><td>材料费</td><td>机械费</td><td>管理费</td><td>利润</td><td>人工费</td><td>材料费</td><td>机械费</td><td>管理费</td><td>利润</td></tr>
<tr><td>12-4-135</td><td>管道玻璃丝布保护层</td><td>$10m^2$</td><td>0.79</td><td>37.18</td><td>0.26</td><td></td><td>20.45</td><td>11.90</td><td>29.37</td><td>0.21</td><td>0.00</td><td>16.15</td><td>9.40</td></tr>
<tr><td colspan="2">人工单价</td><td colspan="7">小计</td><td>29.37</td><td>0.21</td><td>0.00</td><td>16.15</td><td>9.40</td></tr>
<tr><td colspan="2">103 元/工日</td><td colspan="7">未计价材料费</td><td colspan="5">110.60</td></tr>
<tr><td colspan="9">清单项目综合单价</td><td colspan="5">20.98</td></tr>
<tr><td rowspan="4">材料费明细</td><td colspan="5">主要材料名称、规格、型号</td><td>单位</td><td colspan="2">数量</td><td>单价（元）</td><td>合价（元）</td><td colspan="2">暂估单价（元）</td><td>暂估合价（元）</td></tr>
<tr><td colspan="5">玻璃丝布</td><td>m^2</td><td colspan="2">11.06</td><td></td><td></td><td colspan="2">10</td><td>110.60</td></tr>
<tr><td colspan="8">其他材料费</td><td></td><td></td><td colspan="2"></td><td>0.21</td></tr>
<tr><td colspan="8">材料费小计</td><td></td><td></td><td colspan="2"></td><td>110.81</td></tr>
</table>

（三）分部分项工程和单价措施项目清单计价表（见表 2-5-24）

表 2-5-24 分部分项工程和单价措施项目清单计价表

工程名称：某办公楼采暖工程 第 1 页 共 1 页

序号	项目编码	项目名称	项目特征描述	计量单位	工程量	金额（元）			
						综合单价	合价	其中：人工费	其中：暂估价
1	031001002001	钢管	室内采暖工程，焊接钢管 DN80，焊接，水压试验	m	32.8	73.71	2417.69	872.97	567.77
2	031001002002	钢管	室内采暖工程，焊接钢管 DN25，螺纹连接，水压试验	m	7.8	54.83	427.66	166.38	108.54
3	031001002003	钢管	室内采暖工程，焊接钢管 DN20，螺纹连接，水压试验	m	29.48	43.75	1289.69	525.37	291.05
4	031002001001	管道支架	角钢∠50×50×5，一般活动支架	kg	13.68	18.53	253.49	81.03	73.50
5	031002001002	管卡	钢制管卡，DN80	套	5	14.22	71.11	1.75	10.50
6	031002001003	管卡	钢制管卡，DN25	套	1	6.90	6.90	2.48	8.40
7	031002001004	管卡	钢制管卡，DN20	套	10	5.64	56.43	2.26	6.30
8	031002003001	套管	套管，焊接钢管，DN80，除锈刷油	个	2	87.24	174.49	62.01	19.08
9	031002003002	套管	套管，焊接钢管，DN25，除锈刷油	个	2	13.01	26.03	28.84	7.63
10	031002003003	套管	套管，焊接钢管，DN20，除锈刷油	个	2	12.38	24.76	26.38	6.36
11	031003003001	焊接法兰阀门	钢制法兰阀 DN80，法兰连接	个	2	356.41	712.82	90.64	500.00
12	031003001001	螺纹阀门	钢制螺纹阀，DN25，螺纹连接	个	2	69.51	139.01	22.66	60.60
13	031003001002	螺纹阀门	钢制螺纹阀，DN20，螺纹连接	个	4	59.18	236.72	41.20	101.00
14	031003001003	自动排气阀	钢制自动排气阀，DN20，螺纹连接	个	1	74.33	74.33	10.30	40.40
15	031003011001	法兰	钢制法兰，DN80，焊接	副	2	154.68	309.36	84.46	100.00
16	031005002001	钢制散热器	钢制板式散热器，H500×1000，成品，挂装	组	6	350.24	2101.44	156.96	1800.00
17	031009001001	采暖工程系统调试	上供下回，采暖工程	系统	1	283.82	283.82	76.15	0.00
18	031201001001	管道刷油	除轻锈，刷红丹防锈漆一遍	m^2	12.41	7.61	94.46	38.70	18.23
19	031201001002	管道刷油	银粉漆二遍	m^2	8.16	5.72	46.66	17.65	12.79
20	031201006001	布面刷油	玻璃丝布，冷底子油一遍	m^2	7.93	18.20	144.29	62.33	0.00
21	031208002001	管道保温	岩棉管壳，δ=30mm，管径 DN80，DN25，DN20	m^3	0.18	696.95	125.45	14.20	92.70
22	031208007001	保护层	玻璃丝布，一层，管道	m^2	7.93	20.98	166.36	29.37	110.60
合计							**9182.95**	**2414.09**	**3935.44**

（四）总价措施项目清单与计价表（见表2-5-25）

表2-5-25　　总价措施项目清单与计价表

工程名称：某办公楼采暖工程　　标段：　　第1页　共1页

序号	项目编码	项目名称	计算基础	费率（%）	金额（元）	调整费率（%）	调整后金额（元）	备注
1	031302002001	夜间施工费	2414.09	2.50%×[1+50%×（55%+32%）]	86.61			
2	031302004001	二次搬运费	2414.09	2.10%×[1+40%×（55%+32%）]	68.34			
3	031302005001	冬雨季施工增加费	2414.09	2.80%×[1+40%×（55%+32%）]	91.12			
4	031302006001	已完工程及设备保护费	2414.09	1.20%×[1+25%×（55%+32%）]	35.27			
5	031301017001	脚手架搭拆费	2414.09	5%×[1+35%×（55%+32%）]	157.46			
合计					**438.79**			

编制人（造价人员）：×××　　复核人（造价工程师）：×××

（五）其他项目清单计价汇总表（见表2-5-26）

表2-5-26　　其他项目清单计价汇总表

工程名称：某办公楼采暖工程　　标段：　　第1页　共1页

序号	项目名称	金额（元）	结算金额（元）	备注
1	暂列金额			
2	暂估价	3935.44		
2.1	材料暂估价	3935.44		
2.2	专业工程暂估价			
3	计日工			
4	总承包服务费			
合计				

注　材料（工程设备）暂估单价进入清单项目综合单价，此处不汇总。

（六）规费、税金项目计价表（见表2-5-27）

表2-5-27　　规费、税金项目计价表

工程名称：某办公楼采暖工程　　标段：　　第1页　共1页

序号	项目名称	计算基础	计算基数	计算费率（%）	金额（元）
1	规费	1.1+1.2+1.3+1.4+1.5	479.16+26.94+146.25+21.17+10.10		683.62
1.1	安全文明施工费	分部分项和单价措施费+总价措施费+其他项目费	9182.95+438.79	4.98	479.16
1.2	工程排污费		9182.95+438.79	0.28	26.94
1.3	社会保险费		9182.95+438.79	1.52	146.25
1.4	住房公积金		9182.95+438.79	0.22	21.17
1.5	建设项目工伤保险		9182.95+438.79	0.105	10.10
2	税金	分部分项和单价措施费+总价措施费+其他项目费+规费	9182.95+438.79+681.01	9	924.18
合计					1607.80

编制人（造价人员）：×××　　复核人（造价工程师）：×××

（七）单位工程投标报价汇总表（见表 2-5-28）

参考《计价规范》附录 E 表-03。

表 2-5-28 单位工程投标报价汇总表

工程名称：某办公楼采暖工程 标段： 第 1 页 共 1 页

序号	汇总内容	金额（元）	其中：暂估价（元）
一	分部分项工程及单价措施项目费	9182.95	3935.44
二	总价措施项目费	438.79	
1	夜间施工费	86.61	
2	二次搬运费	68.34	
3	冬雨季施工增加费	91.12	
4	已完工程及设备保护费	35.27	
5	脚手架搭拆费	157.46	
三	其他项目费		
1	暂列金额		
2	暂估价	3935.44	
3	计日工		
4	总承包服务费		
四	规费	683.62	
1	安全文明施工费	479.16	
2	工程排污费	26.94	
3	社会保障费	146.25	
4	住房公积金	21.17	
5	建设项目工伤保险	10.10	
五	税金	924.18	
投标报价合计=一+二+三+四+五		**11229.54**	**3935.44**

（八）投标总价封面（《计价规范》附录 B 封-3）（见表 2-5-29）

表 2-5-29

某办公楼采暖 工程
投 标 总 价
投 标 人：×××
（单位盖章）
×××× 年 ××月 ×× 日

（九）投标总价扉页（《计价规范》附录C扉-3）（见表2-5-30）

表2-5-30

投 标 总 价

招　　标　　人：×××

工　程　名　称：某办公室室内给排水工程

投标总价（小写）：11229.54 元

（大写）：壹万壹仟贰佰贰拾玖元伍角肆分

投　标　人：×××

（单位盖章）

法定代表人

或其授权人：×××

（签字或盖章）

编　制　人：×××

（造价人员签字盖专用章）

编 制 时 间：××××年 ××月 ××日

七、任务总结

通过上述任务的学习，学到哪些知识？还存在哪些疑问？

八、任务拓展

（一）本项目案例工程量清单与定额计价对照表（见表2-5-31）

表2-5-31　工程量清单与定额计价对照表

项目名称：某办公楼采暖工程

序号	项目编码	项目名称	项目特征描述	计量单位	可组合内容	定额编号
1	031001002001	钢管	室内采暖工程，焊接钢管DN80，焊接，水压试验	m	焊管焊接DN80	10-2-40
2	031001002002	钢管	室内采暖工程，焊接钢管DN25，螺纹连接，水压试验	m	焊管丝接DN25	10-2-14
3	031001002003	钢管	室内采暖工程，焊接钢管DN20，螺纹连接，水压试验	m	焊管丝接DN20	10-2-13
4	031002001001	管道支架	角钢∠50×50×5，一般活动支架	kg	管道支架制作(5kg以内)	10-11-1
					管道支架安装	10-11-6

续表

序号	项目编码	项目名称	项目特征描述	计量单位	可组合内容	定额编号
5	031002001002	管卡	钢制管卡，DN80	套	管卡 DN80	10-11-15
6	031002001003	管卡	钢制管卡，DN25	套	管卡 DN25	10-11-12
7	031002001004	管卡	钢制管卡，DN20	套	管卡 DN20	10-11-11
8	031002003001	套管	套管，焊接钢管，DN80,除锈刷油	个	一般钢套管 DN80	10-11-29
					楼板预留孔洞DN80以内	10-11-179
9	031002003002	套管	套管，焊接钢管，DN25，除锈刷油	个	一般钢套管 DN25	10-11-26
					楼板预留孔洞DN50以内	10-11-177
10	031002003003	套管	套管，焊接钢管，DN20，除锈刷油	个	一般钢套管 DN20	10-11-25
					楼板预留孔洞DN50以内	10-11-177
11	031003003001	焊接法兰阀门	钢制法兰阀 DN80，法兰连接	个	法兰阀 DN80	10-5-41
12	031003001001	螺纹阀门	钢制螺纹阀，DN25，螺纹连接	个	螺纹阀 DN25	10-5-3
13	031003001002	螺纹阀门	钢制螺纹阀，DN20，螺纹连接	个	螺纹阀 DN20	10-5-2
14	031003001003	自动排气阀	钢制自动排气阀，DN20，螺纹连接	个	自动排气阀 DN20	10-5-29
15	031003011001	法兰	钢制法兰，DN80，焊接	副	法兰焊接 DN80	10-5-141
16	031005002001	钢制散热器	钢制板式散热器，H500×1000，成品，挂装	组	板式散热器 H500×1000	10-7-25
					手动跑风 $\phi10$	10-5-31
17	031009001001	采暖工程系统调试	上供下回，采暖工程	系统	“单价措施费”	
18	031201001001	管道刷油	除轻锈，刷红丹防锈漆一遍	m^2	人工除轻锈	12-1-1
					管道刷红丹防锈漆一遍	12-2-1
19	031201001002	管道刷油	银粉漆二遍	m^2	管道刷银粉漆第一遍	12-2-22
					管道刷银粉漆增一遍	12-2-23
20	031201006001	布面刷油	玻璃丝布，冷底子油一遍	m^2	玻璃丝布外冷底子油	12-2-184
21	031208002001	管道保温	岩棉管壳，δ=30mm，管径 DN80，DN25，DN20	m^3	管道岩棉管壳保温	12-4-21
22	031208007001	保护层	玻璃丝布，一层，管道	m^2	玻璃丝布保护层	12-4-135

（二）“关于招标控制价”

招标控制价不仅是投标人参照的最高投标价格，也是招标人控制工程成本的前提，其重要性毋庸置疑。但是目前来说招标控制价依然存在着各种问题需要注意。

1. 招标控制价公布前被降低

招标控制价需要在开标前公布，合理的招标控制价应根据规范文件编制与复核，与工程本身市场价格相符。编制完成报送工程所在地工程造价管理机构备案，但出于各种原因，有时会把备案的招标控制价打折后作为该工程的最高限价发布招标文件上。后期施工过程中中标单位不断签送工程变更单调整工程结算价，以致工程竣工决算超过招标控制价太多而无法结算审计。

2. 招标控制价综合单价不统一或偏离市场价

招标人或者其委托的具有相应资质的工程造价咨询人应重视招标控制价的编制和复核。在一个工程项目不同单位工程里或者一个单位工程不同的分部分项里出现的相同项目特征的综合单价应该一致，特别是主材和套用的预算定额要一致，不然将导致不平衡报价，或造成单价和市场价偏离较大。

3. 招标控制价工程量计算的问题

招标控制价工程量计算规则依据是工程量清单。但有的地方在编制招标控制价中工程量计算规则还是停留在预算定额思路上。

另一个问题是工程量计量偏差和工程量缺项。和图纸实际工程量发生偏差。结果就是导致招标控制价与工程实际价格不符，中标后合同执行中必然调整合同价款，招标控制价失去意义。

4. 项目特征描述不完整或与工程规范要求不符

项目特征是确定综合单价的前提，项目特征描述的准确与否关系到招标控制价或综合单价的准确确定。比如在编制安装工程的配电箱子目时，在项目特征描述中除了说明本体安装外，基础型钢制作、安装与焊、压接线端子都应描述清楚。

5. 技术措施费的偏差

招标控制价的技术措施费的计价应与工程实际相符，特别是与工程本身相适应的施工组织设计相吻合。但从实践中来看，发生偏差的一般为涉及特殊施工要求的安装工程领域。

6. 工程取费缺乏动态管理

招标控制价的编制说明中存在的问题主要是编制的依据、范围和一些费用的确定不明或者政策偏离。各地工程造价管理机构往往为了完善建设工程要素价格的动态管理，出台市场人工、材料信息指导价。各单位在编制该工程的招标控制价时必须依据当地信息指导价，而不看工程的难易程度和特殊性。在进行各种取费时也是依据省级造价管理部门颁布的计价取费规定，缺少市场动态调整。

7. 主要材料定价的偏差和缺位

材料一般占工程造价的 70%～80%之间，材料规格、品牌的高低基本确定了工程的要求与档次，决定了工程招标控制价的高低。而用材档次的高低又可以决定招标控制价中造价的20%左右。所以主要材料价格品牌的确定和材料数量名称的确定尤为关键。当前另一个材料缺位的现象是招标控制价的主要材料在工程量清单中没有出现，而这些材料在招标控制价里有具体的数量和名称，并且在以后的工程量清单里要求投标单位报价。

九、知识测试与能力训练

（一）分部分项工程综合单价分析表的编制

某综合楼采暖工程采用 DN50 焊接钢管，焊接连接；铜铝复合散热器。工程量清单见表 2-5-32。《安装定额》（《价目表》）见表 2-5-33（表内费用均不含增值税可抵扣进项税额），管理费和利润分别按省价人工费的 55%和32%计取，人工单价按照 103 元/工日计取。根据《计价规范》和《计量规范》的规定，编制室内采暖管道 DN50、散热器分部分项工程量清单的综合单价，并填入综合单价分析表中，见表 2-5-34、表 2-5-35。

采暖综合单价分析表案例

表 2-5-32　　分部分项工程和单价措施项目清单表

工程名称：某综合楼采暖工程

序号	项目编码	项目名称	项目特征描述	计量单位	工程量
1	031001002001	钢管	室内采暖钢管，公称直径 50mm，电弧焊连接，水压试验	m	10
2	031005003001	其他成品散热器	1. 名称：铜铝复合散热器 2. 型号、规格：SCTLZY-17-8X-1.0	组	8

表 2-5-33 《安装定额》相关数据资料

定额编号	计量单位	安装单价（元）			主材	主材单价	主材消耗量
		人工费	材料费	机械费			
10-2-38	10m	215.37	12.86	30.44	钢管	21.47 元/m	10.15m
					采暖室内钢管焊接管件	6.80 元/个	1.3 个
10-7-43	组	22.56	1.69	0.19	散热器	200 元/组	—

表 2-5-34 室内采暖管道 DN50 综合单价分析表

工程名称： 标段： 第 页 共 页

项目编码				项目名称						计量单位			
清单综合单价组成明细													
定额编号	定额名称	定额单位	数量	单价（元）					合价（元）				
				人工费	材料费	机械费	管理费	利润	人工费	材料费	机械费	管理费	利润
人工单价	小计												
元/工日	未计价材料费												
清单项目综合单价													
材料费明细	主要材料名称、规格、型号			单位		数量			单价（元）	合价（元）	暂估单价（元）	暂估合价（元）	
	其他材料费												
	材料费小计												

表 2-5-35 散热器综合单价分析表

工程名称： 标段： 第 页 共 页

项目编码				项目名称						计量单位			
清单综合单价组成明细													
定额编号	定额名称	定额单位	数量	单 价（元）					合价（元）				
				人工费	材料费	机械费	管理费	利润	人工费	材料费	机械费	管理费	利润
人工单价	小计												
元/工日	未计价材料费												
清单项目综合单价													
材料费明细	主要材料名称、规格、型号			单位		数量			单价（元）	合价（元）	暂估单价元）	暂估合价（元）	
	其他材料费												
	材料费小计												

（二）招标控制价编制案例

招标控制价编制

本案例为某小区 1 号住宅楼安装工程，给排水安装工程费用为 160000 元，采暖安装工程费用为 170000 元，其中的分部分项工程费中的省价人工费为 30000 元，材料暂估价 50000 元。

总价措施项目费中的夜间施工费、二次搬运费、冬雨季施工增加费、已完工程及设备保护费的计算基础为分部分项工程省价人工费。总价措施费=分部分项工程费用合计中的省价人工费×措施费费率×[1+措施费中人工费含量×（管理费费率+利润率）]。夜间施工费、二次搬运费、冬雨季施工增加费、已完工程及设备保护费的人工费含量分别为 50%、40%、40%、25%。管理费率 55%，利润率 32%。

暂列金额按 10000 元计入。

规费计算基数为分部分项工程费、措施项目费与其他项目费之和。

增值税采用一般计税法，税率按 9%计取。计算基数为分部分项工程费、措施项目费、其他项目费和规费之和。暂不考虑其他费用。

问题：根据上述说明及相关计价规定，编制该工程的招标控制价，并将结果填入相应表格（见表 2-5-36～表 2-5-39）。

表 2-5-36　总价措施项目清单与计价表

工程名称：某小区 1 号住宅楼安装工程　　第 1 页　共 1 页

序号	项目编码	项目名称	计算基础	费率（%）	金额（元）	备注
1	031302002001	夜间施工费		2.50		
2	031302004001	二次搬运费		2.10		
3	031302005001	冬雨季施工增加费		2.80		
4	031302006001	已完工程及设备保护费		1.20		
合计						

表 2-5-37　其他项目清单与计价表

工程名称：某小区 1 号住宅楼安装工程　　第 1 页　共 1 页

序号	项目名称	金额（元）	备注
1	暂列金额		
2	材料暂估价		材料暂估价不汇总
3	专业工程暂估价		
4	计日工		
5	总承包服务费		
6	其他		
合计			

表 2-5-38　规费税金项目计价表

工程名称：某小区 1 号住宅楼安装工程　　第 1 页　共 1 页

序号	项目名称	计算基础	计算基数	计算费率（%）	金额（元）
1	规费				
1.1	安全文明施工费				
1.1.1	安全施工费			2.34	

续表

序号	项目名称	计算基础	计算基数	计算费率（%）	金额（元）
1.1.2	环境保护费			0.29	
1.1.3	文明施工费			0.59	
1.1.4	临时设施费			1.76	
1.2	社会保险费			1.52	
1.3	住房公积金			0.22	
1.4	工程排污费			0.28	
1.5	建设项目工伤保险			0.105	
2	税金			9	
合计					

表 2-5-39 单位工程招标控制价汇总表

工程名称：某小区 1 号住宅楼安装工程 第 1 页 共 1 页

序号	汇总内容	金额（元）	其中：暂估价（元）
1	分部分项工程		
1.1	其中：给排水安装工程		
1.2	其中：采暖安装工程		
2	措施项目		
3	其他项目		
3.1	其中：暂列金额		
4	规费		
5	税金		
招标控制价合计			

项目三　建筑电气照明工程

一、项目学习目标

通过对建筑电气照明工程案例分析，利用对工程识图、施工、计量计价等相关知识的熟悉与了解，全面系统地掌握针对一个具体任务的造价编制方法。

二、项目知识目标

（1）了解电气工程系统的组成。

（2）了解电气工程常用材料与设备的种类及电气施工方法。

（3）熟悉电气工程施工图中的图例及电气回路表示方式。

（4）熟悉电气工程定额计价的编制内容、编制程序。

（5）熟悉电气工程工程量清单及清单计价的编制内容、编制程序。

三、项目能力目标

（1）能够熟练识读建筑电气照明工程施工图。

（2）能够根据施工图、定额等资料，编制建筑电气照明工程施工图预算。

（3）能够依据相关材料，编制工程量清单。

（4）能够根据工程量清单，编制招标控制价或投标报价。

任务一　建筑电气照明工程识图

一、引导问题

（1）建筑电气照明配电系统的组成有哪些部分？

（2）建筑电气照明工程施工图包括哪些内容？

（3）常用的绘图、标注方式有哪些？

（4）建筑电气照明工程常用图例有哪些？

（5）建筑电气照明工程常用材料、用电器具有哪些？

二、任务说明

（一）某餐厅电气照明工程设计说明书

（1）某餐厅电气照明工程，如图 3-1-1、图 3-1-2 和表 3-1-2 所示。大厅层高 4m，吊顶高度 3m，其余房间层高均为 3m。外墙厚 0.24m，室内外地面高差 0.45m。

（2）采用电缆埋地穿管入户，室外埋深 0.8m，进户管距外墙 1.5m，只预埋进户管。

（3）管线除注明外一律采用 BV-2.5mm^2 导线穿焊接钢管敷设，2～3 根导线采用 SC15，4 根导线采用 SC20。大厅配管沿吊顶内明敷及墙内暗敷；其余沿地板内及墙内暗敷设，室内埋地管埋深 0.2m。

（4）在砌体中留槽洞及埋设管道时，允许在墙体的竖向孔洞中设置管线。线路旁数字为器具水平间距离。

（5）安装结束，进行全系统送配电装置调试。本工程未尽事宜按国家有关电气施工规程规范及验收规范执行。

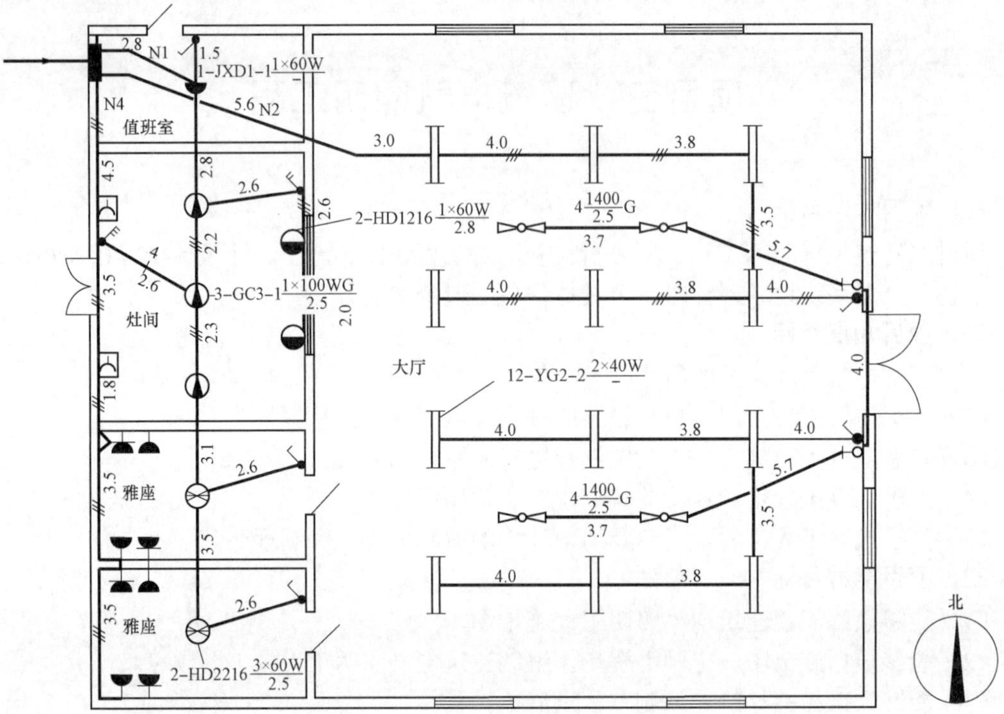

图 3-1-1　某餐厅电气照明工程平面图

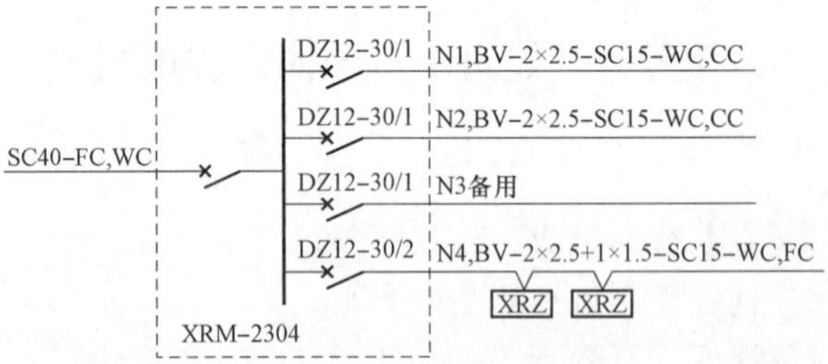

图 3-1-2　某餐厅电气照明工程系统图

（6）未计价主要材料（主材）价格按表 3-1-1 所示执行。

表 3-1-1　　主要材料（主材）价格

序号	名称	规格型号	单位	单价（元）	序号	名称	规格型号	单位	单价（元）
1	配电箱 XRM-2304	600×300	台	500.00	10	接线盒、灯头盒	86 系列	个	2.00
2	插座箱 XRZ	200×300	台	100.00	11	双管日光灯	2×40W	套	220.00
3	半圆吸顶灯	D250 60W	套	50.00	12	吊风扇	⌀ 1400	套	120.00
4	吊管工厂灯	100W	套	25.00	13	三头吊花灯	3×60W	套	300.00
5	焊接钢管	DN15	m	4.00	14	壁灯	60W	套	60.00
6	焊接钢管	DN20	m	5.00	15	单联开关		套	10.00
7	焊接钢管	DN40	m	15.00	16	双联开关		套	15.00
8	绝缘线	BV-2.5	m	3.00	17	三联开关		套	20.00
9	绝缘线	BV-1.5	m	2.00	18	五孔插座		套	15.00

表 3-1-2　　图例

序号	图例	名称	安装高度（中心）
1	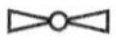	风扇	2.5m
2		吊扇调速开关	1.4m
3		暗装单极开关	1.4m
4		暗装双极开关	1.4m
5		暗装三极开关	1.4m
6	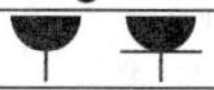	双联二三极暗装插座	0.3m
7		插座箱	0.5m
8		管吊工厂灯	2.5m
9		花灯	2.5m
10		壁灯	2.8m
11		半圆吸顶灯 ϕ250	吸顶
12	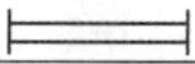	双管日光灯	吸顶
13		照明配电箱	1.4m

（二）施工图识读的目标

（1）识读电气专业施工图，核查图纸是否齐全，其中图纸包括设计说明、平面图、系统图等。

（2）在电气专业工程，图纸识读过程中，配电箱、配管、配线、灯具、开关、插座、电气调试是如何表示的？平面图、系统图是如何对应的？

（3）配电箱在何处设置，具体安装要求是怎样的？

（4）室内外配管界限应如何划分？电气专业工程中配管、配线采用什么敷设方式？配管、配线分别采用什么材质、什么连接方式？

（5）电气专业工程中灯具、开关、插座有哪些种类？

（6）电气专业工程中需要什么调试？

三、任务要求

（1）了解建筑照明配电系统的组成。

（2）了解电气照明工程的绘图方式，熟悉各种标注方法。

（3）熟悉建筑电气照明工程常用图例。

（4）掌握施工图的识读内容及识图方法。

四、知识链接

（一）建筑电气照明工程

建筑电气工程一般是指工业与民用新建、扩建工程中 10kV 以下变配电设备及架空线路、电缆、动力、照明电气设备及器具、防雷及接地装置、配管、配线、起重、输送设备电气装置、电气设备调试等的安装工程。**本教材的建筑电气照明工程，主要介绍工业与民用建筑内，电压为 220～380V 的低压配电、照明动力设备及配管配线方面的相关知识**。

1. 电力系统的区域划分

电力系统的组成如图 3-1-3 所示。

（1）发电厂：将水力、火力、风力、原子能等一次能源转换成二次能源（电能）的场所。

（2）变配电所：变换电压、交换电能、分配电能的场所，由变压器和配电装置组成。

（3）输配电线路：输送电能的通道。一般把 35kV 及以上电压的输配电线路称为送电线路，把 10kV 及以下的线路称为配电线路。

（4）用户：即电力负荷，是消耗电能的场所。根据生产和生活的需要，将电能转换成为机械能、热能、光能等形式。

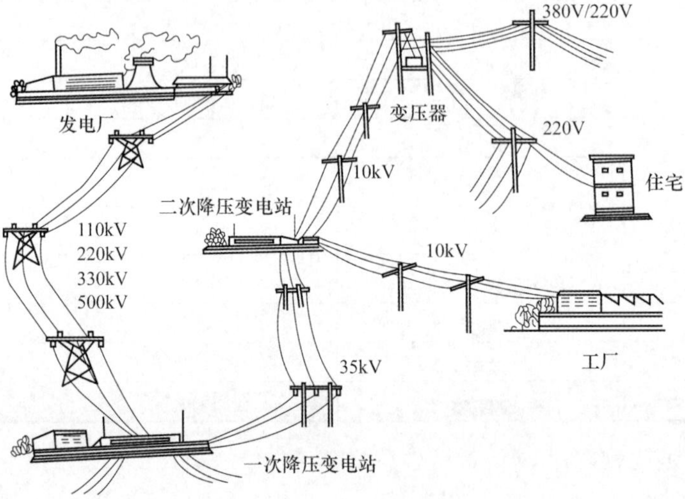

图 3-1-3 电力系统的组成

2. 建筑照明系统的组成

民用建筑配电方式，分为高压供电和低压供电。根据可靠性，又分为单电源供电和双电源供电。**建筑照明供电属于低压供电系统**，是指从降压变电所的低压端到民用建筑内部低压设备的电力线路。常见配电方式如图 3-1-4 所示。

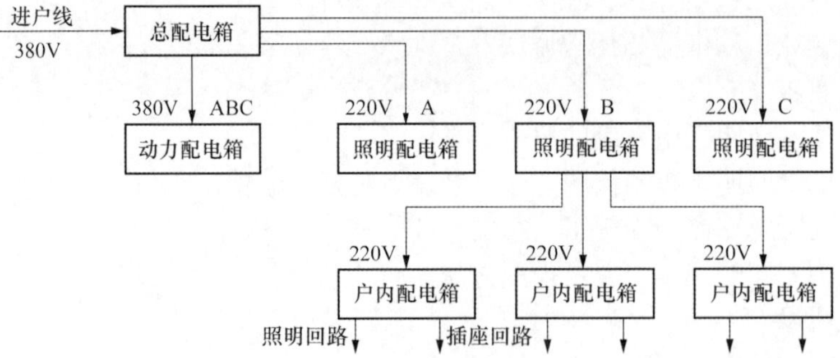

图 3-1-4 建筑照明系统组成

建筑照明配电系统一般由进户线、各级配电箱、室内线路和照明用电器具组成。

（1）进户线。进户线是从建筑物的室外到室内配电箱的电源线。一般情况下，一栋单体建筑采用一处进户。进户线的敷设方式有两种：一是架空进户；二是埋地进户。直埋的进户电缆采用铠装电缆，非铠装电缆必须穿管。

（2）配电箱。配电箱是配电系统末端的低压配电装置，一般采用钢制箱体，其作用是分配电能、控制电源通断、保护线路等。配电箱按安装地点划分，分为室内安装与室外安装。

按安装方式划分，分为嵌墙安装、挂墙安装和落地安装。按用途不同划分，分为动力配电箱和照明配电箱。

配电箱的尺寸标注如图 3-1-5 所示，规格表示为宽×高×厚，在安装工程中，常以配电箱的半周长分档，即：配电箱的半周长 = 宽 + 高。

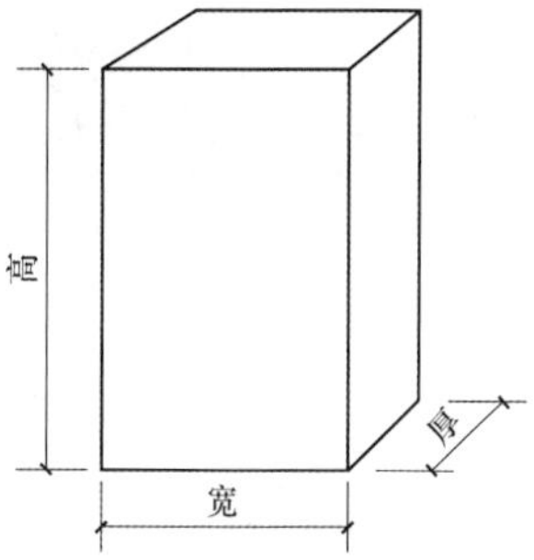

图 3-1-5　配电箱的尺寸标注

（3）室内线路（配电回路）。室内线路分为干线和支线。干线是连接总配电箱与分配电箱，其任务是将总配电箱的电能输送到分配电箱；支线也称为回路，是连接分配电箱与用电设备的线路，其任务是将电能配送到用电器具。

（4）用电器具。用电器具是用电线路的终端，包括灯具、插座、风扇以及控制开关等。

（二）建筑电气照明工程施工图的主要内容

常用的建筑电气施工图（建筑电气照明工程为例）一般由图纸说明、设备及材料明细表、照明系统图、照明平面图、大样图等几部分组成。

1. 图纸说明、设备及材料明细表

图纸说明包括图纸目录、设计说明、图例、设备及材料明细表等。图纸目录应说明图纸的名称、编号、张数等。设计说明主要阐述工程概况、设计依据、供电方式，以及图纸未能表达清楚的工艺要求、安装方法和有关注意事项的补充说明等。图例主要说明所使用的图形符号和文字代号所代表的意义。设备及材料明细表列出了主要设备和材料的规格、数量、型号、安装方法及其他特殊要求等。

2. 系统图

电气系统图是用单线图表示电气工程的供电方式、电能分配、控制和设备运行状况的图样。从系统图中可以了解系统的回路个数、名称、容量、用途，电气元件的规格、数量、型号和控制方式，导线的数量、型号、敷设方式、穿管管径等。电气系统图包括变配电系统图、动力系统图、照明系统图、弱电系统图等。

3. 平面图

电气平面图是表示各种电气设备、元件、装置和线路平面布置的图。它根据建筑平面图绘制出电气设备、元件等的安装位置、安装方式、型号、规格、数量等，是电气安装的主要依据。照明平面图一般是在建筑平面图的基础上，用规定的电气图形符号以单线图的形式绘制的。图中还用规定的文字符号对电气设备、电气线路等进行标注。多层建筑可绘出标准层照明平面图。一般照明工程无剖面图。

4. 大样图

大样图又称详图，主要表示电气设备某一具体部位的具体安装方法，例如舞台聚光灯的安装大样图、灯头盒的安装大样图等。大样图一般采用标准通用图集。非标准的或有特殊要求的电气设备或元件安装，需要设计者专门绘制大样图。

（三）建筑电气照明工程常用材料、用电器具

1. 电线（导线）

导线的线芯材料为铜或铝，是传输电能与信号的线形导体。

绝缘导线是在裸导线外层包有绝缘材料的导线，其作用是防止漏电。如图 3-1-6 所示，

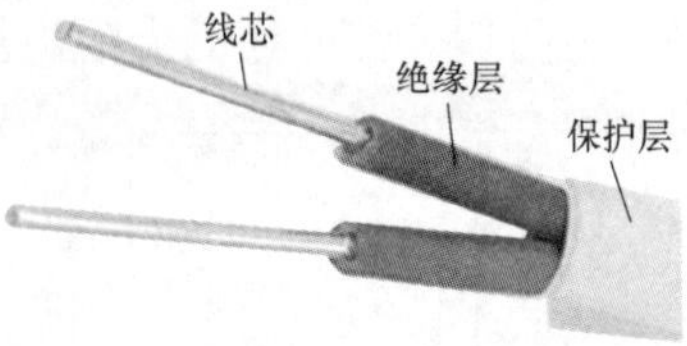

图 3-1-6　绝缘护套线的结构组成

普通绝缘导线由线芯、绝缘层组成，护套线由线芯、绝缘层和保护层组成。按结构分为单芯、双芯、多芯等；按线芯股数分为单股和多股；按绝缘材料分为橡胶绝缘导线和塑料绝缘导线两类。塑料绝缘导线用聚氯乙烯作为绝缘包层，具有耐油、耐酸、耐蚀、防潮、防霉等特点，工程中主要用于室内照明线路。

单相供电，相线采用红色，零线采用蓝色，地线采用黄绿双色；三相供电，A 相（火线）采用黄色，B 相（火线）采用绿色，C 相（火线）采用红色，N（零线）采用蓝色，PE（地线）采用黄绿双色。

绝缘导线文字符号含义见表 3-1-3。常用绝缘导线型号及适用场所见表 3-1-4。

表 3-1-3　　绝缘导线文字符号含义

性能		分类代号或用途		线芯材料		绝缘		护套		派生	
符号	意义	符号	意义	符号	意义	符号	意义	符号	意义	符号	意义
ZR NH	阻燃 耐火	A B Y T HR HP	安装线 布电线 移动电器线 天线 电话软线 电话配线	T L	铜（省略） 铝	V F Y X F ST	聚氯乙烯 氟塑料 聚乙烯 橡胶 氯丁橡胶 天然丝	V H B N SK L	聚氯乙烯 橡套 编织套 尼龙套 尼龙丝 腊克	P R S B D P	屏蔽 软 双绞 平行 带行 缠绕屏蔽

表 3-1-4　　常用绝缘导线型号及适用场所

名称	型号	适用场所
铜芯塑料线 铝芯塑料线	BV BLV	用于交流 500V 及以下，直流 1000V 及以下电气设备和照明装置的连接
阻燃铜芯塑料线 耐火铜芯塑料线	ZR-BV NH-BV	用于交流 500V 及以下，直流 1000V 及以下室内较重要措施固定敷设
铜芯塑料软线 铝芯塑料软线	BVR BLVR	用于交流 500V 及以下，要求电线较柔软的场所固定敷设
铜芯塑料护套线 铝芯塑料护套线	BVV BLVV	用于交流 500V 及以下，直流 1000V 及以下室内固定敷设

例如：ZR-BV-4 表示导线截面为 $4mm^2$ 的阻燃铜芯塑料线，BLVV-10 表示导线截面为 $10mm^2$ 的铝芯塑料护套线。

2. 电缆

电缆是一种特殊的多芯导线，即在一个绝缘软套内裹有多根相互绝缘的线芯。电缆线路与一般线路比较，一次性投资成本较高，维修困难，但绝缘能力、力学性能好，运行可靠，不易受外界影响。电缆的种类较多，按用途可分为电力电缆、控制电缆、通信电缆、其他电缆；按导线材质可分为铜芯电缆、铝芯电缆；按绝缘材料可分为橡胶绝缘、油浸纸绝缘、塑料绝缘；按芯数可分为单芯、双芯、三芯、四芯及多芯电缆。不论何种电缆其基本结构均由缆芯导体、绝缘层、保护层三部分组成，如图 3-1-7 所示。电缆型号的组成和含义见表 3-1-5；常用电力电缆的型号见表 3-1-6。

图 3-1-7　电缆结构图

表 3-1-5　电缆结构层材料及符号

电缆	导体	绝缘	内护套	特征	铠装（第一位数字）	外被层（第二位数字）
电力电缆（略） K：控制电缆	铜（略） L：铝	Z：油浸纸 X：天然橡胶 Y：聚乙烯 YJ：交联聚乙烯 V：聚氯乙烯	Q：铅护套 L：铝护套 V：聚氯乙烯护套 Y：聚乙烯护套 P：编织屏蔽 F：氯丁胶	D：不滴流 F：分相 CY：充油 P：屏蔽 G：高压 C：滤尘用或重型	0：无 2：钢带 3：细钢丝 4：粗钢丝	0：无 1：纤维 2：聚氯乙烯 3：聚乙烯

表 3-1-6　常用电力电缆的型号

型号	名称
YJV（YJLV）	铜（铝）芯交联聚乙烯绝缘聚氯乙烯护套电力电缆
YJY（YJLY）	铜（铝）芯交联聚乙烯绝缘聚乙烯护套电力电缆
YJV22（YJLV22）	铜（铝）芯交联聚乙烯绝缘钢带铠装聚氯乙烯护套电力电缆
YJV23（YJLV23）	铜（铝）芯交联聚乙烯绝缘钢带铠装聚乙烯护套电力电缆
YJV32（YJLV32）	铜（铝）芯交联聚乙烯绝缘细钢丝铠装聚氯乙烯护套电力电缆
YJV33（YJLV33）	铜（铝）芯交联聚乙烯绝缘细钢丝铠装聚乙烯护套电力电缆
YJV42（YJLV42）	铜（铝）芯交联聚乙烯绝缘粗钢丝铠装聚氯乙烯护套电力电缆
YJV43（YJLV43	铜（铝）芯交联聚乙烯绝缘粗钢丝铠装聚乙烯护套电力电缆

3. 配管

配管即线管敷设，是建筑施工时用于辅助电路敷设和对电线的保护，配管配线（穿管配线）是电气线路敷设的主要形式。配管按其敷设方式分为明配管和暗配管。明配管敷设于墙壁、顶棚的表面及桁梁、支架等处；暗配管敷设于墙壁、顶棚、楼板及地面等内部。

配管包括电线管（薄壁管）、钢管（厚壁管）、塑料管（PVC 管）、软管、波纹管等。电线管、钢管、硬质塑料管可用于明配或暗配，半硬质塑料管、波纹管用于在建筑物、构筑物内暗埋设。金属软管、软塑料管用于钢管与设备、器具的过渡连接。

电气线路的敷设除了穿管配线，常用的还有瓷夹板配线、塑料夹板配线、绝缘子配线、木槽板配线、塑料槽板配线、线槽配线、塑料护套线配线等，这几种敷设方式大都属于明敷设。

4. 桥架

桥架用以支撑电缆、电线的具有连接的刚性结构系统的总称，桥架是由直线段、弯通、附件以及支吊架组合构成。

桥架按制造材料分为钢制桥架、铝合金桥架、玻璃钢阻燃桥架等；按结构形式分为梯级式、托盘式、槽式、组合式。可以独立架设， 也可以敷设在各种建（构）筑物和管廊支架上，体现结构简单、造型美观、配置灵活和维修方便等特点，全部零件均需进行镀锌处理。槽式桥架如图 3-1-8 所示。

5. 建筑电气的用电器具

建筑电气的用电器具是用电线路的末端，包括各种灯具、控制开关、插座以及风扇等。

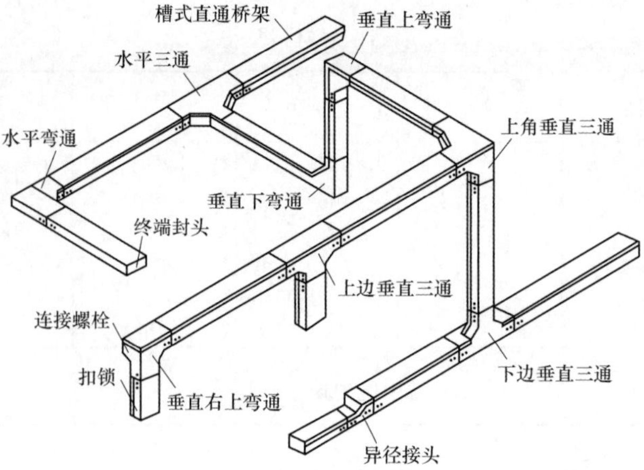

图 3-1-8　槽式桥架示意图

（1）灯具。灯具按电光源可分为白炽灯、节能灯、金属卤素灯、LED 灯 （发光二极管）等。按结构形式分为封闭式灯具、敞开式灯具、艺术灯具；按安装方式分为吸顶式、吊灯（吊链式和吊管式）、壁灯、弯脖灯、水下灯、路灯、高空标志灯等。

建筑照明灯具常见的包括普通灯具、各类艺术装饰灯具、荧光灯、工厂灯等。其中，普通灯具又包括圆球（半圆球）吸顶灯、方形吸顶灯、软线吊灯、吊链灯、防水吊灯、一般弯脖灯、一般墙壁灯、座灯头、吊花灯等。

（2）开关。开关的作用是对用电器具的通电与断电进行控制。

开关的类型按照产品的形式划分，分为拉线式、板式等。按照安装方式划分，分为暗装、明装、防爆等。其中，明装是指开关的接线盒突出墙面，暗装是指开关的接线盒暗装在墙内，只露出开关面板在墙面。按照控制形式划分，分为单控、双控等。单控即一个开关只控制一盏灯，双控即两个开关控制一盏灯。按照一个面板上的开关数量分为单联、双联、三联等。

（3）插座。插座的作用是通过线路与铜件之间的连接与断开，达到该部分电路的接通与断开。插座按照用途划分，分为普通插座、防水插座、工业用插座等。按照安装方式划分，分为明装插座和暗装插座等。按照电源相位划分，分为三相插座和单相插座。按照插孔的数量分为二孔插座、三孔插座、五孔插座等。

电气工程常用图例

（四）建筑电气照明工程常用图例及符号

1. 建筑电气工程常用图例

建筑电气工程常用图例图形符号，构成电气图的基本单元，如表 3-1-7 所示。

表 3-1-7　　建筑电气工程常用图例

名称	图形符号	名称	图形符号
动力-照明配电箱		照明配电箱	
导线	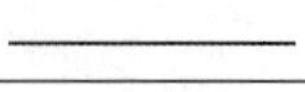	三根导线	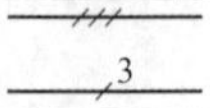
暗装单联单控开关		明装单联单控开关	
暗装双联单控开关		明装双联单控开关	

续表

名称	图形符号	名称	图形符号
暗装三联单控开关		明装三联单控开关	
暗装单联双控开关		明装单联双控开关	
双联防水开关		双联防爆开关	
按钮		双联按钮	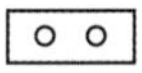
暗装单相插座		明装单相插座	
带接地插孔的暗装单相插座		带接地插孔的明装单相插座	
普通灯		防水防尘灯	
半圆球吸顶灯		球形灯	
壁灯		花灯	
深照型工厂灯		广照型工厂灯	
弯灯	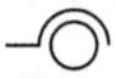	局部照明灯	
单管荧光灯		双管荧光灯	
三管荧光灯	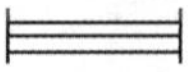	吊扇	
防爆荧光灯		垂直通过配线	
向上配线		向下配线	
电缆穿管保护	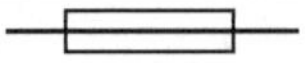	电缆铺砖保护	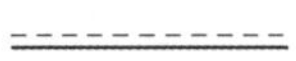

2. 建筑电气工程常用文字符号

文字符号是标注电气设备、元件、装置的功能、状态或特征的字母代码，也是对图形符号的进一步说明。常用文字符号如表 3-1-8 所示。

表 3-1-8　　建筑电气工程常用文字符号

名称	图形符号	名称	图形符号
动力-照明配电箱	AP	照明配电箱	AL
断路器	QF	闸刀开关	QK
限流熔断器	QL	转换开关	QT
感烟探测器	SS	感温探测器	ST
电力线路	WP	照明线路	WL
插座线路	WX	电视线路	WV
声道（广播）线路	WS	电话线路	WF
线路在墙内暗敷	WC	线路在地板或地面下暗敷	FC
线路沿墙面敷设	WS	线路在屋面或顶板内暗敷	CC
线路在梁内暗敷	BC	线路沿天棚或顶板面敷设	CE
线路沿或跨柱敷设	AC	吊顶内敷设	SCE
线路暗敷	C	线路明敷	E
电缆桥架	CT	电线管	MT
焊接钢管	SC	硬塑料管	PC

续表

名称	图形符号	名称	图形符号
塑料线槽	PR	电缆直接埋设	DB
紧定钢管	JDG	混凝土排管	CE
灯具吊管安装	DS	灯具吊链安装	CS
灯具墙壁内安装	WR	灯具天棚内安装	CR
灯具吸顶安装	C（–）	灯具嵌入式安装	R
花灯	H	壁灯	B
荧光灯	Y	防水防尘灯	F
隔爆灯	G	半圆球吸顶灯	J

3. 建筑电气工程常用的标注

常用的标注，包括配电线路标注、电缆标注、灯具安装标注等。

（1）配电线路标注示例：

BV（3×10+1×6）PC25-FC

“BV（3×10+1×6）”表示配电线路的导线为铜芯聚氯乙烯绝缘线，由 3 根截面积为 10mm^2 的导线和 1 根截面积为 6mm^2 的导线组成。

“PC25”表示配电线路的敷设方式为公称直径 25mm 的硬塑料管。

“FC”表示配电线路的敷设部位为地板或地面下暗敷。

（2）电缆标注示例：

YJV22-4×16+1×6-SC80　FC WC

“YJV22-4×16+1×6”表示电缆的型号为铜芯交联聚乙烯绝缘钢带铠装聚氯乙烯护套电缆，由 4 根截面积为 16mm^2 的线芯和 1 根截面积为 6mm^2 的线芯组成。

“SC80”表示电缆的敷设方式为公称直径 80mm 的焊接钢管。

“FC WC”表示电缆的敷设部位为地面下暗敷，沿墙内暗敷。

（3）灯具安装标注示例：

$$9\text{-YZ40RR}\frac{3\times 60}{3.5}\text{DS}$$

“9”表示在某个区域安装 9 盏灯。

“YZ40RR”表示荧光灯的型号为直管型、日光色。

“3×60”表示每盏荧光灯由三个光源（三根灯管）组成，每个光源 60W。

“3.5”表示荧光灯的安装高度为距地 3.5m。

“DS”表示吊管安装。

（五）建筑电气照明工程施工图的识读

电气施工图是计算工程量的主要依据。电气工程所安装的电气设备、元件的种类、数量、安装位置，管线的敷设方式、走向、材质、型号、规格、数量等都可以在识读电气施工平面图过程中计算出来。

识读电气施工图，应先熟悉该建筑物的功能、结构特点等，特别是与电气设备安装有紧密联系的建筑部分。在识读电气施工图时，一般按照以下程序阅读。

1. 阅读图纸说明

首先阅读图纸目录和标题栏，了解项目内容、工程名称、图纸内容及数量、图纸比例等。

其次看设计说明，了解工程概况、要求、采用的标准规范、标准图册和供电要求、电压等级等，了解图样中未能清楚表明的工艺特点、安装方法、供电电源的来源、施工注意事项等。然后看图例说明。最后阅读设备及材料明细表，了解主要设备和材料的规格、数量、型号、安装方法及其他特殊要求等，将其作为计量的依据。

2. 阅读系统图

阅读系统图应注意了解系统的基本概况，了解各系统的联络关系和联络方式，掌握进线回路的个数、编号、进线方式、容量、相序分配，导线回路的规格、型号、数量，各种电气设备的型号、规格、编号和数量，核对平面图回路标号与系统图是否一致。

3. 阅读平面图

通过阅读平面图，可以了解线路的敷设方式，设备的安装位置，导线的数量、规格、型号等。平面图一般与系统图结合，用以计量和编制施工方案。

4. 阅读大样图

通过阅读大样图，能够详细了解设备或元件的正确安装方法，对于指导安装施工和编制工程材料计划具有重要指导作用。

电气施工图往往需要反复阅读才能掌握图纸所表达的意图。一般可以先略读一遍，了解工程的总体情况，然后再进行精读，仔细阅读每台设备和元件的安装位置和安装要求，所有管线的敷设要求，与土建、水暖等专业的协作关系等。对图纸中的关键部位和重要设备还应反复阅读，力求精确无误。阅读施工图时，还应结合相关的规范、标准以及全国通用电气装置标准图集，以详细指导安装施工。

五、任务分析

（1）在图纸识读过程中，建筑电气照明工程由哪些回路组成？包括哪些照明设备？

（2）平面图、系统图是如何对应的？

（3）施工图中，各种材料及设备的图例是如何表示的？各个回路管线的敷设方式、选用材料组成是如何表示的？

（4）室内外界限应如何划分？安装完成，为保证施工质量需要什么检测或试验？

六、任务实施

（1）结合本项目“任务一”图纸，指出电气管道的材质？共有几种管径，分别是多少？

（2）本项目采用电缆埋地穿焊接钢管 SC40 入户，室外埋深 0.8m，进户管距外墙 1.5m，只预埋进户管。

（3）进户管接至值班室的配电箱 XRM-2304，安装高度 1.4m。再由配电箱引出 3 个回路；其中 N1 回路连接值班室、灶间和雅座房间照明，管线采用 BV-2.5mm^2 导线，穿焊接钢管顶棚或墙内暗敷，2～3 根导线采用 SC15，4 根导线采用 SC20。

N2 回路接至大厅照明，值班室部分，穿焊接钢管顶棚内暗敷；大厅配管沿吊顶内明敷；墙内配管暗敷。管线采用 BV-2.5mm^2 导线，2～3 根导线采用 SC15。

N4 回路是插座回路，连接灶间插座箱，安装高度 0.5m 和雅座插座，安装高度 0.3m。管线采用 BV-2.5mm^2 和 BV-1.5mm^2 导线，穿焊接钢管，2～3 根导线采用 SC15。沿墙内或地板暗敷，埋地管埋深 0.2m。

（4）灯具包括双管日光灯、吸顶灯、壁灯、管吊工厂灯和花灯。壁灯安装高度 2.8m，其他灯具吸顶安装。开关包括单联、双联和三联暗开关和风扇调速开关，安装高度 1.4m。还有五孔插座，安装高度 0.3m 和电风扇等。

（5）安装结束，进行全系统送配电装置调试。

七、任务总结

通过上述任务的学习，学到哪些知识？还存在哪些疑问？

（1）电气配管线路敷设方式有暗敷、明敷两种，常用的即是顶板敷设、地面敷设、吊顶敷设等，WC 为沿墙敷设，FC 为地面敷设，CC 为顶板敷设。

（2）室内照明常用的导线通常是绝缘导线。本工程 BV 表示铜芯绝缘塑料导线。

（3）识读图纸。要沿着电源、引入线、配电箱、引出线、用电器具这样沿“线”来读。一般可按这样的顺序阅读：进线→总配电箱→干线→支线→分配电箱→用电设备。

（4）通过设计说明应了解工程总体概况、设计依据、要求、使用的材料规格、施工安装要求等。

（5）通过系统图要对整个电气工程有个总体的认识，了解配电方式和回路之间的关系，了解系统基本组成。

（6）通过平面图应了解电气设备安装的水平位置，线路敷设部位，敷设方法及所用配管，导线的型号、规格、数量等。在阅读过程中，应弄清每条线路的根数、导线截面、敷设方式、各电气设备的安装位置。从电气平面图，可以了解电气工程的全貌和局部细节。

八、任务拓展

某商业房电气照明工程施工图识读案例

（一）设计说明

（1）本工程为某小区商业房，地上二层，建筑面积 230m^2，层高 3.6m，框架结构。本案例只以一层照明和插座部分为例。

（2）本工程灯具均按 I 类灯具设计，所有灯具供电回路均采用 3 根线（灯具外露可导电部分接地）；卫生间选用防水型吸顶灯，如图 3-1-9、图 3-1-10 所示。相关图例见表 3-1-9。

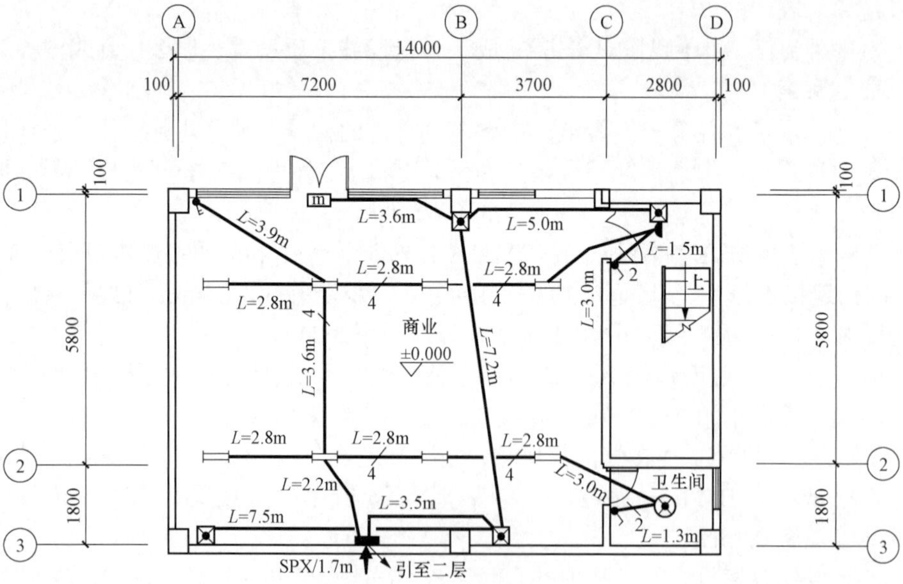

图 3-1-9　一层照明平面图

（3）户内配电箱底边距地 1.7m 墙内暗装，插座底边距地 0.3m，开关底边距地 1.3m，开关插座均为安全型，其余详见表 3-1-9 中图例。

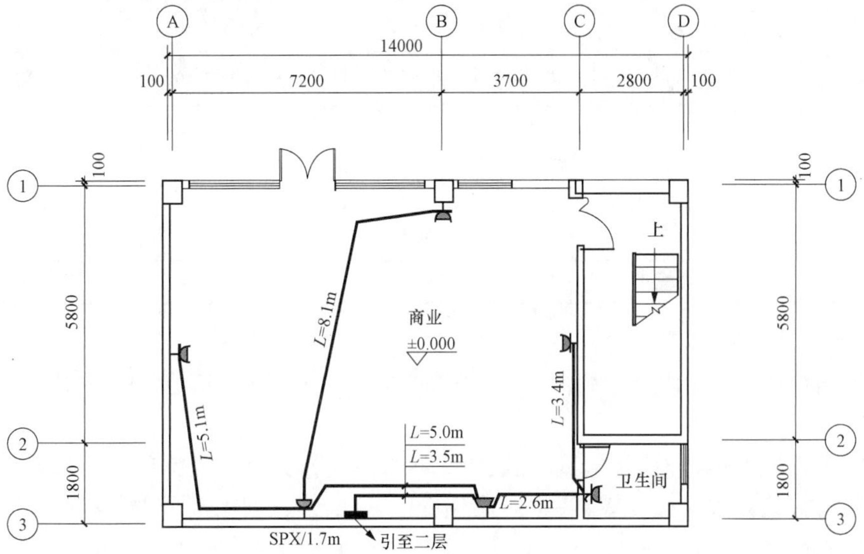

图 3-1-10　一层插座平面图

（4）照明系统线路采用 WDZ-BYJ 耐火型低烟无卤导线，穿 RZ 可挠金属套管保护，所有分支管路埋地敷设的埋深均为 0.15m，详见配电箱系统图（见图 3-1-11），图中标注尺寸为至墙中尺寸。

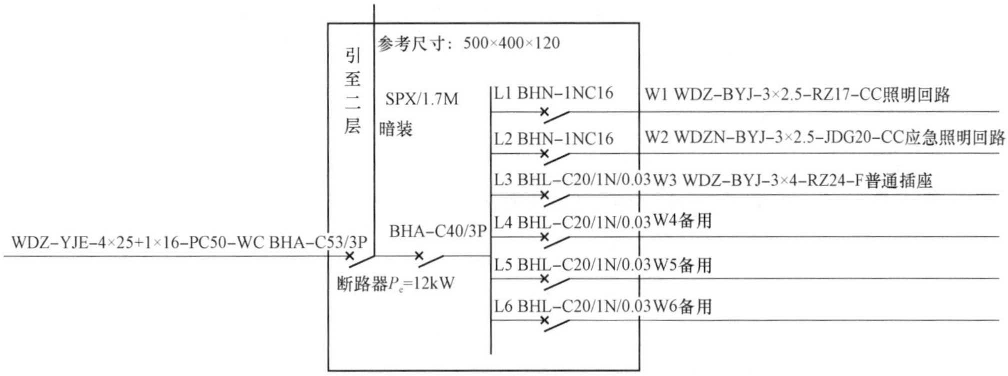

图 3-1-11　系统图

（5）本工程未尽事宜按国家有关电气施工规程规范及验收规范执行。

表 3-1-9　　图例

序号	图例	名称	型号规格	备注
1		防水吸顶灯	1×22W	吸顶安装
2		灯座口	E271×13W 节能灯	吸顶安装
3		双管荧光灯	2×28W	吸顶安装
4		应急照明灯	HJD811-2.1×10W （LED）	安装高度 2.5m
5	E	出口指示灯	HJDL908 1W （LED）	安装高度 2.3m

续表

序号	图例	名称	型号规格	备注
6		单联单控开关	KA86K11-10B	安装高度 1.3m
7		双联单控开关	KA86K11-10B	安装高度 1.3m
8		防水单联单控开关	KA86K11-10B	安装高度 1.3m
9		单相五孔插座	10A 单相五孔安全插座	安装高度 0.3m
10		卫生间插座	10A 带开关五孔防溅安全插座	安装高度 1.5m
11		照明配电器	详见系统图	安装高度 1.7m

（二）图纸解读

本案例自配电箱 SPX/1.7m 引出 W1、W2、W3 三个回路，其中，W1、W2 回路是照明回路，W3 是插座回路。

W1 回路自配电箱，沿墙体、顶棚接至大厅的双管日光灯、楼梯间灯座口和卫生间防水吸顶灯，并与控制开关连接。W2 回路自配电箱，沿墙体、顶棚接至大厅和楼梯间应急灯和北侧大门出口指示灯。

W3 回路自配电箱，沿墙体、地板接至大厅和卫生间的插座，管道地板内埋深均为 0.15m，插座高度分别为 0.3m 和 1.5m。

九、知识测试与能力训练

1. 填空题

（1）建筑照明配电系统由________、________、_______和_______组成。

（2）配电箱的尺寸标注表示为_______，配电箱的半周长是指_______。

（3）室内电气线路的敷设方式分为________和_________两种方式。

（4）按照安装方式划分，插座分为________和_________等。按照电源相位划分，分为________和_________。

（5）根据表 3-1-10 所示符号，填写相应内容。

表 3-1-10　　标注示例含义

进线				保护管		
符号	类型	根数	规格	类型	规格	敷设方式
$\frac{\text{YJV}-5\times 25}{\text{SC50,FC/WC}}$						
P1 回路				保护管		
符号	类型	根数	规格	类型	规格	敷设方式
$\frac{\text{YJV}-4\times 4}{\text{SC25,FC/WC}}$						

2. 根据电气照明施工图，如图 3-1-12、图 3-1-13 所示，回答以下问题：

（1）请在图中标注进户线。

（2）请在图中标注配电箱位置。

（3）请写出表示配电箱的符号，并说明图中的配电箱安装方式是明装还是暗装。

（4）表示进户线的文字符号是什么？其含义是什么？
（5）请判断平面图所示的楼层。
（6）图示照明配电系统有几个回路？
（7）表示回路的符号是什么？各回路的名称分别是什么？
（8）N1 回路中有哪些图形符号？这些符号分别表示什么？数量是多少？
（9）N2 插座回路，自配电箱至最末尾插座，有几根立管？

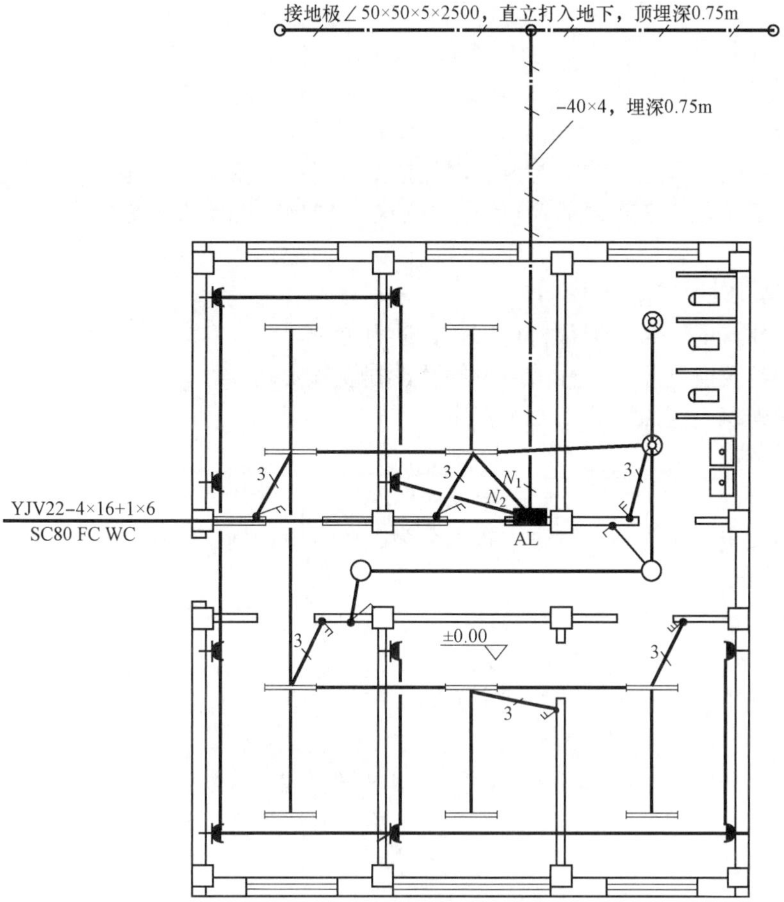

图 3-1-12　电气照明平面图

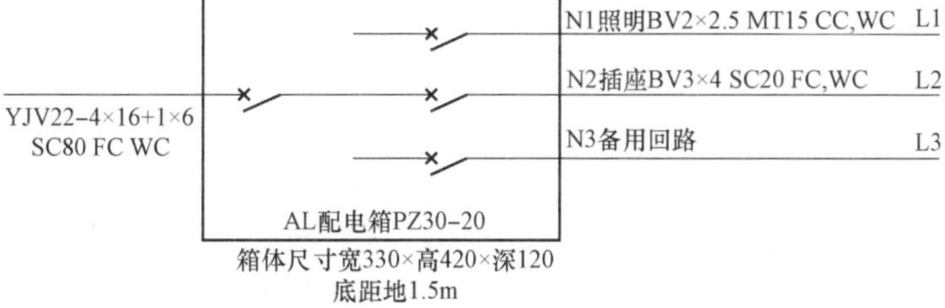

图 3-1-13　电气照明系统图

任务二　建筑电气照明工程施工

一、引导问题

（1）建筑电气照明电线如何连接？

（2）配电箱如何安装？

（3）暗装开关插座如何安装？

（4）吸顶灯如何安装？

（5）大型吊灯如何安装？

二、任务说明

建筑电气照明工程施工的主要内容，包括工程材料、安装工程施工工艺与技术，也是从事计量与计价工作必须掌握的基础知识。通过对建筑电气照明工程施工内容的了解，再与计量计价的工作内容相结合，为解决计量与计价实际问题打下坚实基础。

三、任务要求

（1）熟悉建筑电气照明工程材料种类、适用范围。

（2）了解建筑电气照明工程常用附件及设施设备安装。

（3）掌握建筑电气照明施工安装程序。

四、知识链接

建筑电气照明系统施工安装

建筑照明配电系统的施工程序大致可分为准备阶段、施工阶段、收尾调试阶段。

1. 准备阶段

（1）熟悉和审查电气工程图纸文件，了解与电气工程有关的土建情况，进行图纸会审，确定施工方案，制定电气安装进度计划，编制施工预算等。

（2）熟悉施工图，对施工图的施工说明、电气平面图、配线系统图、电气原理图、接线图等进行熟悉学习。

（3）施工前一般先组成管理机构，并根据电气安装项目配置人员，向施工人员进行技术交底，使施工人员了解工程内容、施工方案、施工方法和安全施工的条例、措施等。必要时还应组织技术培训。

（4）应按设计或工程预算提供的材料进行备料，准备施工设备和机具等。施工前应检查落实设备、材料等物资的准备情况。

（5）根据工程平面布置图，提供设备、材料及工具的存放仓库或地点，落实加工场所。

2. 施工阶段

当施工准备工作均已完成、具备施工条件后，即可进入电气安装工程的施工阶段。首先需要做好预埋工作，预埋工作的特点是时间性强，需与土建施工交叉配合进行，并应密切配合主体工程的施工进度。隐蔽工程的施工如电气埋地保护管等，需在土建施工时预先敷设好。预埋工作相当重要，如漏敷、漏埋或错敷、错埋，不仅会给安装带来困难，影响工程的进度和质量，有时还会使安装工程无法进行而不得不重新修改设计。

（1）配电箱安装。配电箱安装包括箱体安装和箱内接线。配电箱的箱体安装时，要求安装牢固，分为暗装和明装。暗装配电箱，即配电箱嵌入墙内安装，如图 3-2-1（a）所示。砌墙时的预留孔洞应比配电箱的宽和高各多 20mm 左右，预留的深度为配电箱厚度加上洞内壁抹灰的厚度；安装配电箱时，箱体与墙之间应用嵌块进行临时固定，再用细石混凝土或砂浆进行箱体固定及墙体嵌缝。明装配电箱安装在墙上，如图 3-2-1（b）所示，应采用胀管螺栓固定。对于较小的配电箱，可按配电箱或配电板四角安装孔的位置预埋木砖，然后用木螺钉在木砖处固定配电箱。

配电箱内接线应规则、整齐，端子螺丝 必须紧固；照明配电箱内，应分别设置零线 N 和地线 PE 的汇流排。零线和保护零线应在汇流排上连接，不得绞接，且应有编号；各回路进线应有足够长度，不得有接头。导线引出面板时，面板线孔应光滑无毛刺，金属面板应装设绝缘保护套。金属壳配电箱外壳必须可靠接地；安装后应标明各回路的使用名称。如图 3-2-2 所示

《安装定额》中规定，$10mm^2$ 以上的铜线，计算接线端子（不再计算外部接线），$6mm^2$ 以下的铜线，计算外部接线（不能计算铜接线端子）。有端子定额已包括焊（压）端子工作内容，适用于软线和多股线；无端子定额适用于独股硬线。

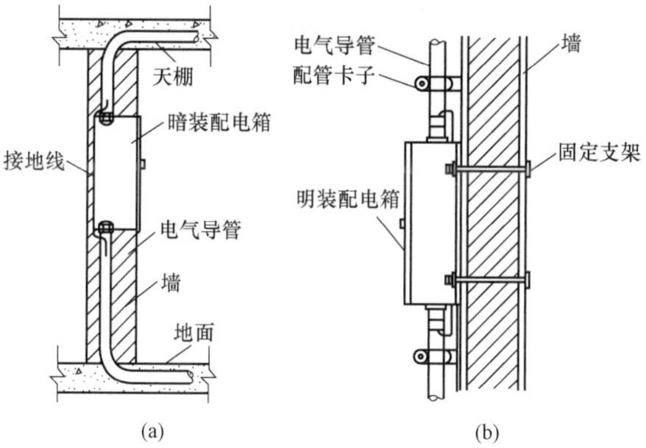

图 3-2-1　配电箱安装

（a）暗装配电箱；（b）明装配电箱

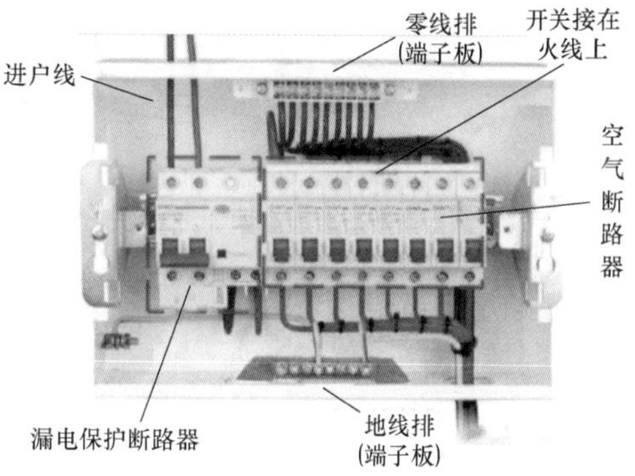

图 3-2-2　配电箱接线

（2）配管配线施工。通常可分为穿管配线和线槽配线两类。

穿管配线，就是将绝缘导线穿在管内敷设，因配线安全可靠、可避免腐蚀性气体的侵蚀和机械损伤、更换导线方便等优点，广泛应用于工业与民用建筑，如图 3-2-3 所示。

1）配管暗敷的主要内容是测位、划线、锯管、套丝、煨弯、配管、接地、刷漆。要求如下：①应配合土建施工做好配管预埋工作；②暗敷的配管，应尽量浅埋，出地管口不宜低于 20mm，若设计未规定埋入深度，按 100mm 计。

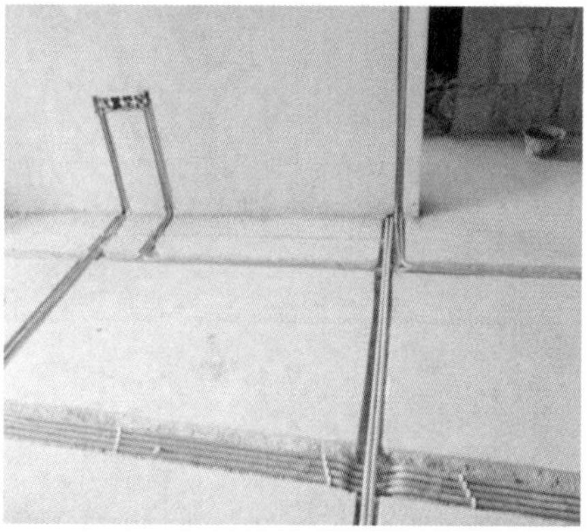

图 3-2-3　电气配管墙内、楼地面暗敷

《砌体工程施工质量验收标准》（GB 50203—2002）中规定：设计要求的洞口、沟槽应于砌筑时正确留出或预埋，未经设计同意，**不得打凿墙体和墙体上开凿水平沟槽**。

2）配管明敷主要内容是测位、划线、打眼、埋螺栓、锯管、套丝、煨弯、配管、接地、刷漆。要求如下：①配管安装时应排列整齐，间距应相等，转弯部分应按同心圆弧的形式进行排列；②配管明敷时，应将配管用管卡固定，再将管卡用螺栓固定在角钢支架上或固定在预埋于墙内的木砖上。

线槽配线分为金属线槽配线、塑料线槽配线、木质线槽配线。可分为二线式和三线式。

线槽配线的主要内容是弹线定位、线槽固定、线槽连接、槽内布线、导线连接、线路检查、绝缘遥测，如图 3-2-4 所示。

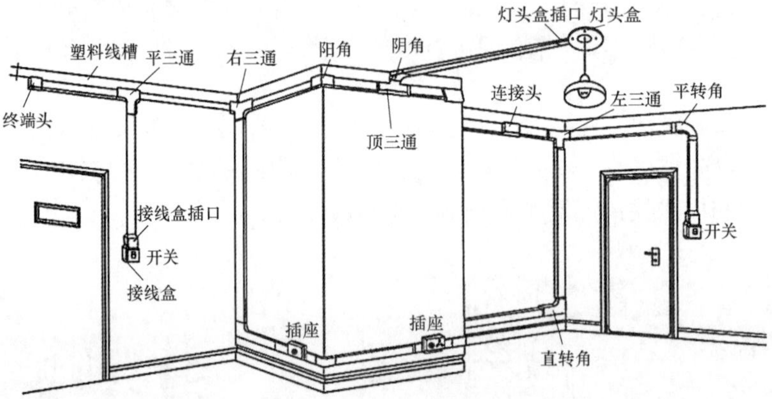

图 3-2-4 线槽配线

（3）导线连接。管内穿线应在土建施工喷浆粉刷之后进行。要求如下：

1）穿线前应将管内的杂物、水分清除干净。

2）导线接头必须放在接线盒内，不允许在管内有接头和纽结，并有足够的预留长度。

3）不同回路、不同电压和交流与直流的导线，不得穿入同一管子内。

4）导线总截面不应大于线管截面的 40%，且电线总数不宜多于 8 根。

导线连接是非常重要的工序，安装线路能否安全可靠地运行，在很大程度上取决于导线及导线连接、导线与接线柱连接的质量。导线连接的基本要求是连接可靠、接头电阻小、机械强度高、电气绝缘性好。如图 3-2-5、图 3-2-6 所示。

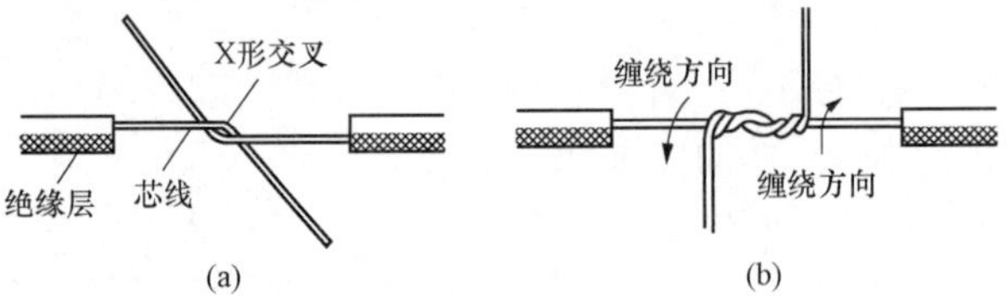

图 3-2-5 导线直接绞接

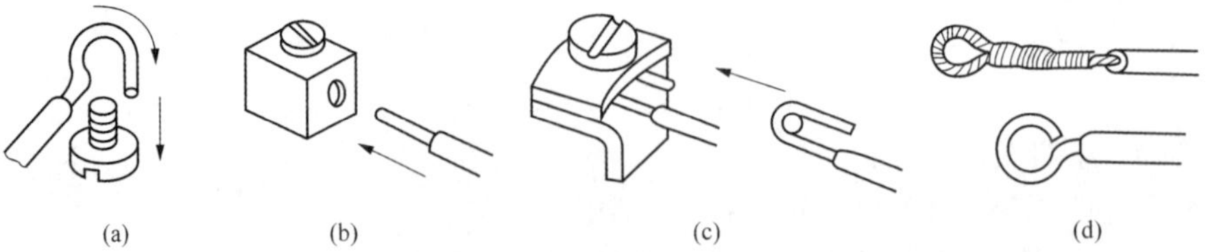

图 3-2-6 导线与接线柱连接

（4）照明灯具安装。应按照《建筑照明装置施工及验收规范》（GB 50303—2015）的要求进行安装。

1）吸顶灯安装：吸顶灯安装应与土建施工密切配合，吸顶灯安装的位置预埋木砖或金属胀管螺栓（膨胀螺栓）。

如图 3-2-7 所示，灯具安装时，把灯具的吸顶盘用木螺钉安装在预埋木砖上，或者用膨胀螺栓，如图 3-2-8 所示，将吸顶盘固定在混凝土楼板上，再把吸顶灯与吸顶盘进行固定。

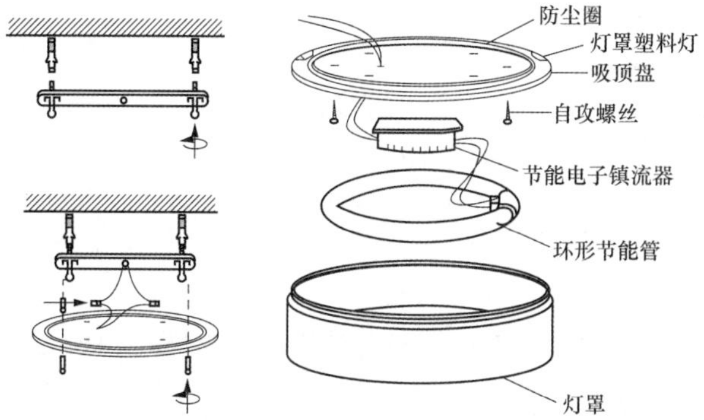

图 3-2-7　圆形吸顶灯安装

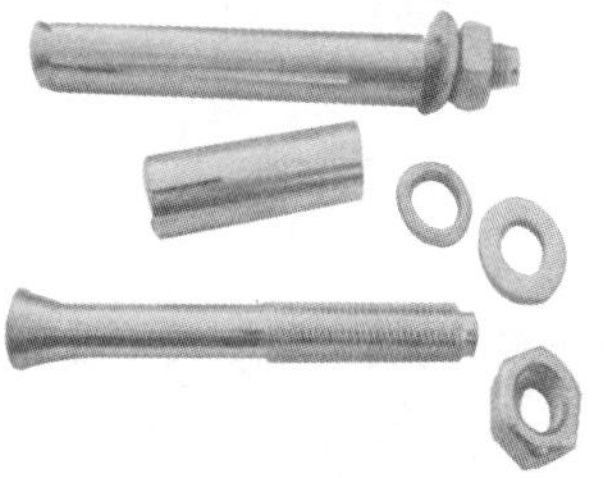

图 3-2-8　膨胀螺栓

2）吊灯安装。安装小型吊灯时，应设紧固装置，采用预埋吊钩、螺栓、螺钉、膨胀螺栓或塑料胀管固定等方法，将吊灯通过连接件紧固在装置上。大型吊灯因体积大、灯体重（质量大于 10kg），必须固定在建筑物的主体结构上，楼板混凝土浇筑时应预埋吊钩和螺栓，其固定装置应按 5 倍灯具质量的恒定均匀荷载全数做强度试验，历时 15min，固定装置的部件无明显变形。

如图 3-2-9（a）所示为链吊式吊灯的吊杆与混凝土楼板的连接；如图 3-2-9（b）所示为管吊式吊灯在吊顶天棚上的固定方式，吊杆较长，且吊钩的接头必须设置在吊顶以上。

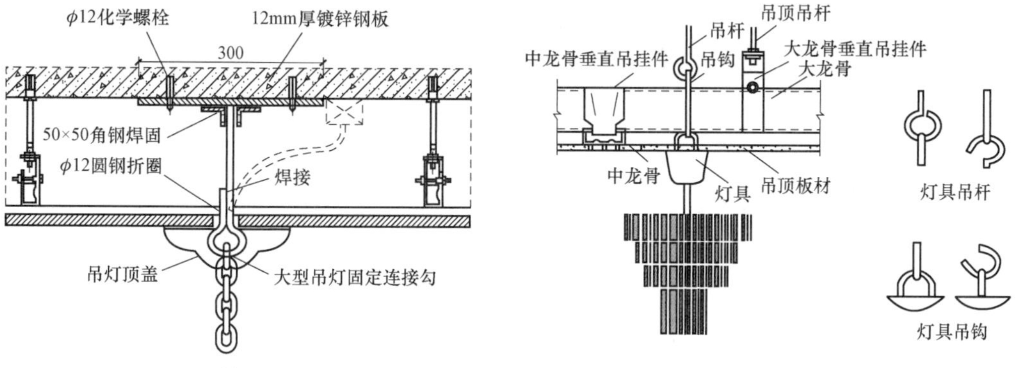

(a)　(b)

图 3-2-9　吊灯安装

（5）开关插座安装。

1）开关：①同一建筑物、构筑物内，开关的通断位置应一致，操作灵活，接触可靠。同一室内安装的开关控制有序不错位，相线应经开关控制。②开关的安装位置应便于操作，同一建筑物内开关边缘距门框（套）的距离宜为 0.15～0.2m。③同一室内相同规格、相同标高的开关高度差不宜大于 5mm；并列安装相同规格的开关高度差不宜大于 1mm；并列安装不同规格的开关宜底边平齐；并列安装的拉线开关相邻间距不小于 20mm。④开关面板底边距地面高度宜为 1.3～1.4m；

暗装开关插座安装前应将开关盒（接线盒），如图 3-2-10 所示，预埋在墙内，穿线完成后，进行接线、固定开关、盖上开关面板。

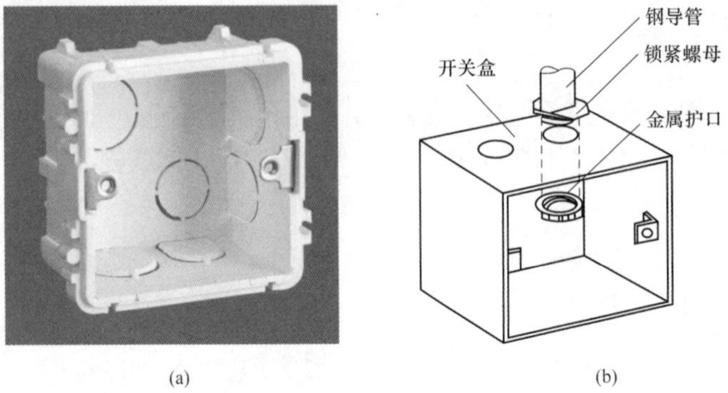

图 3-2-10　接线盒

（a）塑料接线盒；（b）钢制开关盒

2）插座：①当交流、直流或不同电压等级的插座安装在同一场所时，应有明显的区别，且必须选择不同结构、不同规格和不能互换的插座。②单相两孔插座，面对插座，右孔或上孔应与相线连接，左孔或下孔应与中性线连接；单相三孔插座，面对插座，右孔应与相线连接，左孔应与中性线连接；③单相三孔、三相四孔及三相五孔插座的保护接地线（PE）必须接在上孔。插座的保护接地端子不应与中性线端子连接；④当设计无要求时，插座底边距地面高度不宜小于 0.3m。⑤暗装的插座面板紧贴墙面或装饰面，四周无缝隙，安装牢固，表面光滑整洁、无碎裂、划伤，装饰帽（板）齐全；接线盒应安装到位，接线盒内干净整洁，无锈蚀。暗装在装饰面上的插座，电线不得裸露在装饰层外。

3. 收尾调试阶段

当各电气项目施工完成后，要进行系统的检查和调试，如检查线路、开关、用电设备互相连接的情况，检查线路的绝缘和保护情况，接地方式的连接等，进行通电试运行，发现问题应及时进行整改。

五、任务分析

（1）建筑电气照明工程中，配管配线选用什么材质？采用什么连接方式？暗配管剔槽如何处理？

（2）配电箱采用什么安装方式，尺寸为多少？

（3）简述开关、插座的安装方式及安装尺寸。

（4）简述灯具的安装方式。

六、任务实施

参照本项目 “任务一” 中某餐厅电气照明工程平面图、系统图及电力系统组成，如图 3-1-1、图 3-1-2 和图 3-1-3 所示。

（1）管线除注明外一律采用 BV-2.5mm^2 导线穿焊接钢管敷设，2～3 根导线采用 SC15，4 根以上导线采用 SC20。大厅配管沿吊顶内明敷及墙内暗敷；其余沿地板内及墙内暗敷，室内埋地管埋深 0.2m。

（2）在砌体中留槽洞及埋设管道时，允许在墙体的竖向孔洞中设置管线。

（3）配电箱采用暗装安装方式、尺寸为宽×高，分别为 600×300 和 200×300。

（4）开关、插座的安装方式为墙内暗装，安装高度为 1.4m 和 0.3m。

（5）安装结束，进行全系统送配电装置调试。

七、任务总结

通过上述任务的学习，学到哪些知识？还存在哪些疑问？

八、任务拓展

生活中的绿色环保

随着当今社会的迅速发展，科学技术越来越发达，人们的生活条件也越来越好了但在幸福生活的背后，环保问题却依旧严峻，有人问：在日常生活中，怎么样才能做到节能环保呢？

很简单，树立节约能源的理念，从小事做起，杜绝浪费，资源最大化利用。

（1）电：电脑、电视机、热水器、空调、洗衣机等家用电器在无需使用的时候，彻底断电，有数据证明，这些家用电器待机状态下，也会持续耗电，随手关闭不使用的电器，节省电力资源消耗。

（2）水：洗碗、洗菜、洗衣时，应放适量的水在盆槽内洗涤，以减少流失量。用洗米水、煮面水洗碗筷，可节省生活用水及减少洗洁的污染。用洗菜水、洗衣水、洗碗水及洗澡水等清洗水来浇花、洗车及擦洗地板，蔬菜先用淘米水洗一遍，再用清水清洗，不仅节约水，而且能有效清除蔬菜上的残存农药。

（3）灯光：一般居家所耗的灯光可占家庭中电费支出达15%～20%，因此您应只在有需要时才使用，并在不用时随即熄掉；购置新的灯光设备时，请尽量考虑节能光源。 家中主要起居生活的地方宜选用浅淡及高反光率的装修色调，保持灯光设备可以达到最高照明效益。

（4）回收利用：不再穿的旧衣、鞋子可以进行回收利用，不要直接丢进垃圾桶，据媒体一份报告称，每年全球有超过10亿t的旧衣服被倾倒入垃圾填埋场，每年产生200万吨二氧化碳排放量，仅次于石油工业。若将这些旧衣物进行环保再生，不仅可以避免资源浪费，也能减少二氧化碳排放。

九、知识测试与能力训练

1. 填空题

（1）若设计无要求，配电箱的安装高度是________m；开关的安装高度是________m；插座的安装高度________m。

（2）穿管配线的导线总截面不应大于线管截面的_________；

（3）单相两孔插座，面对插座，右孔或上孔应与_________连接，左孔或下孔应与________连接。

（4）大型吊灯因体积大、灯体重（质量大于________kg），必须固定在建筑物的主体结构上。

（5）同一建筑物内的电线绝缘层颜色应该一致并符合：保护接地（PE）应________色；中性线（N）应为________色；相线L1应为________色、L2应为________色、L3应为________色。

（6）导线接头必须放在________内，不允许在管内有接头和纽结，并有足够的预留长度。

（7）照明配电箱内，应分别设置________和________的汇流排。

2. 简答题

（1）配电箱安暗装和明装有何区别？

（2）大型吊灯安装完毕，怎么检测是否合格？

（3）单相三孔插座，如何接线？

3. 如图3-2-11所示插座回路平面图，绘制插座回路的立面施工草图。配电箱安装高度1.5m，插座安装高度0.3m，配管埋深0.1m。

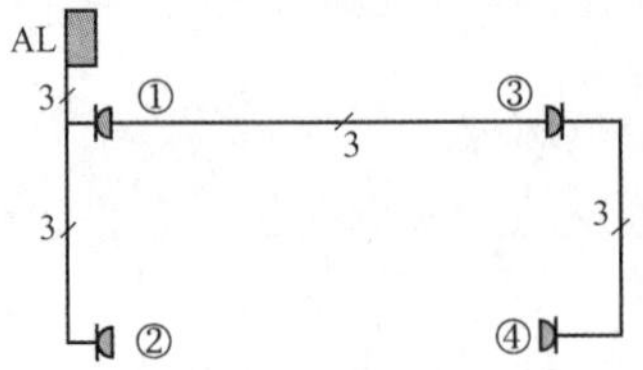

图 3-2-11　插座回路平面图

电气施工案例

任务三　建筑电气照明工程定额计价

一、引导问题

（1）定额计价的编制依据包括哪些内容？建筑电气照明使用哪些定额？

（2）定额计价的编制程序是什么？

（3）成套配电箱根据什么指标加以区分，以“台”为单位计算工程量？

（4）配电回路导线与配电箱连接套用什么项目定额？

（5）配管的预埋过程中不可避免的零星的剔墙、凿孔洞工作，定额中如何处理？

（6）管内穿线中照明线路导线截面大于 $6mm^2$ 时，执行什么项目定额？

（7）配线在各处（配电箱、开关、插座、灯具等）进出线或接线，预留长度如何计算？

（8）风扇安装是否包括配套的风扇调速开关的安装？

二、任务说明

以本项目任务一为案例，针对某餐厅电气照明工程，采用定额计价的方式，编制施工图预算，确定工程造价。

三、任务要求

结合本项目“任务一”施工图资料，根据《安装定额》(《价目表》) 第四册、《费用标准》、主要材料价格等，完成定额计价（施工图预算）的编制工作，确定工程造价。

四、知识链接

与电气设备安装工程施工图预算编制有关的资料主要是《安装定额》第四册“电气设备安装工程”（附录 2-1）。

《安装定额》第四册“工程量计算规则”主要内容包括以下几点。

（一）配电装置安装工程（030402）

1. 章说明

（1）高、低压成套配电柜安装定额综合考虑了不同容量、不同回路数量，执行定额时不做调整。不包括母线配置及设备干燥。

（2）本章定额不包括下列工作内容，另执行本册相应定额：

1）端子箱、控制箱安装；

2）基础槽（角）钢安装；

3）配电板制作安装中的板上设备元件安装及端子板外部接线。

2. 工程量计算规则

（1）低压成套配电柜（屏）安装，以“台”为单位计算工程量。

（2）落地式成套配电箱安装以“台”为单位计算工程量；嵌入和悬挂式成套配电箱根据设计图纸区分不同的安装方式和箱体半周长，以“台”为单位计算工程量。

（3）配电板制作，根据设计区分不同的材质，以“m^2”为单位计算工程量；木板包铁皮以“m^2”为单位计算工程量；配电板的安装不分材质，根据设计图纸区分不同的半周长以“块”为单位计算工程量。

（二）配电控制、保护、直流装置安装工程（030404）

1. 章说明

（1）控制设备安装未包括二次喷漆及喷字、电器及设备干燥、焊、压接线端子、端子板外部（二次）接线工作内容，发生时应执行本册相应定额。

（2）接线端子安装定额只适用于导线，电缆终端头制作安装定额中已包括焊压接线端子，不得重复计算。

2. 工程量计算规则

（1）端子板外部接线，按照设备盘、箱、柜、台的外部接线图，区分有、无端子和导线截面大小，以“个”为单位计算工程量。

（2）接线端子安装，按照设计图中的电气接线系统图等图纸，区分不同的材质、工艺和导线的截面积，以“个”为单位计算工程量。

（三）配管工程（030411）

1. 章说明

（1）配管定额是按照各专业配合施工考虑的，包括预留预埋过程中不可避免的零星的剔墙、凿孔洞工作。对于设计或工艺无法做到配合预留预埋的，应执行本章的混凝土地面刨沟、墙体剔槽、打孔洞相应项目。

（2）管线埋地发生挖填土石方工作时，应执行本册沟槽挖填定额。

（3）现浇板灯具接线盒至吊顶处灯具接线盒保护管，采用的是可挠金属套管，在吊顶内其他部位的同类型保护管应执行“可挠金属套管在吊顶内敷设”相应项目。

（4）箱体后墙及配管处所做墙面防裂处理，执行建筑工程相应定额。

2. 工程量计算规则

（1）各种管路在计算其长度时，均不扣除管路中间的接线箱、接线盒、灯头盒、开关盒、插座盒、管件等所占长度。

（2）电线管、钢管、防爆钢管敷设，根据设计图纸区分不同的敷设方式和公称口径，以“100m”为单位计算工程量。

（3）可挠金属套管敷设，根据设计区分不同的敷设方式、位置以及规格，以“100m”为单位计算工程量；对现浇板处灯头盒至吊顶处灯头盒的保护管，根据设计图纸和吊顶到现浇板的实际高差，区分保护管每根不同的长度，以“10m”为单位计算工程量。

（4）硬聚氯乙烯管、刚性阻燃管、半硬质阻燃管敷设，根据设计图纸区分不同的敷设方式和敷设位置以及公称口径，以“100m”为单位计算工程量。

（5）金属软管敷设，根据设计图纸和施工规范要求，区分不同的公称口径和每根管长度，以“10m”为单位计算工程量。

（6）接线盒安装，区分不同的安装方式和接线盒类型，以“个”为单位计算工程量；接线盒盖安装，以“个”为单位计算工程量。

（7）动力配管混凝土地面刨沟，按照施工现场设备安装实际情况，区分不同的配管公称口径，以“10m”为单位计算工程量。

（8）墙体剔槽，根据设计图纸和建筑结构形式，区分不同的配管公称口径，以“10m”为单位计算工程量。

（9）水钻打眼，根据实际工艺需要和钻头的口径大小，以“个”为单位计算工程量。

（四）配线工程（030411）

1. 章说明

（1）管内穿线中照明线路导线截面大于 $6mm^2$ 时，执行动力线路穿线相应定额。

（2）盘、柜、箱、板配线仅适用于盘、柜、箱、板上的设备元件的少量现场配线，不适用于工厂设备的修、配、改工程。

2. 工程量计算规则

（1）管内穿线工程量，根据设计图纸区分不同的线路性质、导线材质、导线截面、以“100m单线”为单位计算工程量；管内穿多芯软导线时，根据设计图纸区分不同的芯数和每芯的截面大小，以“100m/束”为单位计算工程量。管内穿线的线路分支接头线长度已综合在定额中，不得另行计算。

（2）塑料护套线明敷设，根据设计图纸区分不同的芯数（二芯、三芯）、敷设位置（木结构、砖、混凝土结构、沿钢索）、导线截面，以“100m/束”为单位计算工程量。

（3）盘、柜、箱、板配线，按照设计图纸区分不同的导线截面，以“m”为单位计算工程量。

（4）配线在各处进出线预留长度按照设计规定计算，设计无规定的按照表 3-3-1 所示计算：

表 3-3-1 配线在各处进出线预留长度 m/根

序号	项目	预留长度	说明
1	各种盘、柜、箱、板	宽+高	盘面尺寸
2	单独安装（无箱、盘）的铁壳开关、自动开关、刀开关、启动器、箱式电阻器、变阻器、线槽进出线盒等	0.3m	从安装对象中心算起
3	继电器、控制开关、信号灯、按钮、熔断器等小电器	0.3m	从安装对象中心算起
4	分支接头	0.2m	分支线预留
5	由地面管子出口引至动力接线箱	1.0m	从管口计算
6	电源与管内导线连接（管内穿线与软、硬母线接点）	1.5m	从管口计算
7	出户线	1.5m	从管口计算

（5）灯具、明、暗开关、插座、按钮等预留线，已分别综合在相应的定额内不另行计算。

（五）照明器具安装工程（030412）

1. 章说明

（1）各型灯具的引导线、各种灯架元器件的配线，除另注明者外，均按灯具自带考虑，如灯具未带，执行定额时，应计算该部分主材费，其余不变。

（2）各型灯具的支架制作安装，除另注明者外，均未考虑在定额内。

（3）灯具安装定额内已包括利用摇表测量绝缘及一般灯具的试亮工作，但不包括程控调光控制的灯具调试工作。

（4）本章中的标志、诱导装饰灯、应急灯，为一般不带地址模块的灯具，对带有地址模块的应急、标志、诱导、疏散指示的智能疏散照明灯具的安装应执行消防册相应定额。

（5）本章灯具安装定额除注明者外，适用于 LED 光源的所有灯具安装。

2. 工程量计算规则

（1）普通灯具安装，定额分为吸顶灯具和其他普通灯具两类，对于吸顶灯具安装，根据设计图纸区分灯具的灯罩形状以及不同的灯罩直径或大小，以“套”为单位计算工程量；对于其他普通灯具安装，应根据设计图纸区分不同的灯具种类、名称，以“套”为单位计算工程量。

（2）普通开关、按钮安装：对于明装拉线开关、跷板开关，根据设计图纸以“套”为单位计算工程量；对于跷板暗开关，根据设计图纸区分不同的控制方式、联数，以“套”为单位计算工程量。

（3）声控延时开关、柜门触动开关、风扇调速开关安装，根据设计图纸区分不同的开关种类，以“套”为单位计算工程量。

（4）插座安装：对于普通插座根据设计图纸区分不同的安装方式、额定电流、供电方式，以“个”为单位计算工程量。

（六）低压电器设备安装工程（030404）

1. 章说明

风扇安装未包括风扇调速开关的安装，可另执行风扇调速开关安装相应项目。吊风扇安装只预留吊钩时，人工乘以系数 0.4，其余不变。吊扇带灯执行吊扇安装。

2. 工程量计算规则

风扇安装，根据设计区分不同的风扇种类，以“台”为单位计算工程量。

（七）电气设备调试工程（030414）

1. 章说明

（1）本章定额适用于一般工业和民用建筑电气设备的电气系统调试，内容包括电气设备的本体调试和分系统调试。

（2）送配电装置系统调试中的 1kV 以下交流供电系统调试：

1）定额适用于所有低压供电回路，如从低压配电装置至分配电箱的供电回路（包括照明供电回路）。

2）从配电箱直接至电动机的供电回路已包括在电动机的系统调试定额内；移动电气和以插座连接的家电设备不计算调试费用。配电箱内只有开关、熔断器等不含调试元件的供电回路，则不再作为调试系统计算。

3）凡供电回路中带有仪表、继电器、电磁开关等调试元件的（不包括刀开关、保险器），均按照调试系统计算。

4）公建、住宅等民用工程中的从低压配电装置至分配电箱的供电回路作为供电回路计算。供电系统的末端箱中直接向用电器具（灯具、插座、插座箱、户内开关箱）的供电回路不计算送配电系统调试。

2. 工程量计算规则

（1）送配电装置系统调试，根据设计图纸和定额规定的划分条件，区分不同的电压等级，以“系统”为单位计算工程量。

（2）送配电装置系统调试中的 1kV 以下交流供电系统调试，按系统图的设计要求和定额说明中的规定，以“系统”为单位计算工程量。

五、任务分析

（1）定额计价的编制依据，主要包括施工图说、第四册《安装定额》《价目表》、主要材料价格和《费用标准》等。

（2）施工图预算的编制是一项连续的、细致的工作。首先熟悉设计图纸，根据《安装定额》"工程量计算规则"进行，依据定额章节顺序进行分部分项工程的工程量计算；然后套用《价目表》单价，汇总分部分项工程合价；最后套用《费用标准》，计算出单位工程的管理费、利润、规费、税金等，最终确定工程总造价。

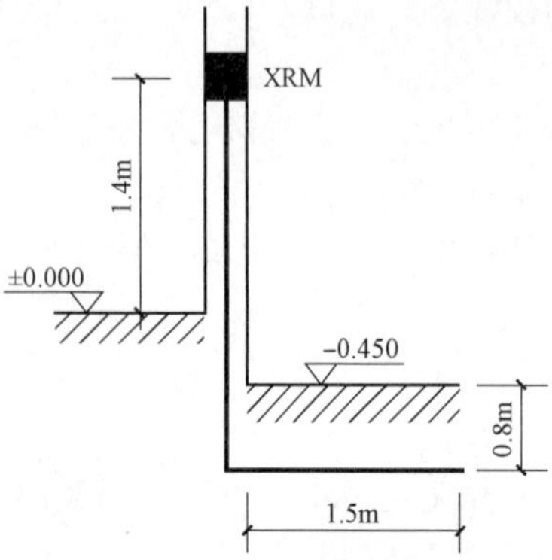

图 3-3-1 进户管

（3）本项目采用电缆埋地穿管入户，室外埋深 0.8m，进户管距外墙 1.5m，只预埋进户管。进户管接至值班室的配电箱 XRM-2304，安装高度 1.4m，如图 3-3-1 所示。

（4）其中 N1 回路连接值班室、灶间和雅座房间照明，管线采用 BV-2.5mm^2 导线，穿焊接钢管敷设，墙内暗敷。N2 回路接至大厅照明，大厅配管沿吊顶内明敷及墙内暗敷，管线材质与 N1 相同。如图 3-3-2、图 3-3-3 所示。

（5）N4 回路是插座回路，连接灶间插座箱，安装高度 0.5m 和雅座插座，管线采用 BV-2.5mm^2 和 BV-1.5mm^2 导线，穿焊接钢管，沿墙内或地板暗敷，埋地管埋深 0.2m，如图 3-3-4 所示。

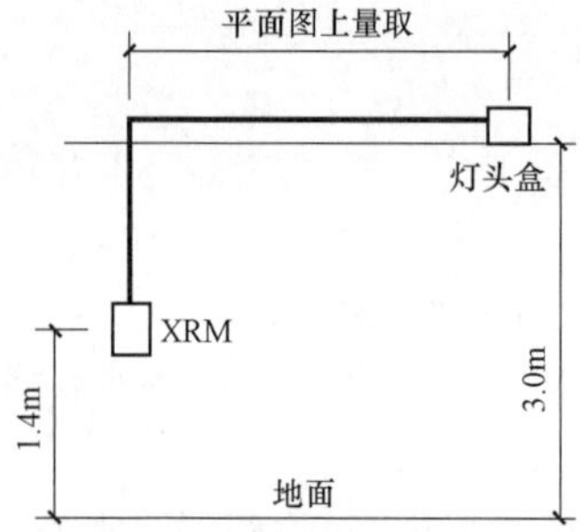

图 3-3-2 配电箱至灯具

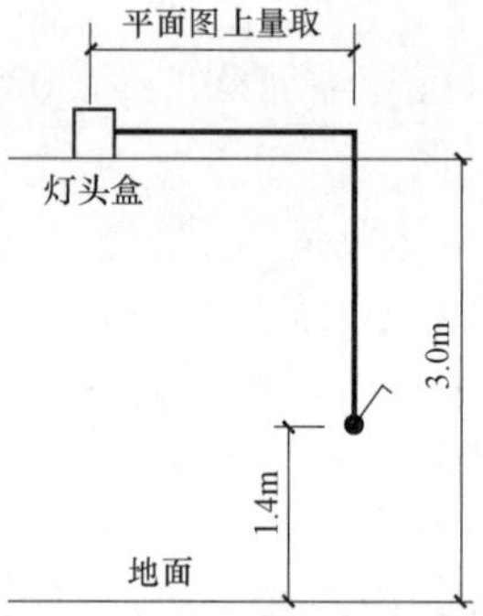

图 3-3-3 开关至灯具

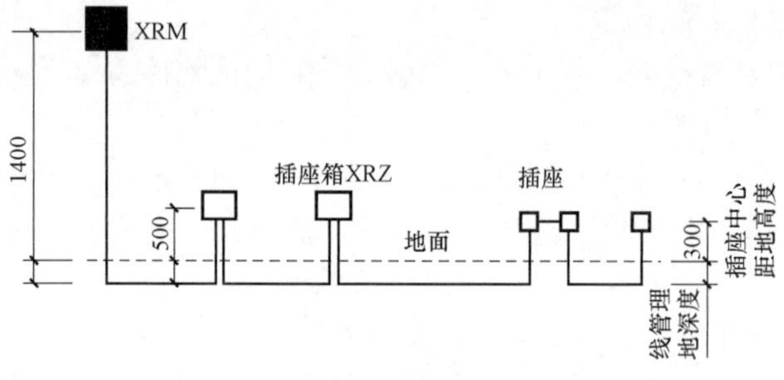

图 3-3-4 配电箱至插座立面示意图

六、任务实施

（一）工程量计算（算量）

电气工程量计算要点：

（1）按照定额章节顺序，按照"工程量计算规则"，分别计算工程量。

（2）结合设计说明、平面图，系统图自左到右查看。

（3）由室外到室内；以配电箱为节点分段、分线路（回路）计算。

（4）先算管，后算线。线考虑预留。

（5）先水平管，后竖向管。

工程量计算依据施工图说和第四册《安装定额》（附录 2-1）的“工程量计算规则”计算，如表 3-3-2 所示。

电气设备安装工程–定额计价

附录2-1《山东省安装工程消耗量定额》–第四册电气工程节选

表 3-3-2　　工程量计算表（算量表）

序号	项目名称	单位	计算公式	数量
1	配电箱半周长 1.0m 以内	台		1
2	插座箱半周长 0.5m 以内	台		2
3	端子板外部接线 $2.5mm^2$	个	2（N1 回路）+2（N2 回路）+3（N4 回路）×5（进出 5 次）	19
4	钢管敷设 G40（A）入户管	m	1.5（室外）+0.12（半墙厚）+0.8（室外埋深）+0.45（室内外高差）+1.4（配电箱安装高度）	4.27
5	钢管敷设 G20（A）4 线	m	N1 回路：2.6（灶间三极开关至工厂灯水平管）+3–1.4（三极开关立管）	4.2
6	钢管敷设 G15（A）	m		57.6
①	N1, G15（A）,2 线	m	2.8（配电箱至值班室吸顶灯水平管）+1.5（吸顶灯至单极开关水平管）+2.8（吸顶灯至工厂灯水平管）+2.6（灶间雅座灯至开关水平管）×3+3.1（花灯至工厂灯水平管）+3.5（花灯至花灯水平管）+2.0（壁灯至壁灯）+（3–1.4）（开关立管）×5+（3–2.8）（壁灯立管）×2	31.9
②	N1, G15（A）,3 线	m	2.2（灶间工厂灯水平管）+2.3（灶间工厂灯水平管）+2.6（灶间工厂灯至二极开关水平管）+3–1.4（二极开关立管）+3–2.8（壁灯立管）	8.9
③	N2, G15（A）,2 线	m	5.6（配电箱至值班室）+（3–1.4）（开关及配电箱立管）×6	15.2
④	N2, G15（A）,3 线	m	3–1.4（大厅门北侧开关立管）	1.6
⑤	N4, G15（A）,3 线	m	4.5（配电箱至灶间插座箱水平管）+3.5（灶间插座箱之间水平管）+1.8（灶间插座箱至雅座插座水平管）+3.5（雅座插座间水平管）×2+（1.4+0.2）（配电箱立管）+（0.2+0.5）（插座箱立管）×4+（0.3+0.2）（插座立管）×5	23.7
7	钢管敷设 G15（M）	m	57.1+15.3	72.4
①	N2, G15（M）,2 线	m	3.0（值班室至大厅日光灯水平管）+5.7（调速开关至风扇水平管）×2+3.7（风扇之间水平管）×2+（4+3.8）（日光灯间东西方向水平管）×3+3.5（日光灯间南北方向水平管）+4（门口开关之间水平管）+4（日光灯至单极开关水平管）	57.1
②	N2, G15（M）,3 线	m	（4+3.8）（日光灯间东西方向水平管）+3.5（日光灯间南北方向水平管）+4（日光灯至单极开关水平管）	15.3
8	接线盒（灯头盒、插座盒）	个	1+2+2+12+3+4×2（各灯具和插座之和）	28
9	开关盒	个	5+1+1（各类开关之和）	7

续表

序号	项目名称	单位	计算公式	数量
10	墙体剔槽 20mm 内	m	（3–1.4）×14+1.6+0.7×4+0.5×5（墙面竖向管）	29.3
11	墙体剔槽 40mm 内	m	3-1.4（墙面竖向管）	1.6
12	管内穿线 BV-2.5（照明）	m	（31.9+15.2+57.1）×2 线+（8.9+1.6+23.7+15.3）×3 线+（0.6+0.3）（配电箱半周长）×2 线×2 个回路	360.5
13	管内穿线 BV-2.5（动力）	m	23.7×2 线+（0.6+0.3）（配电箱半周长）×2 线+（0.3+0.2）（插座箱半周长）×2 线×4 个回路	53.2
14	管内穿线 BV-1.5（动力）	m	23.7×1 线+（0.6+0.3）（配电箱半周长）+（0.3+0.2）（插座箱半周长）×4 个回路	26.6
15	半圆吸顶灯 D250	套		1
16	壁灯	套		2
17	三头吊花灯	套		2
18	吸顶双管日光灯	套		12
19	吊管工厂灯	套		3
20	单联开关	套		5
21	双联开关	套		1
22	三联开关	套		1
23	风扇调速开关	套		4
24	五孔暗插座	套		4
25	吊风扇（无灯头盒）	台		4
26	1kV 以下送配电调试	系统		1

注　钢管计算公式中下划线为墙体剔槽长度。

附录3-1《山东省安装工程价目表》第四册 电气工程 节选

（二）计算分部分项工程费（套定额）

分部分项工程费的计算，依据已计算完成的工程量、《价目表》第四册（附录 3-1）、主材单价（见表 3-1-1）等，详见表 3-3-3。填表顺序一般为：

（1）先结合《价目表》及“算量表”，填写项目名称；

（2）依据项目名称、《价目表》填写定额编号、定额单位；

（3）工程数量根据“算量表”及定额单位进行换算；

（4）单价和人工费来自《价目表》，“主材费”根据主材单价和《安装定额》中的材料消耗量计算；

（5）工程数量分别乘以单价、人工费、主材费得到合计中的合价、人工费、主材费。

表 3-3-3　　安装工程预（结）算书

工程名称：某餐厅电气照明工程

序号	定额编号	项目名称	单位	数量	增值税（一般计税）			合计		
					单价	人工费	主材费	合价	人工费	主材费
1	4-2-84	配电箱半周长 1.0m 以内	台	1.00	196.76	129.99	500.00	196.76	129.99	500.00
2	4-2-83	插座箱半周长 0.5m 以内	台	2.00	160.66	99.70	100.00	321.32	199.40	200.00
3	4-4-20	端子板外部接线 $2.5mm^2$	个	19.00	5.75	1.85		109.25	35.15	0.00
4	4-12-75	钢管敷设 G40（A）	100m	0.04	1025.48	898.26	1545.00	20.51	17.97	30.90
5	4-12-72	钢管敷设 G20（A）	100m	0.04	534.10	457.94	515.00	21.36	18.32	20.60

续表

序号	定额编号	项目名称	单位	数量	增值税（一般计税）			合计		
					单价	人工费	主材费	合价	人工费	主材费
6	4-12-71	钢管敷设 G15（A）	100m	0.58	527.38	457.94	412.00	305.88	265.61	238.96
7	4-12-60	钢管敷设 G15（M）	100m	0.72	1183.15	926.18	412.00	851.87	666.85	296.64
8	4-12-232	接线盒（灯头盒）	10 个	2.40	40.35	31.52	20.40	96.84	75.65	48.96
9	4-12-233	开关盒（插座盒）	10 个	1.50	38.39	34.30	20.40	57.59	51.45	30.60
10	4-12-241	墙体剔槽 20mm 内	10m	2.93	42.69	27.19	0.00	125.08	79.67	0.00
11	4-12-243	墙体剔槽 40mm 内	10m	0.16	91.08	70.04	0.00	14.57	11.21	0.00
12	4-13-5	管内穿线 BV-2.5（照明）	100m	3.61	98.18	83.43	348.00	354.43	301.18	1256.28
13	4-13-24	管内穿线 BV-2.5（动力）	100m	0.53	80.42	64.89	348.00	42.62	34.39	184.44
14	4-13-23	管内穿线 BV-1.5（动力）	100m	0.27	70.37	55.62	232.00	19.00	15.02	62.64
15	4-14-3	半圆吸顶灯 D250	套	1.00	16.73	14.21	50.50	16.73	14.21	50.50
16	4-14-12	壁灯	套	2.00	14.93	13.39	60.60	29.86	26.78	121.20
17	4-14-14	三头吊花灯	套	2.00	60.89	59.53	303.00	121.78	119.06	606.00
18	4-14-214	吸顶双管日光灯	套	12.00	19.44	18.03	222.20	233.28	216.36	2666.40
19	4-14-222	吊管工厂灯	套	3.00	17.76	13.60	25.25	53.28	40.80	75.75
20	4-14-351	单联开关	套	5.00	7.05	6.39	10.20	35.25	31.95	51.00
21	4-14-352	双联开关	套	1.00	7.56	6.70	15.30	7.56	6.70	15.30
22	4-14-353	三联开关	套	1.00	8.06	7.00	20.40	8.06	7.00	20.40
23	4-14-368	风扇调速开关	套	4.00	13.31	12.26		53.24	49.04	0.00
24	4-14-382	五孔暗插座	套	4.00	7.73	7.00	15.30	30.92	28.00	61.20
25	4-15-67	吊风扇	台	4.00	39.32	37.49	120.00	157.28	149.96	480.00
26	4-16-35	1kV 以下送配电调试	系统	1.00	281.40	238.24		281.40	238.24	0.00
27		小计						**3565.72**	**2829.94**	**7017.77**
28		**分部分项工程费**		3565.72+7017.77=10583.49				**10583.49**	**2829.94**	

（三）计算安装工程费用（取费）

根据《费用标准》（本教材附录 1）及民用安装工程相关费用费率，计算工程造价。其中单价措施费中的脚手架搭拆费，根据《安装定额》第四册定额说明中规定，按照定额人工费 5%计算，人工费占 35%。详见表 3-3-4。

表 3-3-4　　定额计价的计算程序

项目名称：某餐厅照明工程

序号	费用名称	计算方法	金额（元）
一	分部分项工程费	详表 3.3.3 合价	10583.49
	计费基础 JD1	详表 3. 3. 3 合价人工费	2829.94
二	措施项目费	2.1+2.2	384.87
	2.1 单价措施费		141.50
	脚手架搭拆费	2829.94×5%	141.50
	其中：人工费	141.50×35%	49.52

续表

序号	费用名称	计算方法	金额（元）
二	2.2 总价措施费	1+2+3+4	243.38
	1．夜间施工费	2829.94×2.50%	70.75
	2．二次搬运费	2829.94×2.10%	59.43
	3．冬雨季施工增加费	2829.94×2.80%	79.24
	4．已完工程及设备保护费	2829.94×1.20%	33.96
	计费基础 JD2	49.52+70.75×50%+59.43×40%+79.24×40%+33.96×25%	148.86
三	其他项目费	3.1+3.3+…+3.8	
	3.1 暂列金额	按相应规定计算	
	3.2 专业工程暂估价		
	3.3 特殊项目暂估价		
	3.4 计日工		
	3.5 采购保管费		
	3.6 其他检验试验费		
	3.7 总承包服务费		
	3.8 其他		
四	企业管理费	（2829.94+148.86）×55%	1638.34
五	利润	（2829.94+148.86）×32%	953.22
六	规费	6.1+6.2+6.3+6.4+6.5	963.43
	6.1 安全文明施工费	（10583.49+384.87+1638.34+953.22）×4.98%	675.28
	6.2 社会保险费	（10583.49+384.87+1638.34+953.22）×1.52%	206.11
	6.3 住房公积金	（10583.49+384.87+1638.34+953.22）×0.22%	29.83
	6.4 工程排污费	（10583.49+384.87+1638.34+953.22）×0.28%	37.97
	6.5 建设项目工伤保险	（10583.49+384.87+1638.34+953.22）×0.105%	14.24
七	设备费	Σ（设备单价×设备工程量）	
八	税金	（10583.49+384.87+1638.34+953.22+993.43）×9%	1307.10
九	工程费用合计	10583.49+384.87+1638.34+953.22+993.43+1307.10	15830.46

七、任务总结

通过上述任务的学习，学到哪些知识？还存在哪些疑问？

八、任务拓展

（一）“基本建设程序及主要工作内容”

“基本建设”是指国民经济各部门为发展生产而进行的固定资产的扩大再生产，即国民经济各部门为增加固定资产而进行的建筑、购置和安装工作的总称。

例如公路、铁路、桥梁和各类工业及民用建筑等工程的新建、改建、扩建、恢复工程，以及机器设备、车辆船舶的购置安装及与之有关的工作，都称之为基本建设。

基本建设名词解释

基本建设程序是指建设项目从策划、评估、决策、设计、施工到竣工验收、投入生产或交付使用的整个建设过程中各项工作必须遵循的先后顺序，见表 3-3-5。

表 3-3-5　　基本建设程序及工作内容

<table>
<tr><th colspan="2">阶段</th><th colspan="3">内容</th><th>造价、计价类型</th></tr>
<tr><td rowspan="3">决策阶段</td><td>1. 编制项目建议书</td><td colspan="3" rowspan="3">功能关系图、功能分析图、方案构思图、各类规划平面图、总平面图</td><td rowspan="3">投资估算</td></tr>
<tr><td>2. 进行可行性研究</td></tr>
<tr><td>3. 编制计划任务书</td></tr>
<tr><td rowspan="4">设计阶段</td><td rowspan="4">4. 编制设计文件</td><td>三阶段（适用于技术复杂且缺乏经验的大中型项目）</td><td>两阶段（小型项目，一般有的小型项目可直接进行施工图设计）</td><td></td><td rowspan="3">设计概算</td></tr>
<tr><td>1）初步设计（编制初步设计概算）</td><td rowspan="2">1）初步设计及扩大初步设计</td><td rowspan="2">初步设计：总平面图设计、设备设计、建筑设计。
扩大初步设计：与施工图比，提供了施工图阶段的大致技术参数及经济性指标等，没提供具体的施工图大样。扩大初步设计规划方案通过评审后增加了水、电、煤气、有线、通信、排水、环卫、卫生防疫等的配套设计，扩大初步设计做好后报规划委员会领取规划许可证</td></tr>
<tr><td>2）技术设计（编制修正概算）</td></tr>
<tr><td>3）施工图设计</td><td>2）施工图设计</td><td>清楚、准确地表现各项设计内容尺寸、构造和结构，完成施工平面图、立面图、剖面图、系统图、大样图等</td><td>施工图预算</td></tr>
<tr><td rowspan="2">实施阶段</td><td>5. 建设准备</td><td colspan="3">征地、拆迁和场地平整，完成施工用水、电、道路等准备工作，组织设备、材料订货，准备招投标文件和必要的施工图纸。组织施工招投标，择优选定施工单位</td><td>工程量清单、招标控制价、招标标底、投标报价、合同价</td></tr>
<tr><td>6. 建设实施</td><td colspan="3">建筑施工，水暖电安装等。分阶段进行实际完成工程量的统计，办理工程进度款的支付</td><td>期中结算</td></tr>
<tr><td rowspan="2">竣工阶段</td><td>7. 竣工验收、交付使用</td><td colspan="3">根据合同、设计变更、技术核定单、现场签证、市场价格、取费标准等竣工资料</td><td>竣工结算</td></tr>
<tr><td>8. 工程项目后评价</td><td colspan="3"></td><td>竣工决算</td></tr>
</table>

（二）导线与柜、箱设备等连接的预留长度示意（见图 3-3-5）

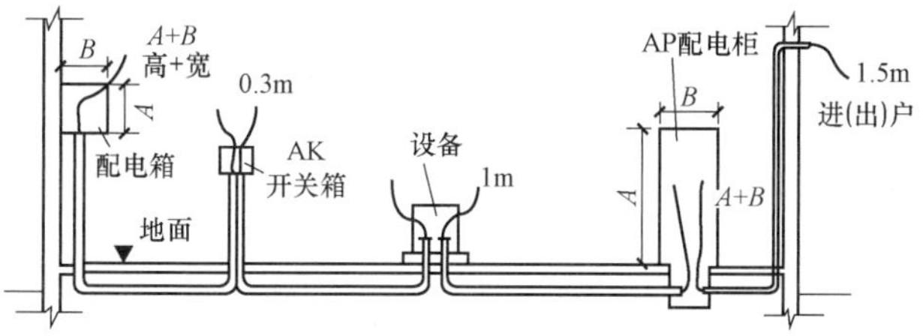

图 3-3-5　导线与柜、箱、设备等相连接的预留长度

九、知识测试与能力训练

以本项目“任务一”“知识拓展”中“某商业房电气照明工程施工图”为例，计算定额计价工程量，填入表 3-3-6。

电气工程量计算案例

表 3-3-6 定额计价工程量计算表

项目名称：某商业房电气照明工程

序号	项目名称	计量单位	工程量	工程量计算过程

任务四　编制建筑电气照明工程工程量清单

一、引导问题

参照“项目一，任务四”中“引导问题”相关内容。

附录5-1《通用安装工程工程量计算规范》GB 50586—2013 附录D 电气设备安装工程节选

二、任务说明

以本项目任务一为案例，针对某餐厅电气照明工程，作为招标人，编制工程量清单，为编制招标控制价或投标人清单报价做准备。

三、任务要求

通过对建筑电气照明工程工程量清单的编制训练，掌握建筑电气照明工程工程量清单的编制内容和编制方法。通过《计量规范》中的计算规则的学习，培养学生遵守行业标准、实事求是的品格。通过清单编制的计算训练，培养学生的细致耐心的品格。

四、知识链接

电气设备安装工程工程量清单“工程量计算规则”，详见《计量规范》附录 D 电气设备安装工程（附录 5-1）、附录 N 措施项目（附录 5-4）。

（一）基本内容

根据《计量规范》附录D。电气设备安装工程包含15节内容148项，包括变压器安装（030401）、配电装置（030402）、母线安装（030403）、控制设备及低压电器安装（030404）、蓄电池安装（030405）、电机检查接线及调试（030406）、滑触线装置安装（030407）、电缆安装（030408）、防雷及接地装置（030409）、10kV 以下架空配电线路（030410）、配管、配线（030411）、照明器具安装（030412）、附属工程（030413）、电气调整试验（030414）、相关问题及说明。

附录5-4《通用安装工程工程量计算规范》GB 50586—2013 附录N措施项目节选

（二）与其他章节界线划分

（1）电气设备安装工程与市政工程路灯工程的界定：厂区、住宅小区的道路路灯安装工程、庭院艺术喷泉等电气设备安装按本规则执行；涉及市政道路、市政庭院等电气安装工程项目，按市政工程中“路灯工程”的相应项目执行。

（2）过梁、墙、楼板的钢（塑料）套管，应按附录K采暖、给排水、燃气工程相关项目编码列项。

（三）清单工程量计算规则及说明

1. 控制设备及低压电器安装（030404）

配电箱、插座箱按名称、型号、规格、种类，基础型钢形式、规格，接线端子材质、规格，端子板外部接线材质、规格等按设计图示数量以“台”计算。盘、箱、柜的外部进出线预留长度，详见表3-4-1。

表3-4-1　盘、箱、柜的外部进出线预留长度　m/根

型号	项目	预留长度	说明
1	各种箱、柜、盘、板、盒	高十宽	盘面尺寸
2	由管子出口引至动力接线箱	1.0	从管口计算
3	出户线	1.5	从管口计算

2. 配管、配线（030411）

（1）配管、配电桥架按名称、材质、规格、配置形式、接地要求，钢索材质、规格，按设计示尺寸长度以“m”计算。配线、线槽安装不扣除管路中间的接线箱（盒）、灯头盒、开关盒所占长度。

（2）配线按名称、配线形式、型号、规格、材质、配线部位、配线线制，钢索材质和规格按设计尺寸单线长度以“m”计算（含预留长度），如表3-4-1所示。

1）配管名称指电线管、钢管、防爆管、塑料管、软管、波纹管等。

2）配管配置形式指明配、暗配、吊顶内、钢结构支架、钢索配管、埋地敷设、水下敷设、砌筑沟内敷设等。

3）配线名称指管内穿线、瓷夹板配线、塑料夹板配线、绝缘子配线、槽板配线、塑料护套配线、线槽配线、车间带形母线等。

4）配线形式指照明线路、动力线路、木结构、顶棚内、砖结构、混凝土结构、沿支架、钢索、屋架、梁、柱、墙以及跨屋架、梁、柱。

5）配管安装中不包括凿槽、刨沟，应按相关项目编码列项。

3. 照明器具安装（030412）

普通灯具、工厂灯、高度标志（障碍）灯、装饰灯、荧光灯、医疗专用灯、一般路灯、中杆灯、高杆灯、桥栏杆灯、地道涵洞灯按设计图示数量以“套”计算。

4. 附属工程（030413）

凿（压）槽按名称、类型、填充（恢复）方式、混凝土标准按设计图示尺寸以长度“m”计算；打洞（孔）、人（手）孔防水按名称、规格、类型、防水材质及做法等按设计图示尺寸以长度“m”计算。

5. 电气调整试验（030414）

送配电装置系统、接地装置、电缆试验，按设计图示数量以“系统（台、套、组次）”计算。

电气设备安装工程–清单编制

五、任务分析

参照“项目一，任务四”《计量规范》“工程量计算规则”中“任务分析”相关内容。

六、任务实施

工程量清单的编制，参照“项目一任务二”中知识链接“工程量清单概述”的工程量清单编制相关内容、本任务清单“工程量计算规则”及施工图说编制。其编制使用的表格包括：《计价规范》（附录4）的封-1、扉-1、表-01、表-08、表-11、表-12（含表-12-1～表-12-5）、表-13、表-20、表-21。本例只列出其中主要的几个表格。

1. 封面（《计价规范》附录B封-1）（见表3-4-2）

表3-4-2

某餐厅电气照明　工程

招标工程量清单

招　标　人：　某单位

（单位盖章）

造价咨询人：　某造价咨询公司

（单位盖章）

××××年××月××日

2. 扉页（《计价规范》附录 C 扉-1）（见表 3-4-3）

表 3-4-3

某餐厅电气照明 工程

招 标 工 程 量 清 单

招标人：　某单位
（单位盖章）

工程造价
咨询人：　某造价咨询公司
（单位资质专用章）

法定代表人
或其授权人：　××
（签字或盖章）

法定代表人
或其授权人：　××
（签字或盖章）

编制人：　××
（造价人员签字盖专用章）

复核人：　××
（造价工程师签字盖专用章）

编制时间：　××××年××月××日　　复核时间：××年××月××日

3. 总说明（《计价规范》附录 D 表-01）（见表 3-4-4）

表 3-4-4　　总 说 明

工程名称：某餐厅电气照明工程　　第 1 页 共 1 页

1. 工程概况：建设面积 300m^2、单层砖混结构、电气安装计划工期 30 日历天、施工现场已做好三通一平、本餐厅位置在某单位院内已具备开工条件等。

2. 工程招标和专业工程发包范围：图纸范围内电气照明工程内容。

3. 工程量清单编制依据：施工图说、《建设工程工程量清单计价规范》（GB 50500—2013）、《通用安装工程工程量计算规范》（GB 50856—2013）等。

4. 工程质量、材料、施工等的特殊要求：质量达到合格标准；所有材料乙供；施工中做到安全文明施工。

5. 其他需要说明的问题：无

4. 分部分项工程和单价措施项目清单表（见表 3-4-5）

各分部分项工程的项目编码、项目名称、项目特征描述、单位及工程量可根据《计量规范》附录 D 的“工程量计算规则”确定。工程量计算可参考本项目“任务三”表 3-3-2 所示“工程量计算书”。

表 3-4-5　　分部分项工程和单价措施项目清单表

工程名称：某餐厅电气照明工程　　第 1 页　共 1 页

序号	项目编码	项目名称	项目特征描述	计量单位	工程量
1	030404017001	配电箱	照明配电箱，尺寸 600×300，嵌入式安装 1.4m，2.5mm^2 端子板外部接线	台	1
2	030404017001	插座箱	插座箱，尺寸 200×300，嵌入式 0.5m	台	2
3	030404033001	风扇	吊风扇，ϕ1400，2.5m 高吊装，调速开关安装	台	4
4	030404034001	照明开关	单联开关，86 系列，1.4m 高暗装	个	5
5	030404034002	照明开关	双联开关，86 系列，1.4m 高暗装	个	1
6	030404034003	照明开关	三联开关，86 系列，1.4m 高暗装	个	1
7	030404035001	插座	五孔插座，86 系列，0.3m 高暗装	个	4
8	030411001001	配管	钢管，DN40，墙内暗配	m	4.27
9	030411001002	配管	钢管，DN20，墙内暗配	m	4.2
10	030411001003	配管	钢管，DN15，墙内暗配	m	57.6
11	030411001004	配管	钢管，DN15，吊顶内明配	m	72.4
12	030411004001	配线	钢管内穿照明线，BV-2.5mm^2	m	360.5
13	030411004002	配线	钢管内穿动力线，BV-2.5mm^2	m	53.2
14	030411004003	配线	钢管内穿动力线，BV-1.5mm^2	m	26.6
15	030411006001	接线盒	开关盒、插座盒，86 系列，墙内暗装	个	7
16	030411006002	接线盒	灯头盒，86 系列，顶棚内暗装	个	28
17	030412001001	普通灯具	半圆吸顶灯，ϕ250，60W	套	1
18	030412001002	普通灯具	壁灯，60W，2.8m 高	套	2
19	030412002001	工厂灯	工厂灯，吊管安装，100W，2.5m 高	套	3
20	030412004001	装饰灯	花灯，3×60W，2.5m 高	套	2
21	030412005001	荧光灯	双管日光灯，2×40W，吸顶安装	套	12
22	030413002001	凿（压）槽	墙埋管开槽及恢复 DN20 内	m	29.3
23	030413002002	凿（压）槽	墙埋管开槽及恢复 DN40 内	m	1.6
24	030414002001	送配电装置系统	220V 照明回路调试	系统	1

5. 总价措施项目清单表（见表 3-4-6）

总价措施项目参照《计量规范》附录 N 的规定及《费用标准》确定。

表 3-4-6　　总价措施项目清单表

工程名称：某餐厅电气照明工程　　标段：　　第 1 页　共 1 页

序号	项目编码	项目名称	计算基础	费率（%）	金额（元）	调整费率（%）	调整后金额（元）	备注
1	031302002001	夜间施工费						
2	031302004001	二次搬运费						
3	031302005001	冬雨季施工增加费						
4	031302006001	已完工程及设备保护费						
5	031301017001	脚手架搭拆费						
		合计						

编制人（造价人员）：　　复核人（造价工程师）：

6. 其他项目清单汇总表（见表 3-4-7）

其他项目清单参照《计价规范》及《计量规范》确定。

表 3-4-7　　其他项目清单汇总表

工程名称：某餐厅电气照明工程　　标段：　　第 1 页　共 1 页

序号	项目名称	金额（元）	结算金额（元）	备注
1	暂列金额			
2	暂估价			
2.1	材料暂估价			
2.2	专业工程暂估价			
3	计日工			
4	总承包服务费			
合计				

注　材料（工程设备）暂估单价进入清单项目综合单价，此处不汇总。

7. 材料（工程设备）暂估单价及调整表（见表 3-4-8）

表 3-4-8　　材料（工程设备）暂估单价及调整表

工程名称：　　标段：　　第　页 共　页

序号	材料（工程设备）名称、规格、型号	计量单位	数量		暂估（元）		确认（元）		差额±（元）		备注
			暂估	确认	单价	合价	单价	合价	单价	合价	
1	配电箱 600×300	台			500						
2	插座箱 200×300	台			100						
3	焊接钢管 DN15	m			4						
4	焊接钢管 DN20	m			5						
5	焊接钢管 DN40	m			15						
6	绝缘线 BV-2.5mm^2	m			3						
7	绝缘线 BV-1.5mm^2	m			2						
8	半圆吸顶灯 D250　60W	套			50						
9	壁灯 60W	套			60						
10	吊管工厂灯 100W	套			25						
11	双管日光灯 2×40W	套			220						
12	花灯 3×60W	套			300						
13	吊风扇 ϕ1400（含调速开关）	套			120						
14	单联开关	套			10						
15	双联开关	套			15						
16	三联开关	套			20						

续表

序号	材料（工程设备）名称、规格、型号	计量单位	数量		暂估（元）		确认（元）		差额±（元）		备注
			暂估	确认	单价	合价	单价	合价	单价	合价	
17	五孔插座	套			15						
18	86 系列灯头盒、接线盒	个			2						
合计											

注 此表由招标人填写“暂估单价”，并在备注栏说明暂估价的材料、工程设备拟用在那些清单项目上，投标人应将上述材料、工程设备暂估单价计入工程量清单综合单价报价中。

8. 规费、税金项目计价表（见表 3-4-9）

规费、税金项目按《计价规范》及当地主管部门规定的《费用标准》执行。

表 3-4-9 规费、税金项目计价表

工程名称：某餐厅电气照明工程 标段： 第 1 页 共 1 页

序号	项目名称	计算基础	计算基数	计算费率（%）	金额（元）
1	规费				
1.1	安全文明施工费				
1.1.1	环境保护费				
1.1.2	文明施工费				
1.1.3	临时设施费				
1.1.4	安全施工费				
1.2	工程排污费				
1.3	社会保障费				
1.4	住房公积金				
1.5	危险作业意外伤害保险				
2	税金				
合计					

编制人（造价人员）： 复核人（造价工程师）：

七、任务总结

通过上述任务的学习，学到哪些知识？还存在哪些疑问？

八、任务拓展

工程量清单编制技巧

1. 工程量清单编制的关键点

工程量清单的列项——保证不漏项；

工程量清单的描述——描述准确；

不产生歧义清单工程量——提高计算的准确度。

2. 工程量清单的列项

工程内容——决定了该清单项的工作范围，一般同定额子目的工程内容不太一致，因此，如果不熟悉清单的工程内容，就会很容易造成重复列项或漏项。

清单的合并、拆分——有时根据工程情况，可以选择适当的合并或拆分，以方便结算。

充分利用已有的成果——一般工程都是比较相似的，很多清单项差别不大，因此在已经完成工程的清单列表中进行选择、修改会更快速，且不容易漏项。

检查很重要——根据列好的清单项，和图纸进行对应，覆盖的实体就在图纸上挑勾，如果发现遗漏，应立即查阅清单规范来核对，确属遗漏则立即补上。

要有总结——对于清单列项，每次出现遗漏的项目，都要及时进行总结，并把遗漏项目放入容易漏项的检查表中。这种工作方式对于新手特别有益，可大幅度提高工作效率。

3. 工程量清单的描述

清单描述的详细或简单，以及描述的方式都有讲究。

甲方不明确情况下，可以将一些相关资料和报告提交并写明在项目特征里。

如果参照标准图集，则应清楚写出引用的图集号，并列出图集的详细内容，以方便后期核对及结算。图纸上有相应做法的，需要在清单的特征处把该种做法的图纸出处进行说明。

电气案例清单编制

九、知识测试与能力训练

（一）分部分项工程工程量清单的编制

编制电气设备安装工程中“配电箱”项目的分部分项工程量清单。

（1）在《计量规范》中查找附录D电气设备安装工程中配电箱项目。

（2）根据《计量规范》中的工程量清单项目设置、项目特征描述的内容、计量单位、工程量清单计算规则，以及设计文件中的条件编制工程量清单，填入表3-4-10。

项目编码：在原有基础上增加三位数的顺序码，从001开始。

项目名称：不变。

项目特征：根据设计文件，填写清单中的相关要求。

计量单位：不变。

工程数量：按照“清单”的工程量计算规则进行计算。

表3-4-10　根据设计文件编制的配电箱工程量清单

序号	项目编码	项目名称	项目特征描述	计量单位	工程量	金额（元）		
						综合单价	合价	其中：暂估价

电气分部分项工程量清单表

（二）分部分项工程量清单表

根据本项目任务一“知识拓展”中某商业房电气照明工程施工图及相关内容，编制分部分项工程工程量清单，填入表3-4-11。

表 3-4-11 分部分项工程量清单表

工程名称：某商业房电气工程

序号	项目编码	项目名称	项目特征描述	计量单位	工程量	金额（元）		
						综合单价	合价	其中：暂估价

任务五 建筑电气照明工程工程量清单计价

一、引导问题

参照“项目一，任务五”中“引导问题”相关内容。

二、任务说明

根据工程量清单及招标文件要求，以招标人的身份，编制招标控制价或以投标人编制工程量清单报价文件。

三、任务要求

根据本项目“任务四”案例“某餐厅电气照明工程工程量清单”内容，编制招标控制价文件，确定招标控制价。主要应掌握工程量清单计价的编制内容，工程量清单计价的编制方法和综合单价分析表的填报。

四、知识链接

参照项目一任务五中“知识链接”相关“安装工程清单计价”内容。

五、任务分析

参照“项目一，任务五”中“任务分析”相关内容。

六、任务实施

根据招标人或委托代理人编制的“工程量清单”及招标文件要求，投标人编制工程量清单计价文件。

某餐厅电气照明工程工程量清单计价（报价）的编制。本例只列出其中主要的几个表格。

电气设备安装工程-清单计价的编制

（一）总说明（见表 3-5-1）

投标报价总说明内容应完全响应招标工程量清单内容，并应将有关编制报价的依据、采用的参数等明确说明。

表 3-5-1　　　　总　说　明

工程名称：某餐厅电气照明工程　　　　第 1 页　共 1 页

1. 工程概况：建设面积 300 平方米、单层砖混结构、电气安装计划工期 30 日历天、施工现场已做好三通一平、本餐厅位置在某单位院内已具备开工条件。
2. 工程招标和专业工程发包范围：图纸范围内电气照明工程内容。
3. 工程量清单报价编制依据：工程量清单、《建设工程工程量清单计价规范》（GB 50500—2013）、《通用安装工程工程量计算规范》（GB 50856—2013）、施工图说、工程所在地建设主管部门的相关规定等。
4. 工程质量、材料、施工等的特殊要求：质量达到合格标准；所有材料乙供；施工中做到安全文明施工。
5. 本工程管理费费率按 55%，利润率按 32%计取；规费费率及税金税率为不可竞争费，执行当地规定。人工单价按 103 元/工日执行（鲁建标字〔2017〕1 号文规定）。有关主材价格按暂估价计入

（二）工程量清单综合单价分析表（见表 3-5-2 ~ 表 3-5-25）

（1）表中工程名称、项目编码、项目名称、计量单位均来自工程量清单“分部分项工程和单价措施项目清单表”。

（2）清单综合单价组成明细中“定额名称”依据工程量清单“分部分项工程和单价措施项目清单”中的项目特征描述，参考《安装定额》填写。定额编号、定额单位、单价中的人工费、材料费、机械费参考《价目表》填写。单价中的管理费、利润，依据“总说明”中选取的管理费率、利润率，以“单价人工费”为基础计算。

（3）实体项目“数量”来自工程量清单“分部分项工程和单价措施项目清单”，需根据定额单位换算或按“清单单位含量”计入；若有附属项目“数量”根据图说及《安装定额》“工程量计算规则”计算。

（4）材料费明细中的“主要材料”来自参考定额的各未计价材料（主材），材料数量包括定额损耗。工程量清单中列出材料暂估单价的填入“暂估单价”表格中；未列出暂估单价的材料单价由投标方竞价填报，填入“单价”表格。

（5）将“小计”中的人工费、材料费、机械费、管理费、利润以及“未计价材料费”相加，除以本项目工程量清单数量即为“清单项目综合单价”。

表 3-5-2

工程量清单综合单价分析表（一）

工程名称：某餐厅电气照明工程　　　　标段：　　　　第 1 页　共 24 页

项目编码	030404017001	项目名称	配电箱						计量单位			台	
清单综合单价组成明细													
定额编号	定额名称	定额单位	数量	单价					合价				
				人工费	材料费	机械费	管理费	利润	人工费	材料费	机械费	管理费	利润
4-2-84	照明配电箱	台	1	129.99	63.19	3.58	68.89	41.60	129.99	63.19	3.58	68.89	41.60
4-4-20	端子板接线	个	7	1.85	3.9		0.78	0.37	12.95	27.3	0	5.44	2.59
人工单价		小计							**142.94**	**90.49**	**3.58**	**74.33**	**44.19**
103 元/工日		未计价材料费							500.00				
清单项目综合单价									855.53				
材料费明细	主要材料名称、规格、型号				单位		数量		单价（元）	合价（元）	暂估单价（元）	暂估合价（元）	
	照明配电箱				台		1				500	500.00	
	其他材料费											90.49	
	材料费小计											590.49	

注　1．管理费 68.89=129.99×53%，利润 41.60=129.99×32%。

2．综合单价 855.53=（142.94+90.49+3.58+74.33+44.19+500）/1。

表 3-5-3

工程量清单综合单价分析表（二）

工程名称：某餐厅电气照明工程　　　　标段：　　　　第 2 页　共 24 页

项目编码	030404018001	项目名称	插座箱						计量单位			台	
清单综合单价组成明细													
定额编号	定额名称	定额单位	数量	单价					合价				
				人工费	材料费	机械费	管理费	利润	人工费	材料费	机械费	管理费	利润
4-2-83	插座箱	台	2	99.7	57.38	3.58	54.84	31.90	199.4	114.76	7.16	109.67	63.81
4-4-20	端子板接线	个	12	1.85	3.9		0.78	0.37	22.2	46.8	0	9.32	4.44
人工单价		小计							**221.6**	**161.56**	**7.16**	**118.99**	**68.25**
103 元/工日		未计价材料费							200.00				
清单项目综合单价									388.78				
材料费明细	主要材料名称、规格、型号				单位		数量		单价（元）	合价（元）	暂估单价（元）	暂估合价（元）	
	照明配电箱				台		2				100	200.00	
	其他材料费											161.56	
	材料费小计											361.56	

表 3-5-4

工程量清单综合单价分析表（三）

工程名称：某餐厅电气照明工程　　　　标段：　　　　第 3 页　共 24 页

项目编码		030404033001		项目名称		风扇				计量单位		台	
清单综合单价组成明细													
定额编号	定额名称	定额单位	数量	单价					合价				
				人工费	材料费	机械费	管理费	利润	人工费	材料费	机械费	管理费	利润
4-15-67	吊风扇	套	4	37.49	1.83		20.62	12.00	149.96	7.32	0	82.48	47.99
4-14-368	调速开关	个	4	12.26	1.05		5.15	2.45	49.04	4.2	0	20.60	9.81
人工单价		小计							**199.00**	**11.52**	**0**	**103.07**	**57.80**
103 元/工日		未计价材料费							480.00				
清单项目综合单价									212.85				
材料费明细	主要材料名称、规格、型号				单位	数量			单价（元）	合价（元）	暂估单价（元）	暂估合价（元）	
	吊风扇				套	4					120	480.00	
	调速开关				个	4.04						0.00	
	其他材料费											11.52	
	材料费小计											491.52	

表 3-5-5

工程量清单综合单价分析表（四）

工程名称：某餐厅电气照明工程　　　　标段：　　　　第 4 页　共 24 页

项目编码		030404034001		项目名称		照明开关				计量单位		个	
清单综合单价组成明细													
定额编号	定额名称	定额单位	数量	单价					合价				
				人工费	材料费	机械费	管理费	利润	人工费	材料费	机械费	管理费	利润
4-14-351	单联开关	套	5	6.39	0.66		3.51	2.04	31.95	3.3	0	17.57	10.22
人工单价		小计							**31.95**	**3.3**	**0**	**17.57**	**10.22**
103 元/工日		未计价材料费							51.00				
清单项目综合单价									22.81				
材料费明细	主要材料名称、规格、型号				单位	数量			单价（元）	合价（元）	暂估单价（元）	暂估合价（元）	
	单联开关				套	5.1					10	51.00	
	其他材料费											3.30	
	材料费小计											54.30	

表 3-5-6

工程量清单综合单价分析表（五）

工程名称：某餐厅电气照明工程　　标段：　　第 5 页　共 24 页

项目编码		030404034002		项目名称		照明开关			计量单位		个		
清单综合单价组成明细													
定额编号	定额名称	定额单位	数量	单价					合价				
				人工费	材料费	机械费	管理费	利润	人工费	材料费	机械费	管理费	利润
4-14-352	双联开关	套	1	6.70	0.86		3.69	2.14	6.7	0.86	0	3.69	2.14
人工单价		小计							**6.70**	**0.86**	**0**	**3.69**	**2.14**
103 元/工日		未计价材料费							15.30				
清单项目综合单价									28.69				
材料费明细	主要材料名称、规格、型号			单位	数量				单价（元）	合价（元）	暂估单价（元）	暂估合价（元）	
	双联开关			套	1.02						15	15.30	
	其他材料费											0.86	
	材料费小计											16.16	

表 3-5-7

工程量清单综合单价分析表（六）

工程名称：某餐厅电气照明工程　　标段：　　第 6 页　共 24 页

项目编码		030404034003		项目名称		照明开关			计量单位		个		
清单综合单价组成明细													
定额编号	定额名称	定额单位	数量	单价					合价				
				人工费	材料费	机械费	管理费	利润	人工费	材料费	机械费	管理费	利润
4-14-353	三联开关	套	1	7.00	1.06		3.85	2.24	7	1.06	0	3.85	2.24
人工单价		小计							**7.00**	**1.06**	**0**	**3.85**	**2.24**
103 元/工日		未计价材料费							20.4				
清单项目综合单价									34.55				
材料费明细	主要材料名称、规格、型号			单位	数量				单价（元）	合价（元）	暂估单价（元）	暂估合价（元）	
	三联开关			套	1.02						20	20.40	
	其他材料费											1.06	
	材料费小计											21.46	

表 3-5-8

工程量清单综合单价分析表（七）

工程名称：某餐厅电气照明工程　　　标段：　　　第 7 页　共 24 页

<table>
<tr><td colspan="2">项目编码</td><td colspan="2">030404035001</td><td colspan="2">项目名称</td><td colspan="4">插座</td><td colspan="2">计量单位</td><td colspan="2">个</td></tr>
<tr><td colspan="14">清单综合单价组成明细</td></tr>
<tr><td rowspan="2">定额编号</td><td rowspan="2">定额名称</td><td rowspan="2">定额单位</td><td rowspan="2">数量</td><td colspan="5">单价</td><td colspan="5">合价</td></tr>
<tr><td>人工费</td><td>材料费</td><td>机械费</td><td>管理费</td><td>利润</td><td>人工费</td><td>材料费</td><td>机械费</td><td>管理费</td><td>利润</td></tr>
<tr><td>4-14-382</td><td>五孔插座</td><td>套</td><td>4</td><td>7.62</td><td>0.92</td><td></td><td>4.19</td><td>2.44</td><td>30.48</td><td>3.68</td><td>0</td><td>16.76</td><td>9.75</td></tr>
<tr><td colspan="2">人工单价</td><td colspan="7">小计</td><td>30.48</td><td>3.68</td><td>0</td><td>16.76</td><td>9.75</td></tr>
<tr><td colspan="2">103 元/工日</td><td colspan="7">未计价材料费</td><td colspan="5">61.20</td></tr>
<tr><td colspan="9">清单项目综合单价</td><td colspan="5">30.47</td></tr>
<tr><td rowspan="4">材料费明细</td><td colspan="4">主要材料名称、规格、型号</td><td colspan="2">单位</td><td colspan="2">数量</td><td>单价（元）</td><td>合价（元）</td><td>暂估单价（元）</td><td colspan="2">暂估合价（元）</td></tr>
<tr><td colspan="4">五孔插座</td><td colspan="2">套</td><td colspan="2">4.08</td><td></td><td></td><td>15</td><td colspan="2">61.20</td></tr>
<tr><td colspan="8">其他材料费</td><td></td><td></td><td></td><td colspan="2">3.68</td></tr>
<tr><td colspan="8">材料费小计</td><td></td><td></td><td></td><td colspan="2">64.88</td></tr>
</table>

表 3-5-9

工程量清单综合单价分析表（八）

工程名称：某餐厅电气照明工程　　　标段：　　　第 8 页　共 24 页

<table>
<tr><td colspan="2">项目编码</td><td colspan="2">030411001001</td><td colspan="2">项目名称</td><td colspan="4">配管</td><td colspan="2">计量单位</td><td colspan="2">m</td></tr>
<tr><td colspan="14">清单综合单价组成明细</td></tr>
<tr><td rowspan="2">定额编号</td><td rowspan="2">定额名称</td><td rowspan="2">定额单位</td><td rowspan="2">数量</td><td colspan="5">单价</td><td colspan="5">合价</td></tr>
<tr><td>人工费</td><td>材料费</td><td>机械费</td><td>管理费</td><td>利润</td><td>人工费</td><td>材料费</td><td>机械费</td><td>管理费</td><td>利润</td></tr>
<tr><td>4-12-75</td><td>钢管暗配 DN40</td><td>100m</td><td>0.04</td><td>898.26</td><td>92.56</td><td>34.66</td><td>494.04</td><td>287.44</td><td>35.93</td><td>3.70</td><td>1.39</td><td>19.76</td><td>11.50</td></tr>
<tr><td colspan="2">人工单价</td><td colspan="7">小计</td><td>35.93</td><td>3.70</td><td>1.39</td><td>19.76</td><td>11.50</td></tr>
<tr><td colspan="2">103 元/工日</td><td colspan="7">未计价材料费</td><td colspan="5">63.00</td></tr>
<tr><td colspan="9">清单项目综合单价</td><td colspan="5">31.68</td></tr>
<tr><td rowspan="4">材料费明细</td><td colspan="4">主要材料名称、规格、型号</td><td colspan="2">单位</td><td colspan="2">数量</td><td>单价（元）</td><td>合价（元）</td><td>暂估单价（元）</td><td colspan="2">暂估合价（元）</td></tr>
<tr><td colspan="4">焊接钢管 DN40</td><td colspan="2">m</td><td colspan="2">4.2</td><td></td><td></td><td>15</td><td colspan="2">63.00</td></tr>
<tr><td colspan="8">其他材料费</td><td></td><td></td><td></td><td colspan="2">3.70</td></tr>
<tr><td colspan="8">材料费小计</td><td></td><td></td><td></td><td colspan="2">66.70</td></tr>
</table>

表 3-5-10

工程量清单综合单价分析表（九）

工程名称：某餐厅电气照明工程　　　　标段：　　　　第 9 页　共 24 页

项目编码	030411001002		项目名称	配管					计量单位	m			
清单综合单价组成明细													
定额编号	定额名称	定额单位	数量	单价					合价				
				人工费	材料费	机械费	管理费	利润	人工费	材料费	机械费	管理费	利润
4-12-72	钢管暗配 DN20	100m	0.042	457.94	54.36	21.8	251.87	146.54	19.23	2.28	0.92	10.58	6.15
人工单价		小计							**19.23**	**2.28**	**0.92**	**10.58**	**6.15**
103 元/工日		未计价材料费							22.05				
清单项目综合单价									14.58				
材料费明细	主要材料名称、规格、型号				单位		数量		单价（元）	合价（元）	暂估单价（元）	暂估合价（元）	
	焊接钢管 DN20				m		4.41				5	22.05	
	其他材料费											2.28	
	材料费小计											24.33	

表 3-5-11

工程量清单综合单价分析表（十）

工程名称：某餐厅电气照明工程　　　　标段：　　　　第 10 页　共 24 页

项目编码	030411001003		项目名称	配管					计量单位	m			
清单综合单价组成明细													
定额编号	定额名称	定额单位	数量	单价					合价				
				人工费	材料费	机械费	管理费	利润	人工费	材料费	机械费	管理费	利润
4-12-71	钢管暗配 DN15	100m	0.58	457.94	47.88	21.56	251.87	146.54	265.61	27.77	12.50	146.08	84.99
人工单价		小计							**265.61**	**27.77**	**12.50**	**146.08**	**84.99**
103 元/工日		未计价材料费							243.60				
清单项目综合单价									13.55				
材料费明细	主要材料名称、规格、型号				单位		数量		单价（元）	合价（元）	暂估单价（元）	暂估合价（元）	
	焊接钢管 DN15				m		60.9				4	243.60	
	其他材料费											27.77	
	材料费小计											271.37	

表 3-5-12

工程量清单综合单价分析表（十一）

工程名称：某餐厅电气照明工程　　标段：　　第 11 页　共 24 页

项目编码	030411001004	项目名称	配管								计量单位	m	
清单综合单价组成明细													
定额编号	定额名称	定额单位	数量	单价					合价				
				人工费	材料费	机械费	管理费	利润	人工费	材料费	机械费	管理费	利润
4-12-60	钢管明配 DN15	100m	0.72	926.18	232.67	24.3	509.40	296.38	666.85	167.52	17.50	366.77	213.39
人工单价		小计							**666.85**	**167.52**	**17.50**	**366.77**	**213.39**
103 元/工日		未计价材料费							296.64				
清单项目综合单价									23.88				
材料费明细	主要材料名称、规格、型号			单位		数量			单价（元）	合价（元）	暂估单价（元）	暂估合价（元）	
	焊接钢管 DN15			m		74.16					4	296.64	
	其他材料费											167.52	
	材料费小计											464.16	

表 3-5-13

工程量清单综合单价分析表（十二）

工程名称：某餐厅电气照明工程　　标段：　　第 12 页　共 24 页

项目编码	030411004001	项目名称	配线								计量单位	m	
清单综合单价组成明细													
定额编号	定额名称	定额单位	数量	单价					合价				
				人工费	材料费	机械费	管理费	利润	人工费	材料费	机械费	管理费	利润
4-13-5	钢管穿照明线 BV-$2.5mm^2$	100m	3.61	83.43	14.75		45.89	26.70	301.18	53.25	0.00	165.65	96.38
人工单价		小计							**301.18**	**53.25**	**0.00**	**165.65**	**96.38**
103 元/工日		未计价材料费							1256.28				
清单项目综合单价									5.19				
材料费明细	主要材料名称、规格、型号			单位		数量			单价（元）	合价（元）	暂估单价（元）	暂估合价（元）	
	照明线 BV-$2.5mm^2$			m		418.76					3	1256.28	
	其他材料费											53.25	
	材料费小计											1309.53	

表 3-5-14

工程量清单综合单价分析表（十三）

工程名称：某餐厅电气照明工程　　　标段：　　　第 13 页　共 24 页

项目编码	030411004002			项目名称		配线				计量单位		m	
清单综合单价组成明细													
定额编号	定额名称	定额单位	数量	单价					合价				
				人工费	材料费	机械费	管理费	利润	人工费	材料费	机械费	管理费	利润
4-13-24	钢管穿动力线 BV-2.5mm^2	100m	0.53	64.89	15.53		35.69	20.76	34.39	8.23	0.00	18.92	11.01
人工单价		小计							**34.39**	**8.23**	**0.00**	**18.92**	**11.01**
103 元/工日		未计价材料费							166.95				
清单项目综合单价									4.50				

材料费明细	主要材料名称、规格、型号	单位	数量	单价（元）	合价（元）	暂估单价（元）	暂估合价（元）
	动力线 BV-2.5mm^2	m	55.65			3	166.95
	其他材料费						8.23
	材料费小计						175.18

表 3-5-15

工程量清单综合单价分析表（十四）

工程名称：某餐厅电气照明工程　　　标段：　　　第 14 页　共 24 页

项目编码	030411004003			项目名称		配线				计量单位		m	
清单综合单价组成明细													
定额编号	定额名称	定额单位	数量	单价					合价				
				人工费	材料费	机械费	管理费	利润	人工费	材料费	机械费	管理费	利润
4-13-23	钢管穿动力线 BV-1.5mm^2	100m	0.27	55.62	14.75		30.59	17.80	15.02	3.98	0.00	8.26	4.81
人工单价		小计							**15.02**	**3.98**	**0.00**	**8.26**	**4.81**
103 元/工日		未计价材料费							56.70				
清单项目综合单价									3.34				

材料费明细	主要材料名称、规格、型号	单位	数量	单价（元）	合价（元）	暂估单价（元）	暂估合价（元）
	动力线 BV-1.5mm^2	m	28.35			2	56.70
	其他材料费						3.98
	材料费小计						60.68

表 3-5-16

工程量清单综合单价分析表（十五）

工程名称：某餐厅电气照明工程　　标段：　　第 15 页　共 24 页

项目编码		030411006001		项目名称		接线盒				计量单位		个	
清单综合单价组成明细													
定额编号	定额名称	定额单位	数量	单价					合价				
				人工费	材料费	机械费	管理费	利润	人工费	材料费	机械费	管理费	利润
4-12-233	开关盒插座盒	10 个	0.7	34.30	4.09		18.87	10.98	24.01	2.86	0.00	13.21	7.68
人工单价		小计							**24.01**	**2.86**	**0.00**	**13.21**	**7.68**
103 元/工日		未计价材料费							14.28				
清单项目综合单价									8.86				
材料费明细	主要材料名称、规格、型号			单位		数量			单价（元）	合价（元）	暂估单价（元）	暂估合价（元）	
	开关盒插座盒			个		7.14					2	14.28	
	其他材料费											2.86	
	材料费小计											17.14	

表 3-5-17

工程量清单综合单价分析表（十六）

工程名称：某餐厅电气照明工程　　标段：　　第 16 页　共 24 页

项目编码		030411006002		项目名称		接线盒				计量单位		个	
清单综合单价组成明细													
定额编号	定额名称	定额单位	数量	单价					合价				
				人工费	材料费	机械费	管理费	利润	人工费	材料费	机械费	管理费	利润
4-12-232	灯头盒	10 个	2.8	31.52	8.83		17.34	10.09	88.26	24.72	0.00	48.54	28.24
人工单价		小计							**88.26**	**24.72**	**0.00**	**48.54**	**28.24**
103 元/工日		未计价材料费							57.12				
清单项目综合单价									8.82				
材料费明细	主要材料名称、规格、型号			单位		数量			单价（元）	合价（元）	暂估单价（元）	暂估合价（元）	
	灯头盒			个		28.56					2	57.12	
	其他材料费											24.72	
	材料费小计											81.84	

表 3-5-18

工程量清单综合单价分析表（十七）

工程名称：某餐厅电气照明工程　　　　标段：　　　　第 17 页　共 24 页

项目编码	030412001001			项目名称		普通灯具				计量单位		套	
清单综合单价组成明细													
定额编号	定额名称	定额单位	数量	单价					合价				
				人工费	材料费	机械费	管理费	利润	人工费	材料费	机械费	管理费	利润
4-14-3	半圆吸顶灯	套	1	14.21	1.99		7.82	4.55	14.21	1.99	0.00	7.82	4.55
人工单价		小计							**14.21**	**1.99**	**0.00**	**7.82**	**4.55**
103 元/工日		未计价材料费							50.50				
清单项目综合单价									79.06				
材料费明细	主要材料名称、规格、型号						单位	数量	单价（元）	合价（元）	暂估单价（元）	暂估合价（元）	
	半圆吸顶灯						套	1.01			50	50.50	
	其他材料费											1.99	
	材料费小计											52.49	

表 3-5-19

工程量清单综合单价分析表（十八）

工程名称：某餐厅电气照明工程　　　　标段：　　　　第 18 页　共 24 页

项目编码	030412001002			项目名称		普通灯具				计量单位		套	
清单综合单价组成明细													
定额编号	定额名称	定额单位	数量	单价					合价				
				人工费	材料费	机械费	管理费	利润	人工费	材料费	机械费	管理费	利润
4-14-12	壁灯	套	2	13.39	1.54		7.36	4.28	26.78	3.08	0.00	14.73	8.57
人工单价		小计							**26.78**	**3.08**	**0.00**	**14.73**	**8.57**
103 元/工日		未计价材料费							121.20				
清单项目综合单价									87.18				
材料费明细	主要材料名称、规格、型号						单位	数量	单价（元）	合价（元）	暂估单价（元）	暂估合价（元）	
	壁灯						套	2.02			60	121.20	
	其他材料费											3.08	
	材料费小计											124.28	

表 3-5-20

工程量清单综合单价分析表（十九）

工程名称：某餐厅电气照明工程　　　　标段：　　　　第 19 页　共 24 页

项目编码		030412002001		项目名称		工厂灯				计量单位		套	
清单综合单价组成明细													
定额编号	定额名称	定额单位	数量	单价					合价				
				人工费	材料费	机械费	管理费	利润	人工费	材料费	机械费	管理费	利润
4-14-222	工厂灯	套	3	13.60	4.16		7.48	4.35	40.80	12.48	0.00	22.44	13.06
人工单价		小计							**40.80**	**12.48**	**0.00**	**22.44**	**13.06**
103 元/工日		未计价材料费							75.75				
清单项目综合单价									54.84				
材料费明细	主要材料名称、规格、型号				单位		数量		单价（元）	合价（元）	暂估单价（元）	暂估合价（元）	
	工厂灯				套		3.03				25	75.75	
	其他材料费											12.48	
	材料费小计											88.23	

表 3-5-21

工程量清单综合单价分析表（二十）

工程名称：某餐厅电气照明工程　　　　标段：　　　　第 20 页　共 24 页

项目编码		030412004001		项目名称		装饰灯				计量单位		套	
清单综合单价组成明细													
定额编号	定额名称	定额单位	数量	单价					合价				
				人工费	材料费	机械费	管理费	利润	人工费	材料费	机械费	管理费	利润
4-14-14	三头花灯	套	2	59.53	1.36		32.74	19.05	119.06	2.72	0.00	65.48	38.10
人工单价		小计							**119.06**	**2.72**	**0.00**	**65.48**	**38.10**
103 元/工日		未计价材料费							606.00				
清单项目综合单价									415.68				
材料费明细	主要材料名称、规格、型号				单位		数量		单价（元）	合价（元）	暂估单价（元）	暂估合价（元）	
	三头花灯				套		2.02				300	606.00	
	其他材料费											2.72	
	材料费小计											608.72	

表 3-5-22

工程量清单综合单价分析表（二十一）

工程名称：某餐厅电气照明工程　　标段：　　第 21 页　共 24 页

项目编码	030412005001			项目名称		荧光灯				计量单位		套	
清单综合单价组成明细													
定额编号	定额名称	定额单位	数量	单价					合价				
				人工费	材料费	机械费	管理费	利润	人工费	材料费	机械费	管理费	利润
4-14-214	吸顶双管日光灯	套	12	18.03	1.41		9.92	5.77	216.36	16.92	0.00	119.00	69.24
人工单价		小计							**216.36**	**16.92**	**0.00**	**119.00**	**69.24**
103 元/工日		未计价材料费							2666.40				
清单项目综合单价									257.33				
材料费明细	主要材料名称、规格、型号			单位		数量			单价（元）	合价（元）	暂估单价（元）	暂估合价（元）	
	双管日光灯			套		12.12					220	2666.40	
	其他材料费											16.92	
	材料费小计											2683.32	

表 3-5-23

工程量清单综合单价分析表（二十二）

工程名称：某餐厅电气照明工程　　标段：　　第 22 页　共 24 页

项目编码	030413002001			项目名称		凿（压）槽				计量单位		m	
清单综合单价组成明细													
定额编号	定额名称	定额单位	数量	单价					合价				
				人工费	材料费	机械费	管理费	利润	人工费	材料费	机械费	管理费	利润
4-12-241	开槽及恢复 DN20 内	10m	2.93	27.19	11.02	4.48	14.95	8.70	79.67	32.29	13.13	43.82	25.49
人工单价		小计							**79.67**	**32.29**	**13.13**	**43.82**	**25.49**
103 元/工日		未计价材料费							0.00				
清单项目综合单价									6.63				
材料费明细	主要材料名称、规格、型号			单位		数量			单价（元）	合价（元）	暂估单价（元）	暂估合价（元）	
												0.00	
	其他材料费											32.29	
	材料费小计											32.29	

表 3-5-24

工程量清单综合单价分析表（二十三）

工程名称：某餐厅电气照明工程　　　　标段：　　　　第 23 页　共 24 页

项目编码		030413002002		项目名称		凿（压）槽				计量单位		m	
清单综合单价组成明细													
定额编号	定额名称	定额单位	数量	单价					合价				
				人工费	材料费	机械费	管理费	利润	人工费	材料费	机械费	管理费	利润
4-12-243	开槽及恢复DN40 内	10m	0.16	70.04	21.04		38.52	22.41	11.21	3.37	0.00	6.16	3.59
人工单价		小计							**11.21**	**3.37**	**0.00**	**6.16**	**3.59**
103 元/工日		未计价材料费							0.00				
清单项目综合单价									15.20				
材料费明细	主要材料名称、规格、型号				单位		数量		单价（元）	合价（元）		暂估单价（元）	暂估合价（元）
													0.00
	其他材料费												3.37
	材料费小计												3.37

表 3-5-25

工程量清单综合单价分析表（二十四）

工程名称：某餐厅电气照明工程　　　　标段：　　　　第 24 页　共 24 页

项目编码		030414002001		项目名称		送配电装置系统				计量单位		系统	
清单综合单价组成明细													
定额编号	定额名称	定额单位	数量	单价					合价				
				人工费	材料费	机械费	管理费	利润	人工费	材料费	机械费	管理费	利润
4-16-35	1KV 以下送配电调试	系统	1	238.24	2.11	41.05	131.03	76.24	238.24	2.11	41.05	131.03	76.24
人工单价		小计							**238.24**	**2.11**	**41.05**	**131.03**	**76.24**
103 元/工日		未计价材料费							0.00				
清单项目综合单价									488.67				
材料费明细	主要材料名称、规格、型号				单位		数量		单价（元）	合价（元）		暂估单价（元）	暂估合价（元）
													0.00
	其他材料费												2.11
	材料费小计												2.11

（三）分部分项工程和单价措施项目清单计价表（见表 3-5-26）

表 3-5-26 分部分项工程和单价措施项目清单计价表

工程名称：某餐厅电气照明工程 第 1 页 共 1 页

序号	项目编码	项目名称	项目特征描述	计量单位	工程量	金额（元）			
						综合单价	合价	其中：人工费	其中：暂估价
1	030404017001	配电箱	照明配电箱，尺寸 600×300，嵌入式安装 1.4m，2.5mm² 端子板外部接线	台	1	855.53	855.53	142.94	500.00
2	030404018001	插座箱	插座箱，尺寸 200×300，嵌入式 0.5m	台	2	388.78	777.56	221.60	200.00
3	030404033001	风扇	吊风扇，ϕ1400，2.5m 高吊装，调速开关安装	台	4	212.85	851.39	199.00	480.00
4	030404034001	照明开关	单联开关，86 系列，1.4m 高暗装	个	5	22.81	114.05	31.95	51.00
5	030404034002	照明开关	双联开关，86 系列，1.4m 高暗装	个	1	28.69	28.69	6.70	15.30
6	030404034003	照明开关	三联开关，86 系列，1.4m 高暗装	个	1	34.55	34.55	7.00	20.40
7	030404035001	插座	五孔插座，86 系列，0.3m 高暗装	个	4	30.47	121.88	30.48	61.20
8	030411001001	配管	钢管，DN40，墙内暗配	m	4.27	31.68	135.28	35.93	63.00
9	030411001002	配管	钢管，DN20，墙内暗配	m	4.2	14.58	61.22	19.23	22.05
10	030411001003	配管	钢管，DN15，墙内暗配	m	57.6	13.55	780.56	265.61	243.60
11	030411001004	配管	钢管，DN15，吊顶内明配	m	72.4	23.88	1728.67	666.85	296.64
12	030411004001	配线	钢管内穿照明线，BV-2.5mm²	m	360.5	5.19	1870.14	301.18	1256.28
13	030411004002	配线	钢管内穿动力线，BV-2.5mm²	m	4.50	4.50	20.27	34.39	166.95
14	030411004003	配线	钢管内穿动力线，BV-1.5mm²	m	26.6	3.34	88.77	15.02	56.70
15	030411006001	接线盒	开关盒、插座盒，86 系列，墙内暗装	个	7	8.86	62.04	24.01	14.28
16	030411006002	接线盒	灯头盒，86 系列，顶棚内暗装	个	28	8.82	246.88	88.26	57.12
17	030412001001	普通灯具	半圆吸顶灯，ϕ250，60W	套	1	79.06	79.06	14.21	50.50
18	030412001002	普通灯具	壁灯，60 W，2.8m 高	套	2	87.18	174.36	26.78	121.20
19	030412002001	工厂灯	工厂灯，吊管安装，100W，2.5m 高	套	3	54.84	164.53	40.80	75.75
20	030412004001	装饰灯	花灯，3×60W，2.5m 高	套	2	415.68	831.36	119.06	606.00
21	030412005001	荧光灯	双管日光灯，2×40W，吸顶安装	套	12	257.33	3087.91	216.36	2666.40
22	030413002001	凿（压）槽	墙埋管开槽及恢复 DN20 内	m	29.3	6.63	194.39	79.67	
23	030413002002	凿（压）槽	墙埋管开槽及恢复 DN40 内	m	1.6	15.20	24.32	11.21	
24	030414002001	送配电装置系统	220V 照明回路调试	系统	1	488.67	488.67	238.24	
合　计							**12822.07**	**2836.47**	**7024.37**

（四）总价措施项目清单与计价表（见表3-5-27）

表3-5-27　　总价措施项目清单与计价表

工程名称：某餐厅电气照明工程　　标段：　　第1页 共1页

序号	项目编码	项目名称	计算基础	费率（%）	金额（元）	调整费率（%）	调整后金额（元）	备注
1	031302002001	夜间施工费	2836.47	2.50%×[1+50%×（55%+32%）]	101.76			
2	031302004001	二次搬运费	2836.47	2.10%×[1+40%×（55%+32%）]	80.29			
3	031302005001	冬雨季施工增加费	2836.47	2.80%×[1+40%×（55%+32%）]	107.06			
4	031302006001	已完工程及设备保护费	2836.47	1.20%×[1+25%×（55%+32%）]	41.44			
5	031301017001	脚手架搭拆费	2836.47	5%×[1+35%×（55%+32%）]	185.01			
合计					**515.56**			

编制人（造价人员）：　　复核人（造价工程师）：

（五）其他项目清单与计价汇总表（见表3-5-28）

表3-5-28　　其他项目清单与计价汇总表

工程名称：某餐厅电气照明工程　　标段：　　第1页 共1页

序号	项目名称	金额（元）	结算金额（元）	备注
1	暂列金额			
2	暂估价	7024.37		
2.1	材料暂估价	7024.37		
2.2	专业工程暂估价			
3	计日工			
4	总承包服务费			
合计				

注　材料（工程设备）暂估单价进入清单项目综合单价，此处不汇总。

（六）规费、税金项目计价表（见表3-5-29）

表3-5-29　　规费、税金项目计价表

工程名称：某餐厅电气照明工程　　标段：　　第1页 共1页

序号	项目名称	计算基础	计算基数	计算费率（%）	金额（元）
1	规费	1.1+1.2+1.3+1.4+1.5	664.21+37.35+202.73+29.34+14.00		947.64
1.1	安全文明施工费	分部分项和单价措施费+总价措施费+其他项目费	12822.07+515.56	4.98	664.21
1.2	工程排污费		12822.07+515.56	0.28	37.35
1.3	社会保险费		12822.07+515.56	1.52	202.73
1.4	住房公积金		12822.07+515.56	0.22	29.34
1.5	建设项目工伤保险		12822.07+515.56	0.105	14.00
2	税金	分部分项和单价措施费+总价措施费+其他项目费+规费	12822.07+515.56+947.64	9	1285.67
合计					**2233.31**

编制人（造价人员）：　　复核人（造价工程师）：

（七）单位工程投标报价汇总表（见表 3-5-30）

表 3-5-30 单位工程投标报价汇总表

工程名称：某餐厅电气照明工程 标段： 第 1 页 共 1 页

序号	汇总内容	金额（元）	其中：暂估价（元）
一	分部分项工程及单价措施费	12822.07	7024.37
二	总价措施项目费	515.56	
1	夜间施工费	101.76	
2	二次搬运费	80.29	
3	冬雨季施工增加费	107.06	
4	已完工程及设备保护费	41.44	
5	脚手架搭拆费	185.01	
三	其他项目费		
1	暂列金额		
2	暂估价	7024.37	
3	计日工		
4	总承包服务费		
四	规费	947.64	
1	安全文明施工费	664.21	
2	工程排污费	37.35	
3	社会保障费	202.73	
4	住房公积金	29.34	
5	建设项目工伤保险	14.00	
五	税金	1285.67	
投标报价合计=一+二+三+四+五		**15570.94**	**7024.37**

注 本表适用于单位工程招标控制价或投标报价的汇总，如无单位工程划分，单项工程也使用本表汇总。

（八）单项工程投标报价汇总表（见表 3-5-31）

表 3-5-31 单项工程投标报价汇总表

工程名称：某餐厅电气照明工程 第 1 页 共 1 页

序号	单位工程名称	金额（元）	其中：（元）		
			暂估价	安全文明施工费	规费
1	某餐厅电气照明工程	15570.94	7024.37	662.21	947.64
合计		**15570.94**	**7024.37**	**664.21**	**947.64**

注 本表适用于单项工程招标控制价或投标报价的汇总。暂估价包括分部分项工程中的暂估价和专业工程暂估价。

（九）投标总价封面（《计价规范》附录 B 封-3）（见表 3-5-32）

表 3-5-32

某餐厅电气照明工程　工程 投 标 总 价 投　标　人：　××　建筑公司 （单位盖章） ×××× 年××月 ××日

（十）投标总价扉页（《计价规范》附录 C 扉-3）（见表 3-5-33）

表 3-5-33

投 标 总 价 招　标　人：　（同清单） 工 程 名 称：　（同清单） 投标总价（小写）：　15570.94 （大写）：　壹万伍仟伍佰柒拾元玖角肆分 投　标　人：　××　建筑公司 （单位盖章） 法定代表人 或其授权人：　×× （签字或盖章） 编　制　人：　×× （造价人员签字盖专用章） 编 制 时 间：　×× ×× 年 ×× 月 ×× 日

七、任务总结

通过上述任务的学习，学到哪些知识？还存在哪些疑问？

八、任务拓展

（一）本项目案例工程量清单与定额计价对照表（见表 3-5-34）

表 3-5-34 工程量清单与定额计价对照表

项目名称：某餐厅照明工程

序号	项目编码	项目名称	项目特征描述	计量单位	可组合内容	定额编号
1	030404017001	配电箱	照明配电箱，尺寸 600×300，嵌入式安装 1.4m，2.5mm^2 端子板外部接线	台	配电箱半周长 1.0m 以内	4-2-84
					端子板外部接线 2.5mm^2	4-4-20
2	030404017001	插座箱	插座箱，尺寸 200×300，嵌入式 0.5m	台	插座箱半周长 0.5m 以内	4-2-83
					端子板外部接线 2.5mm^2	4-4-20
3	030404033001	风扇	吊风扇，ϕ1400，2.5m 高吊装，调速开关安装	台	吊风扇	4-15-67
					风扇调速开关	4-14-368
4	030404034001	照明开关	单联开关，86 系列，1.4m 高暗装	个	单联开关	4-14-351
5	030404034002	照明开关	双联开关，86 系列，1.4m 高暗装	个	双联开关	4-14-352
6	030404034003	照明开关	三联开关，86 系列，1.4m 高暗装	个	三联开关	4-14-353
7	030404035001	插座	五孔插座，86 系列，0.3m 高暗装	个	五孔暗插座	4-14-382
8	030411001001	配管	钢管，DN40，墙内暗配	m	钢管敷设 G40（A）	4-12-75
9	030411001002	配管	钢管，DN20，墙内暗配	m	钢管敷设 G20（A）	4-12-72
10	030411001003	配管	钢管，DN15，墙内暗配	m	钢管敷设 G15（A）	4-12-71
11	030411001004	配管	钢管，DN15，吊顶内明配	m	钢管敷设 G15（M）	4-12-60
12	030411004001	配线	钢管内穿照明线，BV-2.5mm^2	m	管内穿线 BV-2.5（照明）	4-13-5
13	030411004002	配线	钢管内穿动力线，BV-2.5mm^2	m	管内穿线 BV-2.5（动力）	4-13-24
14	030411004003	配线	钢管内穿动力线，BV-1.5mm^2	m	管内穿线 BV-1.5（动力）	4-13-23
15	030411006001	接线盒	开关盒、插座盒，86 系列，墙内暗装	个	开关盒（插座盒）	4-12-233
16	030411006002	接线盒	灯头盒，86 系列，顶棚内暗装	个	接线盒（灯头盒）	4-12-232
17	030412001001	普通灯具	半圆吸顶灯，ϕ250，60W	套	半圆吸顶灯 D250	4-14-3
18	030412001002	普通灯具	壁灯，60W，2.8m 高	套	壁灯	4-14-12
19	030412002001	工厂灯	工厂灯，吊管安装，100W，2.5m 高	套	吊管工厂灯	4-14-222
20	030412004001	装饰灯	花灯，3×60W，2.5m 高	套	三头吊花灯	4-14-14
21	030412005001	荧光灯	双管日光灯，2×40W，吸顶安装	套	吸顶双管日光灯	4-14-214
22	030413002001	凿（压）槽	墙埋管开槽及恢复 DN20 内	m	墙体剔槽 20mm 内	4-12-241
23	030413002002	凿（压）槽	墙埋管开槽及恢复 DN40 内	m	墙体剔槽 40mm 内	4-12-243
24	030414002001	送配电装置系统	220V 照明回路调试	系统	1kV 以下送配电调试	4-16-35

（二）“投标报价的策略”

报价策略是指承包人在投标竞争中的指导思想与系统工作部署及其参与投标竞争的方式和手段。如果承包人既想要中标得到承包项目，又要从项目中盈利，就需要研究投标策略，以指导其投标全过程。在投标和报价中，选择有效的报价技巧和策略，往往能取得较好的效果。

由于招标内容不同、投标人性质不同，所采取的策略也不相同。工程投标的策略主要有以下内容：

（1）以信取胜。这是依靠单位长期形成的良好社会信誉、技术和管理上的优势、优良的工程质量和服务措施、合理的价格和工期等因素争取中标。

（2）以快取胜。通过采取有效措施缩短施工工期，并能保证进度计划的合理性和可行性，从而使招标工程早投产、早收益，以吸引招标人。

（3）以廉取胜。以廉取胜的前提是保证施工质量，这对招标人一般都具有较强的吸引力。从投标人的角度出发，采取这一策略也可能有长远的考虑，即通过降价扩大任务来源，从而降低固定成本在各个工程上的摊销比例，既降低工程成本，又为降低新投标工程的承包价格创造了条件。

（4）靠改进设计取胜。通过仔细研究原设计图，若发现明显不合理之处，可提出改进设计的建议和能切实降低造价的措施。在这种情况下，一般仍然要按原设计报价，再按建议的方案报价。

（5）采用以退为进的策略。当发现招标文件中有不明确之处并有可能据此索赔时，可报低价先争取中标，再寻找索赔机会。采用这种策略一般要在索赔事务方面具有相当成熟的经验。

（6）采用长远发展的策略。采用这种策略的目的是不求在当前的招标工程上获利，而着眼于发展，争取将来的优势，如为了开辟新市场、掌握某种有发展前途的工程施工技术等，而在当前招标工程上以微利甚至无利的价格参与竞争。

以上这些策略不是互相排斥的，根据具体情况，可以综合灵活运用。

九、知识测试与能力训练

电线工程量清单综合单价分析

电线“WDZ-BYJ-2.5”综合单价的编制

以本项目任务一“知识拓展““某商业房电气照明工程”分部分项工程工程量清单中电线“WDZ-BYJ-2.5”为例，参考表3-5-35相关数据，按一般计税计算，编制综合单价，填入表3-5-36中？

表3-5-35　安装工程定额相关数据　元

定额编号	项目名称	单位	人工费	材料费	机械费	未计价材料				
						材料名称	单位	除税单价	含税单价	损耗率（%）
4-13-5	照明穿线铜芯截面 $2.5mm^2$ 以下	100m	89.1	15.81	—	电线WDZ-BYJ-2.5	m	1.96	2.22	16

注　管理费费率为55%，利润率为32%，暂不考虑风险费用。

表3-5-36　综合单价分析表

工程名称：　标段：　第　页　共　页

<table>
<tr><td colspan="2">项目编码</td><td colspan="2"></td><td colspan="2">项目名称</td><td colspan="4"></td><td>计量单位</td><td colspan="3"></td></tr>
<tr><td colspan="14">清单综合单价组成明细</td></tr>
<tr><td rowspan="2">定额编号</td><td rowspan="2">定额名称</td><td rowspan="2">定额单位</td><td rowspan="2">数量</td><td colspan="5">单　价（元）</td><td colspan="5">合　价（元）</td></tr>
<tr><td>人工费</td><td>材料费</td><td>机械费</td><td>管理费</td><td>利润</td><td>人工费</td><td>材料费</td><td>机械费</td><td>管理费</td><td>利润</td></tr>
<tr><td></td><td></td><td></td><td></td><td></td><td></td><td></td><td></td><td></td><td></td><td></td><td></td><td></td><td></td></tr>
<tr><td></td><td></td><td></td><td></td><td></td><td></td><td></td><td></td><td></td><td></td><td></td><td></td><td></td><td></td></tr>
<tr><td colspan="2">人工单价</td><td colspan="7">小计</td><td></td><td></td><td></td><td></td><td></td></tr>
<tr><td colspan="2">元/工日</td><td colspan="7">未计价材料费</td><td colspan="5"></td></tr>
<tr><td colspan="9">清单项目综合单价</td><td colspan="5"></td></tr>
</table>

续表

	主要材料名称、规格、型号	单位	数量	单价（元）	合价（元）	暂估单价（元）	暂估合价（元）
材料费明细							
	其他材料费						
	材料费小计						

附　录

附录 1 《山东省建设工程费用项目组成及计算规则》（鲁建标字〔2022〕7 号）2022 节选

附录 2-1 《山东省安装工程消耗量定额》（SD 02-31—2016）第四册电气设备安装工程节选

附录 2-2 《山东省安装工程消耗量定额》（SD 02-31—2016）第十册给排水、采暖、燃气工程节选

附录 2-3 《山东省安装工程消耗量定额》（SD 02-31—2016）第十二册刷油、防腐蚀、绝热工程节选

附录1《山东省建设工程费用项目组成及计算规则》2022节选

附录2-1《山东省安装工程消耗量定额》第四册电气设备安装工程节选

附录2-2《山东省安装工程消耗量定额》第十册给排水、采暖、燃气工程节选

附录2-3《山东省安装工程消耗量定额》第十二册刷油、防腐蚀、绝热工程节选

附录 3-1　2017 年《山东省安装工程价目表》第四册电气设备安装工程节选

附录 3-2　2017 年《山东省安装工程价目表》第十册给排水、采暖工程节选

附录 3-3　2017 年《山东省安装工程价目表》第十二册刷油、防腐蚀、绝热工程节选

附录 4 《建设工程工程量清单计价规范》（GB 50500—2013）节选

附录3-1《山东省安装工程价目表》第四册 电气设备安装工程 节选

附录3-2《山东省安装工程价目表》第十册 给排水、采暖工程 节选

附录3-3《山东省安装工程价目表》第十二册 刷油、防腐蚀、绝热工程 节选

附录4《建设工程工程量清单计价规范》（GB 50500—2013）节选

附录 5-1 《通用安装工程工程量计量规范》（GB 50586—2013）附录 D 电气设备安装工程节选

附录 5-2 《通用安装工程工程量计量规范》（GB 50586—2013）附录 K 给排水、采暖工程工程节选

附录 5-3 《通用安装工程工程量计量规范》（GB 50586—2013）附录 M 刷油、防腐蚀、

绝热工程节选

附录 5-4 《通用安装工程工程量计量规范》（GB 50586—2013）附录 N 措施项目节选

附录5-1《通用安装工程工程量计算规范》（GB 50586—2013）附录D 电气设备安装工程节选

附录5-2《通用安装工程工程量计算规范》（GB 50586—2013）附录K 给排水、采暖工程节选

附录5-3《通用安装工程工程量计算规范》GB 50586—2013 附录M 刷油、防腐蚀、绝热工程节选

附录5-4《通用安装工程工程量计算规范》GB 50586—2013 附录N措施项目节选

附录 6 管道工程绝热、刷油工程量计算表

附录 7 给排水、采暖工程室内成品管卡用量参考表

附录 8 给排水、采暖工程室内管道支架用量参考表

附录 9 钢管、塑料管、复合管、铜管公称直径与公称外径对照表

附录 10 常用工程造价术语

附录6管道工程绝热、刷油工程量计算表

附录7给排水、采暖工程室内成品管卡用量参考表

附录8给排水、采暖工程室内管道支架用量参考表

附录9钢管、塑料管、复合管、铜管公称直径与公称外径对照表

附录10常用工程造价术语

参 考 文 献

[1] 山东省工程建设标准造价协会编审委员会.《建设工程计量与计价务实》（安装工程）. 北京: 中国建材工业出版社, 2020.

[2] 花卉, 吴迪.《建筑工程水电安装与识图》. 北京: 中国电力出版社, 2019.

[3] 周海萍, 夏卿.《园林工程计量与计价》（第三版）. 北京: 中国电力出版社, 2019.

[4] 张宝军, 崔建祝, 高喜玲.《建筑设备工程计量计价与应用》. 北京: 中国建筑工业出版社, 2007.

[5] 汤万龙.《建筑设备》（第二版）. 北京: 化学工业出版社, 2017.

[6] 张胜峰.《建筑给排水工程施工》. 北京: 中国水利水电出版社, 2010.

[7] 《管道施工技术实训》课程建设团队. 《管道施工技术实训》. 北京: 中国水利水电出版社, 2011.

[8] 管锡珺.《建筑安装工程计量与计价》. 北京: 中国矿业大学出版社, 2010.